SERIES OF PROJECT TEXTBOOKS IN HIGHER VOCATIONAL AND TECHNICAL EDUCATION

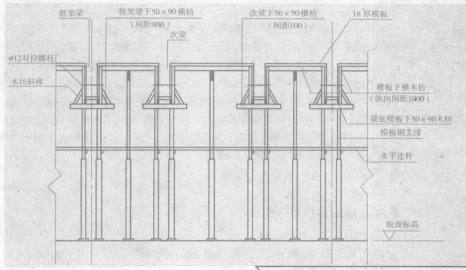

高等职业技术教育项目化教学系列教材

结构施工

Construction Of Main Structures

主　编：雷衍波

副主编：张　军　黄红万

祝成展　林　青

U0313736

华南理工大学出版社
SOUTH CHINA UNIVERSITY OF TECHNOLOGY PRESS

·广州·

内容简介

本书依据高等职业技术院校建筑工程类专业"主体结构施工技术"课程的要求,依据施工员、监理员的职业资格要求,采用以项目为导向,基于工作过程的教学理念,将建筑工程主体结构划分为若干个基本项目,由简单到复杂,设计了若干个任务,通过完成每一个任务来学习相关知识。

本书提炼于工程实际,选取了主体结构工程中混凝土柱、梁、板、剪力墙、楼梯和电梯井施工,预应力混凝土构件制作与安装,砖砌体施工,钢构件制作与安装等项目,作为实训项目,以过程为线索,组织各项目实训的开展,使学生在实训中掌握施工技术课程的内容。本书还附有一套质量检查验收表格。

本书可以作为建筑工程类专业"主体结构施工"课程教材和其他课程辅助教材,也可以作为施工技术人员培训学习的参考书。

图书在版编目(CIP)数据

主体结构施工／雷衍波主编. —广州:华南理工大学出版社,2012.7(2013.7 重印)
高等职业技术教育项目化教学系列教材
ISBN 978 - 7 - 5623 - 3703 - 4

Ⅰ.①主…　Ⅱ.①雷…　Ⅲ.①结构工程-工程施工-高等学校-教材　Ⅳ.①TU74

中国版本图书馆 CIP 数据核字(2012)第 159028 号

主体结构施工

雷衍波　主编

出版发行: 华南理工大学出版社
　　　(广州五山华南理工大学 17 号楼,邮编 510640)
　　　http://www.scutpress.com.cn　　　E-mail:scutc13@scut.edu.cn
　　　营销部电话:020 - 87113487　87111048(传真)
策划编辑: 王魁葵
责任编辑: 朱彩翻
印 刷 者: 佛山市浩文彩色印刷有限公司
开　　本: 787mm×1092mm　1/16　　印张:17.75　　字数:454 千
版　　次: 2012 年 7 月第 1 版　2013 年 7 月第 2 次印刷
印　　数: 1001～2000 册
定　　价: 38.00 元

前　言

　　高等职业技术教育主要是培养技术应用型人才,使学生具有从事生产一线操作的职业技能。主体结构施工是建筑工程类专业需要掌握的最基本的操作技能,是建筑施工员、监理员必须掌握的技能。

　　主体结构施工是建筑工程技术专业的一门主要专业课程,是工程监理、土木工程、工程造价等专业的一门专业基础课。它的作用是培养学生独立分析和解决建筑工程主体结构施工中有关施工技术问题的基本能力。它的任务是论述建筑工程主体结构施工技术的一般规律;介绍建筑工程主体结构施工中各主要工种工程的施工技术及工艺原理以及主体结构工程施工新技术、新工艺的发展,使学生掌握主体结构施工的基本知识、基本理论和决策方法,具有解决一般建筑工程主体结构施工问题的初步能力。

　　本书以项目导向、任务驱动、基于系统化的工作过程的教学理念,打破传统的教学方法来组织教学内容。按照建筑施工员和监理员的岗位职责和工作任务,依据工业与民用建筑工程的建造程序,将主体结构工程划分为若干个基本构件,从简单到复杂,设计了九个项目,每个项目又设计了若干个工作任务,通过完成每一个工作任务来学习施工技术的相关知识。全书突出实践教学、项目教学、任务驱动,将理论知识融入实践教学中,在实践中发现问题,然后用理论知识加以解决,克服了学生对枯燥的理论知识的畏惧和厌烦,能起到事半功倍的效果。

　　本书由雷衍波(广东水利电力职业技术学院高级工程师)任主编,张军(广东水利电力职业技术学院讲师)、黄红万(广东水利电力职业技术学院副教授)、祝成展(广州房实工程总承包有限公司高级工程师)、林青(广州市重点公共建设项目管理办公室高级工程师)任副主编,杨永光(广东省源天工程公司)、黄强(广东水利电力职业技术学院高级工程师)参加编写。

　　由于编者水平有限,书中不足之处敬请读者批评指正,以便修订时改进。如读者在使用本书的过程中有其他意见和建议,恳请向编者(leiyb@126.com)提出宝贵意见,不胜感谢。

编　者
2011 年 12 月

目　　录

项目1　钢筋混凝土柱的施工

1.1　任务一:柱模板施工

1.1.1　模板的作用、组成和基本要求

柱模板施工是钢筋混凝土柱施工的重要组成部分,特别是在现浇混凝土柱施工中占主导地位,决定施工方法和施工机械的选择,对混凝土工程的施工质量、施工安全、施工工期和工程成本有着重要的影响。因此,在模板的选材、选型、设计、制作、安装、拆除和周转等方面要做好工作。

1.模板的作用

模板有如下两个作用:

(1)使混凝土按设计的形状、尺寸、位置成型;

(2)推迟模板的拆除,可以起到保护混凝土的作用。

2.模板系统的组成

模板系统由模板、支撑系统和紧固件组成。

3.对模板及支架的基本要求

(1)要保证结构和构件的形状、尺寸、位置的准确;

(2)具有足够的强度、刚度和稳定性;

(3)构造简单,装拆方便,能多次周转使用;

(4)板面平整,接缝严密;

(5)选材合理,用料经济。

1.1.2　模板的种类

1.1.2.1　按材料划分

模板按材料的不同可分为木模、钢模、钢木模、木竹胶合板、铝合金、塑料、玻璃钢等。木模板如图1-1所示,钢模板如图1-2所示。

1.1.2.2　按安装方式划分

模板按安装方式可分为:

图 1-1 木模板

图 1-2 钢模板

（1）拼装式模板，例如木模、小钢模和胶合板等；

（2）整体式模板，例如大模、飞模和隧道模等；

（3）移动式模板，例如筒壳模、滑模和爬升模等；

（4）永久式模板，例如预应力、非预应力混凝土薄板和压延钢板等。

1.1.2.3　柱模板的特点

1. 构造

柱模板由面板、竖楞、柱箍和支撑组成，柱底留清扫口，柱顶留梁口，每 500～1000 mm 加柱箍一道，两方向加支撑和拉杆，楼板上埋钢筋环或钢筋头做支点和固定点。柱模板结构如图 1-3 所示。

2. 施工

柱模板施工注意要点如下：

（1）施工顺序为先按弹线固定底框，再立模板、安柱箍、加支撑。

（2）注意预留梁口、浇筑口、模底清扫口。

（3）校正好垂直度，支撑要牢固，柱间拉接要稳定。

（4）允许偏差：截面尺寸允许偏差为 +4 mm 或 -5 mm；当柱高 ≤5 m 时，层高垂直度偏差 <6 mm，当柱高 >5 m 时，层高垂直度偏差 <8 mm。

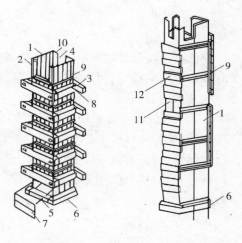

（a）拼板柱模板　　　　（b）短横板柱模板

图 1-3　柱模板结构

1—内拼板；2—外拼板；3—柱箍；4—梁缺口；5—清理孔；6—木框；7—盖板；8—拉紧螺栓；9—拼条；10—三角木条；11—浇筑孔；12—短横板

1.1.2.4　组合式定型钢模板

组合式定型钢模板是由标准的定型钢模板和配件按照构件的要求组合而成的模板系统，它的优点是强度高、刚度大、组装灵活、装拆方便、通用性强、周转次数多、节约木材、混凝土质量好。钢模板及配件如图 1-4 所示。

1.构造组成

组合式定型钢模板由钢模板、连接件和支撑件组成。

(1)钢模板:钢模板由 2.5 mm、2.8 mm、3.0 mm 厚的钢板冷压成型,中间焊有纵横肋,高为 55 mm(或 70 mm),厚 2.8～3 mm,边肋有凸棱(0.3 mm)和孔眼@ 50～150 mm。孔眼用于穿连接件。钢模板有以下几种形式,如图 1-4 所示。

①平模:平模代号为 P,55 系列规格见表 1-1,构造型式见图 1-4。

表 1-1　钢模板规格

长(mm)	1500	1200	900	750	600
宽(mm)	300	250	200	150	100

例如:代号 P3015,表示长为 1500 mm、宽为 300 mm 的平模。

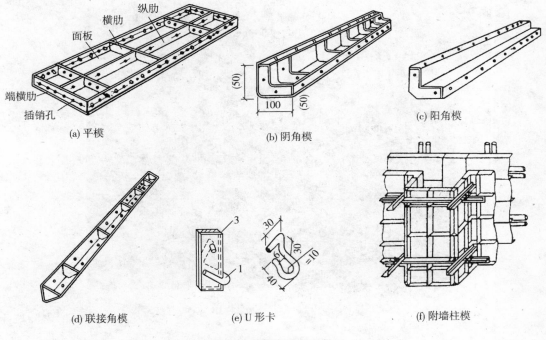

图 1-4　钢模板及配件

②角模:角模的长同平模,阴角模规格有 150 mm×150 mm(宽×高)、100 mm×150 mm(宽×高),阴角模代号为 E;阳角模规格有 100 mm×100 mm(宽×高)、50 mm×50 mm(宽×高),阳角模代号为 Y;联接角模规格有 55 mm×55 mm(宽×高),联接角模代号为 J。

(2)连接件:钢模连接件有 U 形卡、L 形插销、钩头螺栓、拉杆和扣件等。

(3)支撑件:钢模板支撑件有支撑梁(方钢管和圆钢管)、支撑桁架、顶撑和斜撑等。

2.配板设计

配板设计步骤是先绘出构件展开图,再作出最佳配板方案,绘出配板图。配板原则如下:

①尽量用大块模板,少用木条拼补,可省支撑连接件。

②合理使用转角模。

③端头接缝尽量错开,整体刚度好。

④模板长度方向同构件长度方向,以扩大支承跨度。

3. 类似产品

与组合式定型钢模板相类似的产品有钢框木(竹)胶合板模板,它的特点是宽度大、平整度好。

4. 支模要点

组合式定型钢模板支模要点如下:

(1)支模前刷隔离剂。

(2)柱模先拼成角状或四片,墙模先拼成两片。

(3)柱、墙模除设斜撑外,还应设斜向和水平拉杆,具体支设方式见图1-5柱钢模支撑图。

图1-5 柱钢模支撑图

1.1.3 模板的设计

1.1.3.1 设计的范围

模板设计范围分如下两种情况:

(1)不需设计或验算的模板为定型模板及常用的拼板(在其适用范围内者)。

(2)需要设计或验算的模板为重要结构的模板、特殊形式的模板和超出适用范围的模板。

1.1.3.2 设计原则

模板设计原则如下:

①保证构件的尺寸、形状、相互位置正确。

②有足够的强度、刚度和稳定性。

③构造简单,装拆方便,不妨碍钢筋,不漏浆。

④优先选用通用、大块模板。

⑤长向拼接,错开布置,每块模板有两处钢楞支撑。

⑥内钢楞垂直于模板长向,外钢楞与内钢楞垂直,且规格尺寸不小于内钢楞。

⑦对拉螺栓按计算配置,尽可能减少钢模上的钻孔。

⑧支撑杆的长细比 <110,安全系数 $K>3$。

1.1.3.3　设计内容

模板设计内容包括选型、选材、荷载计算、结构计算、拟定安装和拆卸方法以及绘制模板图。

1.1.3.4　设计步骤

模板设计步骤如下:

①明确需配制模板的层段数。

②决定模板的组装方法。

③各种构件模板的组配。

④夹箍、支撑件的计算选配。

⑤支撑系统的布置、连接和固定方法。

⑥埋件固定、管线埋设和孔洞预留方法。

⑦列出材料用量表(包括模板、支撑件、连接件和工具)。

1.1.3.5　模板的荷载

1. 荷载标准值(七项)

(1)模板及支架自重荷载

模板及支架自重可以根据模板设计图纸计算确定。

(2)新浇混凝土施加的竖向荷载

普通混凝土按 24 kN/m³ 计算;其他混凝土按实际重力密度计算。

(3)钢筋自重荷载

楼板按每立方米混凝土 1.1 kN 估算钢筋的重量;梁按每立方米混凝土 1.5 kN 估算钢筋的重量。

(4)施工人员及设备荷载

计算模板及小楞时,荷载取 2.5 kN/m²;计算大楞时,荷载取 1.5 kN/m²;计算支柱时,荷载取 1.0 kN/m²。

(5)振捣混凝土荷载

计算底模时,荷载取 2.0 kN/m²;计算侧模时,荷载取 4.0 kN/m²(作用范围在新浇混凝土的侧压力的有效压头高度内)。

(6)新浇混凝土的侧压力

计算新浇混凝土的侧压力用下列两式进行计算,两式计算结果取小值作为新浇混凝土

的侧压力 $F(kN/m^2)$。

新浇混凝土的侧压力计算公式为：

① $F = 0.22\gamma_c t_0 \beta_1 \beta_2 V^{0.5}$

② $F = \gamma_c H$

式中　γ_c——混凝土重力密度，kN/m^3；

　　　t_0——初凝时间，实测或 $t_0 = 200/(T+15)$；

　　　T——混凝土温度，℃；

　　　β_1——外加剂修正系数（不掺取 1；掺缓凝型取 1.2）；

　　　β_2——坍落度修正系数（坍落度 < 30 mm 取 0.85；坍落度 50～90 mm 取 1；坍落度 110～150 mm 取 1.15）；

　　　V——浇筑速度，m/h；

　　　H——计算处至混凝土顶面高，m。

（7）倾倒混凝土时的水平冲击荷载

当采用溜槽、串筒或导管以及容量小于 0.2 的运输器具向模板内供料时，倾倒混凝土时产生的水平荷载为 2 kN/m^2；当容量 0.2 m^3 至 0.8 m^3 的运输器具向模板内供料时，倾倒混凝土时产生的水平荷载为 4 kN/m^2；当容量大于 0.8 m^3 的运输器具向模板内供料时，倾倒混凝土时产生的水平荷载为 8 kN/m^2。作用范围在新浇混凝土的侧压力的有效压头高度内，设 h 为有效压头高度，则 $h = F/\gamma_c (m)$。

2. 荷载效应组合

计算模板及支架荷载效应组合应符合表 1-2 的规定，计算模板及支架的荷载设计值，应采用荷载标准值乘以分项系数。荷载分项系数：对于长期作用的荷载如（1）、（2）、（3）、（6），取荷载分项系数 $\gamma = 1.2$；对于短期作用的荷载如（4）、（5）、（7），取荷载分项系数 $\gamma = 1.4$。

表 1-2　荷载组合

项　目	荷载类别	
	计算承载能力	验算刚度
平板和薄壳的模板及其支架	（1），（2），（3），（4）	（1），（2），（3）
梁和拱模板的底板及其支架	（1），（2），（3），（5）	（1），（2），（3）
梁、拱、柱（≤300）、墙（≤100）的侧模	（5），（6）	（6）
大体积混凝土、大柱、厚墙的侧模	（6），（7）	（6）

注：表中（1）、（2）、（3）、（4）、（5）、（6）、（7）分别代表前文所述七项荷载。

1.1.3.6　计算规定

模板计算有如下规定：

（1）计算模板及支架的强度时，按照安全等级为第三级的结构构件考虑（临时结构）。

（2）计算模板及支架的刚度时，对于结构表面外露面，允许变形值为 1/400 模板的跨度；对于结构表面为隐蔽面时，允许变形值为 1/250 模板的跨度。支架压缩变形值或弹性挠度为 1‰结构跨度。

（3）风载抗倾覆稳定系数不小于 1.15。

（4）组合钢模、大模板和滑模的设计应符合相应规范和规程的要求。

1.1.4 模板的拆除

1.1.4.1 拆模的条件

混凝土浇筑完成后，随即进行混凝土养护，当混凝土养护到一定的时间，具备拆除模板条件时，方可拆除模板。混凝土的抗压强度值可以通过查混凝土强度影响曲线图（见图 1－6），初步确定，最后通过测试同条件养护混凝土试块的抗压强度值，来确定拆模时的混凝土强度，以此作为拆除模板的依据。模板拆除条件分侧模板和底模板两种情况。

（1）对于侧模，在混凝土强度能保证拆模时不粘皮、不掉角和不损坏时即可，一般当混凝土抗压强度为 1～2.5 N/mm² 时，就可以拆除模板。

（2）对于底模，拆模时混凝土的最低强度应满足以下要求：

① 对跨度≤2 m 的板，混凝土抗压强度值不小于 50% 设计强度标准值。

② 对跨度 2～8 m 的板，跨度≤8 m 的梁、拱、壳，混凝土抗压强度值不小于 75% 设计强度标准值。

③ 对跨度 >8 m 的梁、板、拱、壳和悬臂构件，混凝土抗压强度值不小于 100% 设计强度标准值。

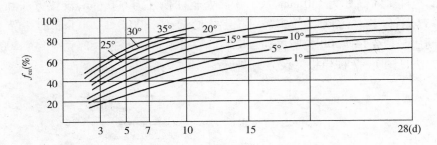

图 1－6　温度、龄期对混凝土强度影响曲线

图中 f_{cu} 为混凝土设计强度标准值，d 为时间单位（天）

1.1.4.2 拆模应注意的问题

模板拆除应注意以下一些问题：

（1）拆除模板的顺序应符合构件受力特点，应先拆除非承重模板后拆除承重模板，对整体而言，应从里向外或从一侧向另一侧拆除；对局部而言，应先支的后拆，后支的先拆，谁支的谁拆。

（2）对于大型、复杂的模板，应事先拟定拆模方案。

（3）发现重大质量问题时，应停拆，待处理后再拆。

（4）现浇梁板的支撑应与施工层隔两层，方可拆除（其中当施工荷载产生的效应比使用荷载更不利时,必须经过核算,加设支撑,方可拆除)。

(5)要保护拆除下来的构件及模板,并及时清运、清理和堆放好。

1.1.5 相关的施工验收规范

与以上施工相关的施工验收规范有:

(1)混凝土结构工程施工质量验收规范。

(2)脚手架搭设及验收规范。

(3)建筑工程施工质量统一标准。

(4)木结构工程施工质量验收规范。

(5)建设工程文件归档整理规范。

1.1.6 柱模板施工实例

某教学楼工程,主体结构为框架混凝土结构,层数为7层,建筑高度为30 m,柱子为矩形柱,层高为4 m,柱子尺寸为1 000 mm×800 mm、1 200 mm×1 000 mm,柱子混凝土为C30,要求对柱子的模板进行设计和拟定柱模板的安装方案。

1.1.6.1 柱模板设计

矩形柱采用15 mm厚胶合板拼制,每边尺寸大小依据柱子截面尺寸下料,钢管抱箍间距从柱子底部至柱1/3高处为450 mm,从1/3高处至柱顶处为600 mm,设置方法和选取材料详见图1-7,钢管抱箍与满堂架拉牢。对拉螺栓设置:$b=800\sim1 200$ mm的柱(b代表柱子的宽),中间用一道$\phi 14@500$拉螺栓;$b=1 200\sim1 400$ mm的柱,用二道$\phi 14@500$拉螺栓,柱模安装方法见图1-7柱模板支设方案图。

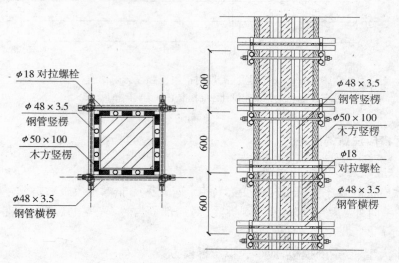

图1-7 柱模板支设方案图

1.1.6.2　柱模板的安装方案

柱模板的安装方案分支模前的准备工作和柱模板的安装两个步骤,分别简述如下。

1. 支模前的准备工作

(1)做好定位基准工作。

①根据控制轴线用墨斗在结构板面上弹出柱、墙结构尺寸线及梁的中轴线。

②在柱墙竖向钢筋上部 50 cm 标注高程控制点,用以控制梁板模标高。

③设置模板定位基准:根据构件断面尺寸切割一定长度的钢筋,点焊在主筋上(以勿烧主筋断面为准),并按二排主筋的中心位置分档,以保证钢筋与模板位置的准确。

(2)对施工需用的模板及配件对其规格、数量逐项清点检查,未经修复的部件不得使用。

(3)经检查合格的模板,应按照安装程序进行堆放。重叠平放时,每层之间加垫木,模板与垫木上下对齐,底层模板离地面大于 10 cm。

(4)模板安装前,向施工班组、操作工人进行技术交底;在模板表面涂刷脱模剂,严禁在模板上涂刷废机油。

(5)做好施工机具及辅助材料的保养及进购等准备工作。

2. 柱模板安装

按图纸尺寸在地面先将柱模分片拼装好后,根据柱模控制线钉好压脚板,用钢管临时固定,吊线校正垂直度及柱顶对角线,最后紧固柱箍和对拉螺栓。柱模板各安装工序如下:

(1)将预先拼装好的单面模板,对照基层面上的模板线进行组装,先将相邻两面模板竖立就位,临时用铁丝固定,其他两面模板按上述程序操作。

(2)安装柱箍:柱箍采用钢管(ϕ48 直径钢管)用连接件将柱模板箍紧,柱箍的间距按设计方案图 1 - 7 确定。

(3)安装拉杆或斜撑:柱模板每边,按模板设计要求架设拉杆或斜撑(斜撑与地面夹角宜为 45°)。

(4)清扫模板内垃圾,封闭清理口。

(5)校正模板几何尺寸和垂直度及中心线,检查模板支撑系统结构的合理性和可靠性。

(6)工长组织作业队长及有关作业人员,对安装完毕的模板体系进行全面检查,填写模板分项工程质量检验评定表,请质量检查员核查。

(7)质量检查员除在模板安装过程中进行检查指导外,应对安装好的模板进行质量核验(包括支撑系统的检查),并在质量检验评定表上签字,然后报监理验收,验收合格后进行下一工序施工。

1.1.7　技术交底

技术交底是指在进行柱模板施工前,由施工单位技术人员向施工班组全体人员进行模板安装方案的交底,技术交底的内容包括柱模板的安装方案、安装要点、技术要求、质量标准和验收程序,如表 1 - 3 所示,该技术交底是对×××住宅楼三层柱、墙及四层结构平面的模板支设这一工序进行技术交底。

表1-3 技术交底记录

工程名称	×××住宅楼	施工单位	×××
交底部位	三层柱、墙及四层结构平面	工序名称	模板支设

交底提要:三层柱、墙及四层结构平面模板支设施工技术交底。

交底内容:

1. 翻样、放样

翻样:以结构图为主,对照建筑及设备安装等图纸,经会审后,翻成详图并注意各部位编号、轴线位置、几何尺寸、剖面形状、预留孔洞、预埋件等,经复核后作为模板制作、安装的依据。

放样:对形状较为复杂以及构件立体交叉而标高尺寸又不一致的结构,应经审图放样后,放出较大比例(1:20～1:10)或按实际尺寸直接现场放出大样,以解决复杂部位尺寸构造处理等问题。

2. 材料及配件

(1)木胶合板模板及楞木。

本工程采用表面平整、四边平直齐整,具有耐水性的18 mm厚夹板。木胶合板使用时的绝对含水率不得超过14%,楞木采用50 mm×90 mm的方木,对边角不直、不方正的胶合板及楞木用平刨机刨方直。

(2)对拉螺栓。

对拉螺栓用于连接和紧固柱两侧模板,对拉装置的种类和规格尺寸可按模板设计要求和供应条件选用,其布置尺寸和数量应保证安全承受砼的侧压力和其他荷载。

对拉螺栓一般与蝶形扣件或"3"形扣件配套使用,扣件的刚度应与配套螺栓的强度相适应。

(3)隔离剂。

为防止模板表面与砼粘结,以致拆模困难,施工前应在模板表面涂刷隔离剂,涂刷隔离剂施工中不得污染钢筋,以免影响质量。脱模剂材料宜拌成粘稠状,应涂刷均匀,不得流淌。隔离剂涂刷后,应在短期内及时浇筑砼,以防隔离剂层受破坏。

3. 模板施工

板墙模板施工参照地下室模板方案施工,标准层模板根据施工进度计划要求,墙、柱配置二套模板,现浇板配置二套模板,以满足施工进度计划要求,外墙配置整块的大模,以确保安全和质量,整块的模板能有效地控制门、窗、洞口的位置和标高,外墙模板的控制根据测量放样的角线来进行控制,外墙的角线应随楼层高度升高而升高,阳台突出部位也应弹出控制线以方便模板的定位和验收,外墙大模配置使用随楼层升高而升高,因此对配置的模板应对照专项方案,由有关部门对照方案来验收,验收合格后方可起吊,以确保安全。内墙采用散装拆装法,梁板、顶架也采用散装散拆,对于起吊的木方、夹板、钢管、扣件也应进行长短品种分类,不得混吊。

4. 质量标准及验收

项 次	项 目		允许偏差(mm)
1	轴线位置		5
2	底模上表面标高		±5
3	截面内部尺寸	基础	±10
		柱、墙、梁	+4、-5
4	层高垂直度	不大于5 m	6
		大于5 m	8
5	相邻两板表面高低差		2

　　模板验收:模板安装结束后,班组必须进行自检。自检合格后,经项目质检员检查合格后,由技术部填写报验申请,邀请工程监理进行检查验收,合格后方可进行下道工序施工。

　　总之,模板安装前,首先清理好构件基层的杂物、垃圾,对难以清理的部位,要采取水冲、风冲或吸尘后方可施工,施工后必须及时清理完多余的杂物、钢筋上的油污、泥浆等,自检后可报验。混凝土浇筑后,及时清理干净模板上的浮浆。操作人员应做到对半成品的保护,注意其他工种的施工损坏和模板半成品在运输吊装过程中的损坏。混凝土浇筑过程中,必须安排工人跟踪值班,看护模板。

技术负责人	交底人	接受交底人
		年　月　日

　　注:本记录一式两份,一份交接受交底人,一份存档。

1.1.8　安全交底

　　安全交底是指施工单位专职安全员在每一分项工程施工前对施工班组人员做施工安全交底。安全交底内容包括施工现场安全环境、安全注意事项、安全防护措施和施工安全操作规程等。分部(分工种)工程安全技术交底记录表是对模板制作这一分项工程施工所做的安全交底,详细内容见表 1 - 4。

表 1 - 4　分部(分工种)工程安全技术交底记录表

单位工程名称	×××住宅楼	交底时间	××××年××月××日
交底部位	模板制作(圆盘踞、平刨)	工种	木工

交底内容:
(1)圆盘锯、平刨机必须安装漏电接地保护装置和保险挡板。
(2)圆盘锯锯片上不得连续缺齿两个,锯片不得有裂缝。
(3)夹持锯片的法兰盘直径应为锯片的 1/4。
(4)被锯木料厚度(高度)应以锯片能出露木料 10～20 mm 为限。
(5)操作人员不得面对锯片的离心方向操作,手不得越过锯片。
(6)操作人员应为经过培训的熟练木工,并且应固定由专人开机,禁止非专业人员开机。
(7)禁止在加工区域内嬉笑打闹、抽烟,禁止酒后上班,禁止穿拖鞋、赤膊上班。
(8)开机人员应经常检查设备电路的安全情况,下班前应盖好机械、切断电源、关好电箱。
(9)每天应对作业区的锯屑等进行清理,保持作业区环境整洁,保持消防通道畅通。
(10)作业区应设置消防安全设施(灭火器、消防沙箱),作业人员应能正确使用消防安全设施。

交底人签名		被交底人签名	

　　注:本表一式三联,一联留存,另两联交安全员和班组保存。

1.1.9 质量检查表格填写

在每一工序施工完毕后,由班组自检,作业队复检,质量检查员终检,由质量检查员填写质量检验记录,并由各方在质检表里签字,然后由施工单位质检员向监理单位现场监理工程师报验,由监理工程师核验合格后进入下道工序施工。模板施工工序有两个表需要填写:在模板安装完成后填写模板安装(含预制构件)工程检验批质量验收记录;在模板拆除后,需填写模板拆除工程检验批质量验收记录,具体填写格式和要求如表1-5、表1-6所示。

表1-5 模板安装(含预制构件)工程检验批质量验收记录

(GB 50204—2002)　　　　　　　　　　　　　　　编号:010601(1)/020101(1)020106(1)□□□

工程名称			分项工程名称		项目经理	
施工单位			验收部位			
施工执行标准 名称及编号					专业工长 (施工员)	
分包单位			分包项目经理		施工班组长	
质 量 验 收 规 范 的 规 定				施工单位自检记录	监理(建设)单位验收记录	
主控项目	(1)	上下层模板安装	第4.2.1条			
	(2)	隔离剂	第4.2.2条			
一般项目	(1)	模板安装	第4.2.3条			
	(2)	地坪胎膜	第4.2.4条			

质量验收规范的规定				施工单位自检记录	监理(建设)单位验收记录
一般项目	(3)	梁板起拱	第4.2.5条		

项　目		允许偏差(mm)	实　测　值															
现浇结构模板偏差 (4)	轴线位置		5																
	底模上表面标高		±5																
	截面内部尺寸	基　础	±10																
		柱、墙、梁	+4,-5																
	层高垂直度	不大于5 m	6																
		大于5 m	8																
	相邻两板表面高低差		2																
	表面平整度		5																

项　目		允许偏差(mm)	施工单位自检记录	监理(建设)单位验收记录
固定在模板上的预埋件、预留孔和预留洞的允许偏差 (5)	预埋钢板中心线位置		3		
	预埋管、预留孔中心线位置		3		
	插筋	中心线位置	5		
		外露长度	+10,0		
	预埋螺栓	中心线位置	2		
		外露长度	+10,0		
	预留洞	中心线位置	10		
		尺寸	+10,0		

质量验收规范的规定				施工单位自检记录	监理(建设)单位验收记录
一般项目	(6) 预制构件模板安装的偏差	长度	板、梁	±5		
			薄腹梁、桁架	±10		
			柱	0，-10		
			墙板	0，-5		
		宽度	板、墙板	0，-5		
			梁、薄腹梁、桁架、柱	+2，-5		
		高(厚)度	板	+2，-3		
			墙板	0，-5		
			梁、薄腹梁、桁架、柱	+2，-5		
		侧向弯曲	梁、板、柱	$L/1000$ 且 ≤ 15		
			墙板、薄腹梁、桁架	$L/1500$ 且 ≤ 15		
		板的表面平整度		3		
		相邻两板表面高低差		1		
		对角线差	板	7		
			墙板	5		
		翘曲	板、墙板	$L/1500$		
		设计起拱	薄腹梁、桁架、梁	±3		

施工操作依据		
质量检查记录		

施工单位检查结果评定	项目专业质量检查员：	项目专业技术负责人： 年 月 日
监理(建设)单位验收结论	专业监理工程师： (建设单位项目专业技术负责人)	 年 月 日

注：①L 为构件长度(mm)。
　②本表由施工项目专业质量检查员填写,专业监理工程师(建设单位项目专业技术负责人)、组织项目专业质量(技术)负责人等进行验收。

表 1－5 填写说明：

1. 强制性条文

模板及其支架应根据工程结构形式、荷载大小、地基土类别、施工设备和材料供应等条件进行设计。模板及其支架应具有足够的承载能力、刚度和稳定性，能可靠地承受浇筑混凝土的重量、侧压力以及施工荷载。

2. 主控项目

（1）安装现浇结构的上层模板及其支架时，下层楼板应具有承受上层荷载的承载能力，或加设支架；上、下层支架的立柱应对准，并铺设垫板。检查数量：全数检查。检验方法：对照模板设计文件和施工技术方案观察。

（2）在涂刷模板隔离剂时，不得弄脏钢筋和混凝土接槎处。检查数量：全数检查。检验方法：观察。

3. 一般项目

（1）模板安装应满足下列要求：

①模板的接缝不应漏浆；在浇筑混凝土前，木模板应浇水湿润，但模板内不应有积水。

②模板与混凝土的接触面应清理干净并涂刷隔离剂，但不得采用影响结构性能或妨碍装饰工程施工的隔离剂。

③浇筑混凝土前，模板内的杂物应清理干净。

④对清水混凝土工程及装饰混凝土工程，应使用能达到设计效果的模板。检查数量：全数检查。检验方法：观察。

（2）用作模板的地坪、胎模等应平整光洁，不得产生影响构件质量的下沉、裂缝、起砂或起鼓。检查数量：全数检查。检验方法：观察。

（3）对跨度不小于 4 m 的现浇钢筋混凝土梁、板，其模板应按设计要求起拱；当设计无具体要求时，起拱高度宜为跨度的 1/1000 ～ 3/1000。检查数量：在同一检验批内，对梁，应抽查构件数量的 10%，且不少于 3 件；对板，应按有代表性的自然间抽查 10%，且不少于 3 间；对大空间结构，板可按纵、横轴线划分检查面，抽查 10%，且不少于 3 面。检验方法：水准仪或拉线、钢尺检查。

（4）现浇结构模板安装的偏差应符合规范的规定。检查数量：在同一检验批内，对梁、柱和独立基础，应抽查构件数量的 10%，且不少于 3 件；对墙和板，应按有代表性的自然间抽查 10%，且不少于 3 间；对大空间结构，墙可按相邻轴线间高度 5 m 左右划分检查面，板可按纵、横轴线划分检查面，抽查 10%，且均不少于 3 面。

（5）固定在模板上的预埋件、预留孔和预留洞均不得遗漏，且应安装牢固，其偏差应符合规范的规定。检查数量：在同一检验批内，对梁、柱和独立基础，应抽查构件数量的 10%，且不少于 3 件；对墙和板，应按有代表性的自然间抽查 10%，且不少于 3 间；对大空间结构，墙可按相邻轴线间高度 5 m 左右划分检查面，板可按纵、横轴线划分检查面，抽查 10%，且均不少于 3 面。检验方法：钢尺检查。

（6）预制构件模板安装的偏差应符合规范的规定。检查数量：首次使用及大修后的模板应全数检查；使用中的模板应定期检查，并根据使用情况不定期抽查。

表 1-6 模板拆除工程检验批质量验收记录

（GB 50204—2002）　　　　　　　　　　　　　　编号:010601(2)/020101(2)□□□□

工程名称						分项工程名称		项目经理	
施工单位						验收部位			
施工执行标准名称及编号								专业工长（施工员）	
分包单位						分包项目经理		施工班组长	
质 量 验 收 规 范 的 规 定							施工单位自检检查	监理(建设)单位验收记录	
主控项目	(1)	底模及支架	构件类型	构件跨度（m）	达到设计强度标准值的百分率(%)				
			板	≤2	≥50				
				>2,≤8	≥75				
				>8	≥100				
			梁、拱、壳	≤8	≥75				
				>8	≥100				
			悬臂构件	—	≥100				
	(2)	预应力构件	第4.3.2条						
	(3)	后浇带模板	第4.3.3条						
一般项目	(1)	侧模拆除	第4.3.4条						
	(2)	模板拆除	第4.3.5条						
施 工 操 作 依 据									
质 量 检 查 记 录									

施工单位检查 结 果 评 定	项目专业 质量检查员：	项目专业 技术负责人： 　　　　　　　　年　月　日
监理（建设） 单位验收结论	专业监理工程师： （建设单位项目专业技术负责人） 　　　　　　　　　　　年　月　日	

注：本表由施工项目专业质量检查员填写，专业监理工程师（建设单位项目技术负责人）、组织项目专业质量（技术）负责人等进行验收。

表 1 – 6 填写说明：

1. 强制性条文

模板及其支架拆除的顺序及安全措施应按施工技术方案执行。

2. 主控项目

（1）底模及其支架拆除时的混凝土强度应符合设计要求；当设计无具体要求时，混凝土强度应符合表 1 – 7 的规定。检查数量：全数检查。检验方法：检查同条件养护试件强度试验报告。

表 1 – 7　底模拆除时的混凝土强度要求

构件类型	构件跨度（m）	达到设计的混凝土立方体抗压强度 标准值的百分率（%）
板	≤2	≥50
	>2，≤8	≥75
	>8	≥100
梁、拱、壳	≤8	≥75
	>8	≥100
悬臂构件	—	≥100

（2）对后张法预应力混凝土结构构件，侧模宜在预应力张拉前拆除；底模支架的拆除应按施工技术方案执行；当无具体要求时，不应在结构构件建立预应力前拆除。检查数量：全数检查。检验方法：观察。

（3）后浇带模板的拆除和支顶应按施工技术方案执行。检查数量：全数检查。检验方法：观察。

3. 一般项目

（1）侧模拆除时的混凝土强度应能保证其表面及棱角不受损伤。检查数量：全数检查。检验方法：观察。

（2）模板拆除时，不应对楼层形成冲击荷载。拆除的模板和支架宜分散堆放并及时清运。检查数量:全数检查。检验方法:观察。

1.2 任务二:柱钢筋施工

1.2.1 概述

1.2.1.1 钢筋的种类

钢筋混凝土中的钢筋按粗细分为钢丝($\phi 3 \sim 5$ mm)、细筋($\phi 6 \sim 10$ mm)、中粗筋($\phi 12 \sim 18$ mm)和粗筋($\phi > 18$ mm);钢筋按生产工艺分为热轧、热处理筋、冷拉筋、冷拔丝、冷轧筋、碳素丝、刻痕丝和钢绞线等;钢筋按化学成分分为碳素和普通低合金(合金元素<5%);钢筋按外形分为光圆和变形钢筋(月牙纹、人字纹、螺纹)。

钢筋混凝土中所用热轧钢筋按屈服点分为四级,分别是 HPB300、HRB335、HRB400、HRB500,热轧钢筋性能见表1-8。

表1-8 热轧钢筋性能

强度等级代号	符号	屈服强度/抗拉强度(N/mm²)	伸长率(%)	牌号	形状
HPB300	I	300/420	25	Q235	光圆
HRB335	II	335/455	16	20MnSi	月牙形
HRB400	III	400/540	14	20MnSiV	人字纹
HRB500	IV	500/630	12	20MnTi	螺纹

1.2.1.2 钢筋的性质

钢筋的性质有三个,分别是:

(1)变形硬化性,指钢筋可通过冷加工,提高钢筋的强度;

(2)松弛性,指在高应力状态下,钢筋长度不变,应力减小,这种性质在预应力施工时要引起注意;

(3)可焊性,指钢筋的强度、硬度越高,可焊性越差。

1.2.1.3 钢筋的验收

钢筋应有出厂质量证明书或试验报告单,每捆(盘)钢筋均应有标牌,钢筋进场时,应按批号及直径分批验收,每批不超过60t,验收内容有:查对标牌,检查外观,并按现行国家标准《GB 1499 钢筋混凝土用热轧带肋钢筋》的规定抽取试件做力学性能检验,其质量必须符合国家标准的规定。

钢筋的外观检查包括:钢筋应平直、无损伤,表面不得有裂纹、油污、颗粒状或片状锈蚀。钢筋表面凸块不允许超过螺纹的高度;钢筋的外形尺寸应符合有关规定。

力学性能试验时,从每批中任意抽出两根钢筋,每根钢筋上取两个试样分别进行拉力试验(测定其屈服点、抗拉强度、伸长率)和冷弯试验。

钢筋运至现场后,必须严格按批分等级、牌号、直径、长度等挂牌存放,并注明数量,不得混淆。应堆放整齐,避免锈蚀和污染,钢筋的下面要加垫木,离地一定距离;有条件时,尽量堆入仓库或料棚内。

1.2.1.4　钢筋的加工

钢筋的加工包括备、切、弯、连,即钢筋的备料(配料计算、冷拉、冷拔、除锈)、切断、弯曲、连接。

1.2.1.5　钢筋的连接方法

钢筋的连接方法有绑扎、焊接、机械连接。焊接包括闪光对焊、电渣压力焊、点焊、电弧焊、气压焊等。机械连接包括套筒连接、螺纹连接(直螺纹和锥螺纹)。

1.2.2　钢筋冷加工(冷拉、冷拔、冷轧)

1.2.2.1　钢筋冷拉

钢筋冷拉是在常温下对钢筋进行强力拉伸,拉应力超过屈服点的某一限值,使钢筋产生塑性变形,以提高强度、节约钢材。

1.冷拉控制

钢筋冷拉控制可以用控制冷拉应力或冷拉率的方法来实现。

(1) 冷拉应力 $\sigma = T/A$

式中　σ——冷拉应力,N/mm;

　　　T——冷拉力,N;

　　　A——冷拉钢筋的截面积,mm^2。

(2) 冷拉率

$$\delta = \left[(L_2 - L_1)/L_1 \right] \times 100\%$$

式中　δ——冷拉率,%;

　　　L_1——钢筋冷拉前的长度,mm;

　　　L_2——钢筋冷拉后的长度,mm。

2.冷拉设备

冷拉设备由拉力设备、承力结构、测量设备和钢筋夹具等部分组成,如图1-8所示为用卷扬机冷拉钢筋的设备布置方案。

3.冷拉筋的质量

冷拉筋的质量要求钢筋表面无裂纹颈缩,拉力试验达标,冷弯试验无裂纹、起层。

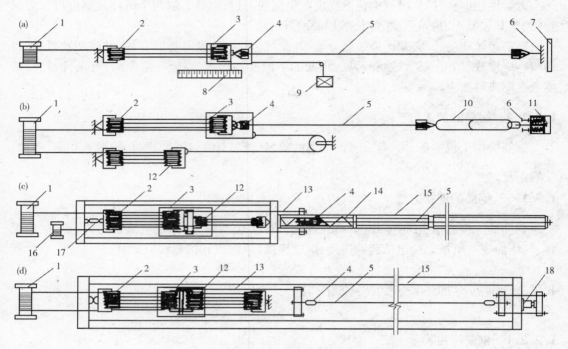

图 1-8 用卷扬机冷拉钢筋的设备布置方案

1—卷扬机；2—滑轮组；3—冷拉小车；4—钢筋夹具；5—钢筋；6—地锚；7—防护壁；8—标尺；9—回程荷重架；

10—连接杆；11—弹簧测力器；12—回程滑轮组；13—传力架；14—钢压柱；15—槽式台座；16—回程卷扬机；

17—电子秤；18—液压千斤顶

1.2.2.2 钢筋的冷拔

冷拔是将 $\phi 6 \sim 8$ mm 的 HPB235 级光圆钢筋在常温下强力拉过拔丝模孔（图 1-9），使其轴向拉伸、径向压缩，产生较大塑性变形，晶格大错位，提高强度 50%～90%。塑性降低，硬度提高。钢筋冷拔作业过程如图 1-10 所示。

1. 冷拔工艺过程

冷拔工艺过程是：轧头→剥壳（辊除筋面硬渣壳）→润滑→拔丝（速度为 0.2～0.3 m/s）。

2. 冷拔使用范围

钢筋冷拔主要是用来生产冷拔低碳钢

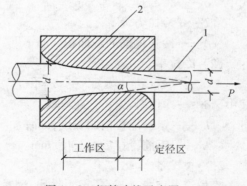

图 1-9 钢筋冷拔示意图

1—钢筋；2—模具

丝，冷拔低碳钢丝分为甲级和乙级，甲级主要用作预应力筋，乙级主要用作骨架、箍筋等。

3. 质量要求

冷拔钢丝的质量要求是外观无裂纹和机械损伤，机械性能符合各项标准，抗拉强度在 600～700 MPa，180°弯 4 次，符合要求。

影响冷拔钢丝质量的主要因素有原材料的质量和冷拔总压缩率。冷拔总压缩率可按下式计算：

$$\beta = (d_0^2 - d^2) / d_0^2$$

式中 β——冷拔总压缩率；

d_0——原料钢筋直径，mm；

d——成品钢筋直径，mm。

β 越大则强度越高，但脆性越大。一般由 $\phi 8 \rightarrow \phi 5$，或 $\phi 6(6.5) \rightarrow \phi 4$、$\phi 3$。

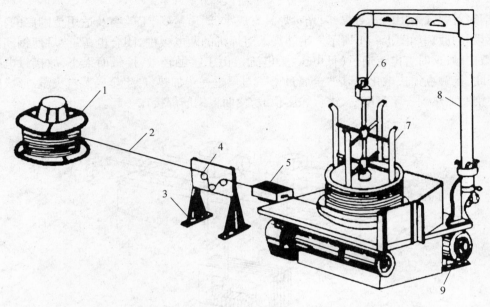

图 1-10 拔丝机作业图

1—盘圆架；2—钢筋；3—剥壳装置；4—槽轮；5—拔丝模；6—滑轮；7—绕丝筒；8—支架；9—电动机

1.2.3 钢筋的焊接

1.2.3.1 概述

钢筋焊接的目的是接长钢筋，使钢筋制成一定的形状（如网片、箍筋），连接构件。钢筋焊接的方法有对焊、电弧焊、电渣压力焊、埋弧压力焊、电阻点焊和气压焊。要保证钢筋焊接的质量，除了满足规范对焊接点的位置要求外，还应注意影响焊接质量的各种因素。

1. 焊接点位置

焊接点位置的选择应注意以下几点：

（1）焊接点不在最大弯矩处及弯折处（距弯折点不小于 $10d$，d 为钢筋直径）。

（2）在 $35d$ 和 500 mm 范围内，受拉筋接头数不大于 50%。

（3）钢筋焊接点不宜在框架梁端、柱端箍筋加密区内。

（4）钢筋焊接不宜用于直接承受动力荷载的结构构件中。

2. 影响钢筋焊接质量的因素

影响钢筋焊接质量的因素如下：

（1）与钢筋的化学成分有关，C、Mn、Si 含量增加则可焊性差，Ti 增加则可焊性好。

（2）与原材料的机械性能有关；塑性越好，可焊性越好。

（3）与焊接工艺及焊工的操作水平有关。

（4）环境低于 -20℃，不得焊接。

1.2.3.2　闪光对焊

钢筋对焊常采用闪光对焊，闪光对焊具有成本低、质量好、工效高及适用范围广的特点。闪光对焊的原理如图 1-11 所示。钢筋夹入对焊机的两电极中，闭合电源，然后使钢筋两端面轻微接触，这时有电流通过（低电压，大电流），由于接触轻微，接触面很小，故接触电阻很大，因此，接触点很快融化，形成"金属过梁"，过梁进一步加热，产生金属蒸汽飞溅，形成闪光现象，钢筋加热到一定温度后，进行加压顶锻，使两根钢筋焊接在一起。

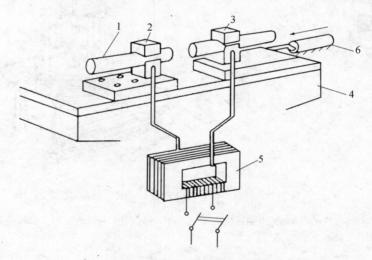

图 1-11　钢筋闪光对焊原理图

1—焊接钢筋；2—固定电极；3—可动电极；4—机座；5—变压器；6—平动顶压机构

1. 主要参数

闪光对焊的主要参数有调伸长度、烧化留量和预热留量（10～20 mm）、顶锻留量（4～10 mm）、顶锻速度、顶锻压力、变压器次级（电流大小选择）。

2. 质量检查

质量检查包括外观和机械性检查，对于外观方面，钢筋焊点应有镦粗，无裂纹和烧伤，接头弯曲不大于 3°，轴线偏移不大于 $0.1d$，且不大于 2 mm。对机械性能的检查，以每批（300个接头）取 6 个试件，其中 3 个做拉力试验，3 个做冷弯试验。

1.2.3.3　电弧焊

电弧焊的原理是利用弧焊机使焊条与焊件之间产生高温电弧，熔化焊条及电弧范围内的焊件金属，凝固后形成焊缝或接头。电弧焊的原理见图 1-12。电弧焊连接钢筋有四种形式，即搭接焊、帮条焊、坡口焊和窄间隙焊，分别如图 1-13、图 1-14 、图 1-15 、图 1-16 所示。

（1）搭接焊 如图 1-13 所示,用于直径 $d \geq 10$ mm 的 HPB235 ~ HRB400 及直径为 10 ~ 25 mm 的 RRB400 级钢筋。焊缝要求:无裂纹、气孔、夹渣、烧伤。焊缝长度 L:HPB235 级钢筋单面焊 $L \geq 8d$、双面焊 $L \geq 4d$;其他级钢筋单面焊 $L \geq 10d$、双面焊 $L \geq 5d$。

（2）绑条焊 如图 1-14 所示,用于直径 ≥ 10 mm 的 HPB235 ~ HRB400 及直

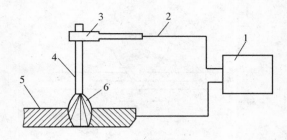

图 1-12 电弧焊的原理图
1—变压器;2—阳极电线;3—焊枪;
4—电焊条;5—焊件;6—焊缝

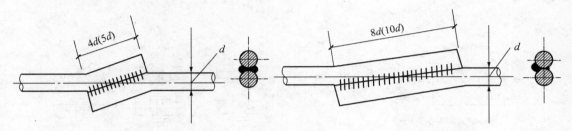

图 1-13 搭接焊

径为 10 ~ 25 mm 的 RRB400 级钢筋。绑条要求:两绑条钢筋直径和级别相同;当绑条钢筋级别同主筋时,绑条钢筋直径可同主筋或小一规格;当绑条钢筋直径同主筋时,绑条钢筋级别可同主筋或低一级;绑条钢筋位置应居中;绑条长同焊缝长。绑条钢筋焊缝要求同搭接焊。

（3）坡口焊 如图 1-15 所示,坡口焊有平焊和立焊,在钢筋连接中应用较少。

（4）窄间隙焊 如图 1-16 所示,水平窄间隙焊要求钢筋端面平整,选用低氢

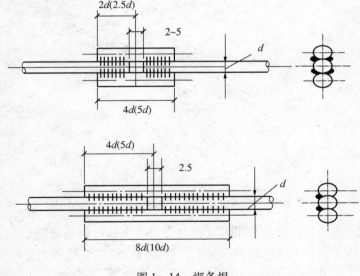

图 1-14 绑条焊

型碱性焊条,焊条应按说明书进行烘焙,并放入保温筒保温待用。焊至端面间隙 4/5 高度后,焊缝应逐渐扩宽。当溶池过大时,应改连续焊为断续焊,避免过热。焊缝余高不得大于 3 mm,且应平稳过渡至钢筋表面。

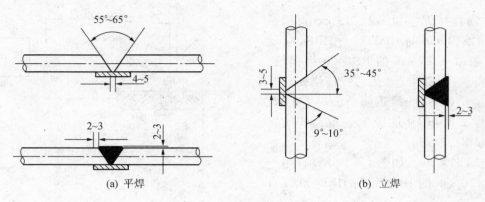

(a) 平焊　　　　　　　　　　(b) 立焊

图 1－15　坡口焊

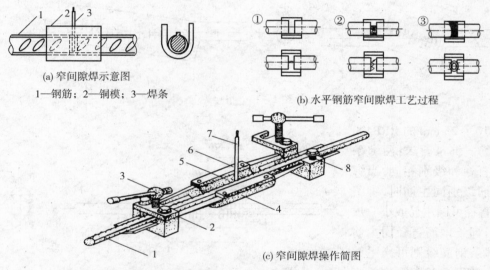

(a) 窄间隙焊示意图
1—钢筋；2—铜模；3—焊条

(b) 水平钢筋窄间隙焊工艺过程

(c) 窄间隙焊操作简图

1—钢筋；2—压板；3—丝杠；4—托架；5—铜模；6—引弧板；7—焊条；8—螺栓

图 1－16　窄间隙焊

1.2.3.4　电渣压力焊

电渣压力焊是利用电流通过渣池产生的电阻热将钢筋端部熔化,然后施加压力使钢筋焊接。多用于现浇钢筋混凝土结构构件内竖向或斜向钢筋的焊接接长。电渣压力焊分自动与手工电渣压力焊,与电弧焊比较,它工效高、成本低。电渣压力焊的原理见图 1－17,电渣压力焊焊接现场见图 1－18。

1.2.3.5　电阻点焊

电阻点焊主要用于钢筋的交叉连接、焊接钢筋网片、钢筋骨架等。其工作原理是:当钢筋交叉点焊时,接触点只有一点,接触处电阻较大,在接触的瞬间,电流产生的全部热量集中

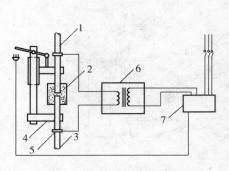

图1-17　电渣压力焊原理图

1—上钢筋；2—焊剂盒；3—下钢筋；4—焊接
机头；5—焊钳；6—焊接电源；7—控制箱

图1-18　电渣压力焊焊接现场

在一点上，因而使金属受热熔化，同时在电极加压下使焊点金属得到焊合。点焊原理如图1-19所示。

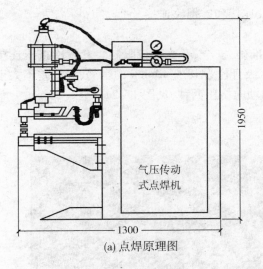

(a) 点焊原理图

(b) 点焊节点图

1—电极；2—钢筋

图1-19　点焊原理示意图

1.2.3.6　气压焊

气压焊用于直径14 mm以上的HPB235、HRB335、HRB400级钢筋竖向、水平、斜向连接的现场焊接接长。气压焊原理是利用氧、乙炔火焰加热钢筋接头处，使之达到塑性状态，在初压作用下，端头金属原子互相扩散，表面熔融后(温度达到1250～1350℃，橘黄色有白亮闪光出现)，加压形成结点。气压焊示意图如图1-20所示。

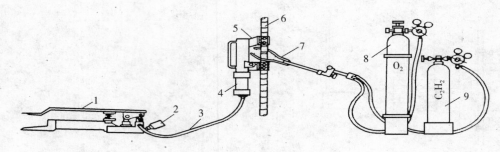

图 1-20　气压焊示意图

1—脚踏液压泵;2—压力表;3—液压胶管;4—活动油缸;5—钢筋卡具;
6—被焊接钢筋;7—多火口烤枪;8—氧气瓶;9—乙炔瓶

1.2.4　钢筋的机械连接

钢筋的机械连接有套管冷挤压连接、直螺纹连接和锥螺纹连接。

1. 套管冷挤压连接

套管冷挤压连接的特点是强度高、速度快、准确、安全、不受环境限制。套管冷挤压连接适用于(带肋粗筋) HRB335、HRB400、RRB400 级直径为 18～40 mm 的钢筋,异径差不大于 5 mm。套管冷挤压连接施工方法有径向挤压和轴向挤压两种,见图 1-21。

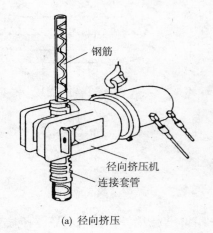

(a) 径向挤压

(b) 轴向挤压

图 1-21　套管冷挤压连接

2. 锥螺纹连接

锥螺纹连接是将所连接钢筋的对接端头,在钢筋套丝机上加工成与套筒匹配的锥螺纹,然后将带锥形内丝的套筒用扭力扳手按一定的力矩值把两根钢筋连接起来,通过钢筋与套筒内丝扣的机械咬合达到连接的目的。锥螺纹连接如图 1-22 所示,钢筋螺纹套丝机如图 1-23 所示。

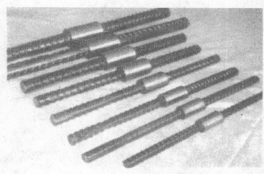

(a) 锥螺纹连接剖面图

1—已连接的钢筋；2—套筒；3—未连接的钢筋

(b) 锥螺纹连接成品图

图 1 - 22　锥螺纹连接

3. 直螺纹连接

直螺纹连接是先把钢筋端部镦粗，然后再切削直螺纹，最后用套筒实行钢筋对接。直螺纹连接如图 1 - 24 所示。

图 1 - 23　钢筋螺纹套丝机

图 1 - 24　直螺纹连接

1.2.5　钢筋的配料

钢筋的配料是指按照设计图纸的要求，确定各钢筋的直线下料长度、总根数及总重量，提出钢筋配料单，以供加工制作。

1.2.5.1　下料长度计算

1. 钢筋外包尺寸

钢筋外包尺寸是指外皮至外皮尺寸，由构件尺寸减保护层厚度得到。

2. 钢筋下料长度

钢筋下料长度计算公式如下：

钢筋下料长度 = 直线长 = 轴线长度

= 外包尺寸之和 − 中间弯折处量度差值 + 端部弯钩增加值

3. 中间弯折处的量度差值

中间弯折处的量度差值计算公式如下：

中间弯折处的量度差值 = 弯折处的外包尺寸 − 弯折

处的轴线长

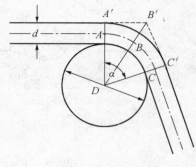

图 1 − 25　钢筋弯折示意图

（1）弯折处的外包尺寸计算（图 1 − 25）。设钢筋的

直径为 d，钢筋的弯曲直径为 D，弯曲角度为 α，则有：

$$A'B' + B'C' = 2A'B' = 2\left(\frac{D}{2} + d\right)\tan\frac{\alpha}{2}$$

（2）弯折处的轴线弧长

$$\overset{\frown}{ABC} = \left(\frac{D}{2} + \frac{d}{2}\right) \cdot \frac{\alpha\pi}{180} = (D + d) \cdot \frac{\alpha\pi}{360}$$

（3）据规范规定，$D \geqslant 5d$，若取 $D = 5d$，则量度差值为：

$$量度差值 = 2 \times 3.5d\tan\frac{\alpha}{2} - 6d \times \frac{\alpha\pi}{360} = 7d\tan\frac{\alpha}{2} - \frac{\alpha\pi d}{60}$$

根据上式可计算出几个特殊角的弯折处的量度差，如表 1 − 9 所示。

表 1 − 9　几种常用弯折角度的量度差值

弯折角(°)	计算度量差	经验取值
30	$0.306d$	$0.35d$
45	$0.543d$	$0.5d$
60	$0.9d$	$0.85d$
90	$2.29d$	$2d$
135	$2.83d$	$2.5d$

在工程实践中，弯曲调整值的实用取值常常与理论计算有偏差。在进行钢筋加工前，由于钢筋式样繁多，不可能逐根按每个弯曲点作弯曲调整值计算，而且也不必要这样做。理论计算与实际操作的效果多少会有一些差距，主要是由于弯曲处圆弧的不准确性所引起：计算时按"圆弧"考虑，实际上不是纯圆弧，而是不规则的弯弧。之所以产生这种情况，与成型工具和习惯操作方法有密切关系，例如手工成型的弯弧不但与钢筋直径和要求的弯曲程度大小有关，还与扳子的尺寸以及搭扳子的位置有关，如果扳头离扳柱的距离大，即扳距大，则弯弧长，反之，扳距小、弯弧短；又如用机械成型时，所选用的弯曲直径并不能准确地按规定的最小 D 值取值，有时为了减少更换，稍有偏大取值，个别情况也可能略有偏小。

因此，由于操作条件不同，成型结果也不一样，弯曲调整值不能绝对地定出，通常要根据本施工单位的经验资料，预先确定符合自己实际需要的、实用的弯曲调整值表备用。

4. 端部弯钩增加值

根据规范规定：HPB235 级钢筋端部应做 180°弯钩，弯心直径 $\geqslant 2.5d$，平直段长度 $\geqslant 3d$。HRB335、HRB400 级钢筋设计要求端部做 135°弯钩时，弯心直径 $\geqslant 4d$，平直段长度按设计要求，几种特殊角的弯钩增加值按表 1 − 10 的规定计算确定。

表 1-10　几种特殊角的弯钩增加值

钢筋的级别	弯钩角度(°)	弯心最小直径	平直长	一个弯钩增加值
HPB235	180	$2.5d$	$3d$	$6.25d$
HPB335	90	$4d$	按设计	$1d+$ 平直长
HPB400	135	$4d$	按设计	$3d+$ 平直长

5. 对箍筋的要求及下料计算

(1)绑扎箍筋的端头有三种形式,如图 1-26 所示。对于一般结构可选 90°/90°、90°/180°、135°/135° 三种形式的任一种,对有抗震和受扭的结构只能选 135°/135°。

(2)箍筋弯心直径 $D \geqslant 2.5d$,且大于纵向受力筋的直径。

(3)箍筋弯钩平直段长对于一般结构取 $5d$,对于抗震结构取 $10d$。

(4)矩形箍筋外包尺寸 $=2($外包宽 + 外包高$)$

外包宽(高)= 构件宽(高)$-2 \times$ 保护层厚 $+2 \times$ 箍筋直径

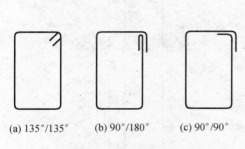

(a) 135°/135°　(b) 90°/180°　(c) 90°/90°

图 1-26　箍筋的几种形式

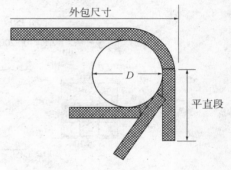

图 1-27　箍筋弯钩示意图

(5)弯钩增加值计算(图 1-27)。

当弯 90°时,弯钩增加值 $=\left(\dfrac{D}{2}+\dfrac{d}{2}\right)\dfrac{1}{2}\pi-\left(\dfrac{D}{2}+d\right)+$ 平直段长

当弯 135°时,弯钩增加值 $=\left(\dfrac{D}{2}+\dfrac{d}{2}\right)\dfrac{3}{4}\pi-\left(\dfrac{D}{2}+d\right)+$ 平直段长

当弯 180°时,弯钩增加值 $=\left(\dfrac{D}{2}+\dfrac{d}{2}\right)\pi-\left(\dfrac{D}{2}+d\right)+$ 平直段长

当 D 取 $2.5d$ 时,平直段长按一般结构取 $5d$,抗震结构取 $10d$,分别代入上式得

当弯起 90°时,弯钩增加值:$5.5d$

当弯起 135°时,弯钩增加值:$7d(12d)$(括号内数值为抗震结构)

当弯起 180° 时,弯钩增加值:$8.25d$

(6)箍筋的下料长度计算

箍筋的下料长度 $L=$ 外包尺寸 $-$ 中间弯折量度差值 $+$ 端弯钩增长值

1.2.5.2　柱钢筋下料计算实例

例 1-1　图 1-28 所示为柱子钢筋的配筋图,结构为抗震二级,混凝土强度为 C30,混凝土保护层为 30 mm,基础承台高 1080 mm,承台面标高为 -1.0m,承台配筋直径为 25 mm,

二层梁高为 800 mm,楼板厚为 150 mm。计算 KZ1 基础至 ±0.00 钢筋的下料长度并填写钢筋下料表。

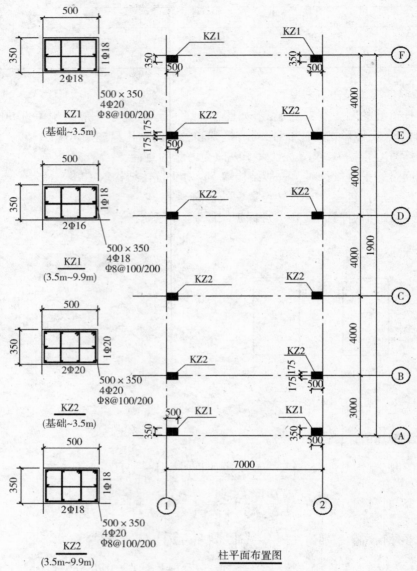

图 1-28 柱的配筋图

解 由题意和图 1-28 可知,柱宽为 500 mm,首层高度 $H_1 = 3500$ mm,二层梁高 $H_2 = 800$ mm,则首层净高 H_n 为

$$H_n = H_1 - H_2$$

$$H_n = 3500 - 800$$

$$H_n = 2700 \text{ mm} = 2.7 \text{ m}$$

由首层加密区高度计算公式 $H = \dfrac{1}{6}H_n$ 可得:

$$H = \frac{1}{6} \times 2.7$$

$$H = 0.45 \text{ m}$$

因此,首层柱加密区高为 500 mm,钢筋的连接选在 600 mm 处和 1230 mm 处,钢筋接头错开 50%,错距 35d。

① 直径为 18 竖筋下料长度 $= 600 + 1000 + 1080 - 30 - 25 \times 2 + 150 - 2 \times 18 = 2714(\text{mm})$

② 直径为 18 竖筋下料长度 $= 2714 + 35d = 2714 + 35 \times 18 = 2714 + 630 = 3344(\text{mm})$

③ 直径为 20 竖筋下料长度 $= 600 + 1000 + 1080 - 30 - 25 \times 2 + 150 - 2 \times 20 = 2674(\text{mm})$

④ 直径为 20 竖筋下料长度 $= 2674 + 35d = 2674 + 35 \times 20 = 2674 + 700 = 3374(\text{mm})$

⑤ 直径为 8 箍筋料长度 $= (500 - 30 \times 2 + 2 \times 8 + 350 - 30 \times 2 + 2 \times 8) \times 2 - 3 \times 2d + 24d$
$= (500 - 30 \times 2 + 2 \times 8 + 350 - 30 \times 2 + 2 \times 8) \times 2 - 3 \times 2 \times 8 + 24 \times 8 = 1668(\text{mm})$

⑥ 直径为 8 箍筋料长度 $= [350 - 30 \times 2 + 2 \times 8 + (500 - 30 \times 2 + 2 \times 8)/3] \times 2 - 3 \times 2 \times 8 + 24 \times 8 = 1060(\text{mm})$

⑦ 直径为 8 箍筋料长度 $= 500 - 30 \times 2 + 2 \times 8 + 24 \times 8 = 648(\text{mm})$

填写钢筋配料表如表 1 - 11 所示。

表 1 - 11　KZ1(基础底至 0.00m)钢筋配料单

筋号	级别	直径	简　图	长度(mm)	根数	每米重(kg/m)	单根重(kg)	总重(kg)
1	Φ	18	150 ⌐ 2000+600	2 714	5	2.000	5.428	10.856
2	Φ	18	150 ⌐ 2000+600+630	3 344	5	2.000	6.688	33.44
3	Φ	8	290 □ 430	1 584	8	0.396	0.627	5.016

1.2.6 钢筋代换

钢筋代换原则是按抗拉设计值相等原则,并满足最小配筋率及构造要求。

1. 等强度代换

等强度代换用于计算配筋不同级别钢筋的代换,代换公式如下:

①
$$A_{s2} f_{y2} \geqslant A_{s1} f_{y1}$$

式中 A_{s2}——钢筋代换后的面积,mm^2;

　　f_{y2}——钢筋代换后的强度,N/mm^2

　　A_{s1}——钢筋代换前的面积,mm^2;

　　f_{y1}——钢筋代换前的强度,N/mm^2。

②
$$n_2 \geqslant \frac{n_1 d_1^2 f_{y1}}{d_2^2 f_{y2}}$$

式中 n_2——钢筋代换后的根数;

　　n_1——钢筋代换前的根数;

d_1——钢筋代换前的直径；

d_2——钢筋代换后的直径。

2. 等面积代换

等面积代换用于构造配筋或同级别钢筋的代换,代换公式如下:

① $$A_{s2} \geq A_{s1}$$

② $$n_2 \geq \frac{n_1 d_1^2}{d_2^2}$$

3. 注意问题

钢筋代换要注意以下问题:

(1)重要构件,不宜用 HPB235 级光圆筋代替 HRB335 级带肋钢筋;

(2)代换后应满足配筋构造要求(如直径、间距、根数、锚固长度等);

(3)代换后直径不同时,各筋拉力差不应过大(同级直径差不大于 5 mm);

(4)受力不同的钢筋分别代换;

(5)有抗裂要求的构件应做抗裂验算;

(6)重要结构的钢筋代换应征得设计单位同意;

(7)预制构件的吊环,必须用未冷拉的 HPB235 级筋,不得以其他筋代换。

1.2.7 钢筋的安装

钢筋的安装是指把已经加工好的钢筋运至施工现场,按照设计图纸的要求绑扎成型。在绑扎的过程中要注意钢筋的接头位置和保护层的厚度控制,同时还需要注意钢筋的间距和钢筋的安装顺序等。

1. 钢筋接头位置

钢筋接头位置距弯折处不小于 $10d$;不在最大弯矩处;相互错开;在 1.3 倍搭接长度范围内,梁板墙类接头不大于 25%,柱类接头不大于 50%。

2. 混凝土保护层的厚度

钢筋混凝土受弯构件端头混凝土保护层的厚度一般为 10 mm;对于室内,梁、柱混凝土保护层的厚度为 25 mm(箍筋 15 mm),板、墙混凝土保护层的厚度为 15 mm(分布筋为 10 mm);对于基础,有垫层混凝土保护层的厚度为 35 mm;无垫层混凝土保护层的厚度为 70 mm。对露天或室内高温混凝土保护层的厚度参照表 1-12 选取。

表 1-12　混凝土保护层厚度(露天或室内高温)

构　件	< C25	C25、C30	> C30
板、墙、壳	35 mm	25 mm	15 mm
梁、柱	45 mm	35 mm	25 mm

3. 柱钢筋绑扎

柱钢筋绑扎要点如下:

(1)套柱箍筋

按图纸要求间距,计算好每根柱箍筋数量,先将箍筋套在下层伸出的搭接筋上,然后立柱子钢筋,在搭接长度内绑扣不少于3个,绑扣要向着柱中心。如果柱子主筋采用光圆钢筋搭接时,角部弯钩应与模板成45°,中间钢筋的弯钩应与模板成90°。

(2)搭接绑扎竖向受力筋

柱子主筋立起之后,接头的搭接长度应符合设计要求,如设计无要求时,应按表1-13采用。

表1-13 纵向受拉钢筋的最小搭接长度

钢筋类型		混凝土强度等级			
		C15	C20～C25	C30～C35	≥C40
光圆钢筋	HPB235级	$45d$	$35d$	$30d$	$25d$
带肋钢筋	HRB335级	$55d$	$45d$	$35d$	$30d$
	HRB400级、RRB400级	—	$55d$	$40d$	$35d$

注:两根直径不同钢筋的搭接长度,以较细钢筋的直径计算。

(3)柱竖向筋

柱竖向筋采用机械或焊接连接时,按规范要求同一段面50%接头位置。第一步接头距楼板面的距离应大于500 mm且大于$H/6$,不在箍筋加密区。

(4)画箍筋间距线

在立好的柱子竖向钢筋上,按图纸要求用粉笔画箍筋间距线。

(5)柱箍筋绑扎

①按已画好的箍筋位置线,将已套好的箍筋往上移动,由上往下绑扎,宜采用缠扣绑扎,如图1-29所示。

②箍筋与主筋要垂直,箍筋转角处与主筋交点均要绑扎,主筋与箍筋非转角部分的相交点成梅花交错绑扎。

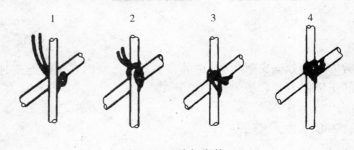

图1-29 缠扣绑扎

③箍筋的弯钩叠合处应沿柱竖筋交错布置,并绑扎牢固,见图1-30。

④有抗震要求的地区,柱箍筋端头应弯成135°,平直部分长度不小于$10d$(d为箍筋直径),见图1-31。

⑤柱上下两端箍筋应加密,加密区长度及加密区内箍筋间距应符合设计图纸及施工规范不大于100 mm且不大于$5d$的要求(d为主筋直径)。如设计要求箍筋设拉筋时,拉筋应钩住箍筋,见图1-32。

⑥柱筋保护层厚度应符合规范要求,如主筋外皮为25 mm,垫块应绑在柱竖筋外皮上,间距一般为1000 mm,(或用塑料卡卡在外竖筋上)以保证主筋保护层厚度准确;同时,可采用钢筋定距框来保证钢筋位置的正确性。当柱截面尺寸有变化时,柱应在板内弯折,弯后的尺寸要符合设计要求。

⑦柱筋到结构封顶时,要特别注意边柱外侧柱筋的锚固长度为1.7Lae(Lae为抗震结构钢筋的锚固长度),具体参见《03G329—1 建筑物抗震构造详图》(民用框架、框架—剪力墙、

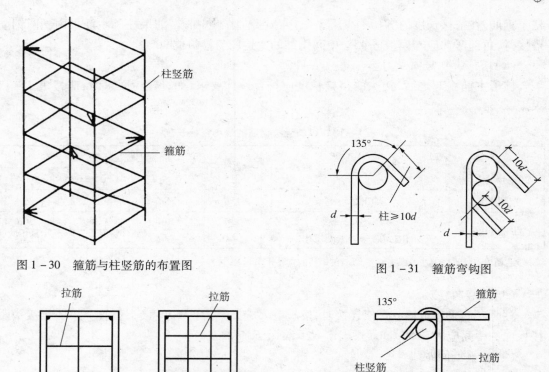

图 1－30 箍筋与柱竖筋的布置图

图 1－31 箍筋弯钩图

图 1－32 拉筋安装图

剪力墙部分框支剪力墙)中的有关做法。同时在钢筋连接时要注意柱筋的锚固方向,保证柱筋正确锚入梁和板内。

1.2.8 技术交底

钢筋工程开始施工前,由施工单位技术负责人,就有关钢筋工程施工的技术要求、质量验收标准和施工注意事项等问题,向施工班组进行交底,并且填写技术交底记录表,如表 1－14 所示。

1.2.9 安全交底

对柱钢筋施工作业这一分项工程施工所做的安全交底如表 1－15 所示。

1.2.10 质量检查表的填写

完成钢筋工程施工任务后,施工单位进行自检、互检和终检,由质检员填写如下表格:钢筋原材料检验批质量验收记录(见表 1－16)、钢筋加工检验批质量验收记录(见表 1－17)、钢筋连接检验批质量验收记录(见表 1－19)、钢筋安装检验批质量验收记录(见表 1－20)、报监理核验,合格后进入下一工序施工。质量检查表的填写详见表后说明。

表 1-14　技术交底记录表

工程名称	某住宅楼	建设单位	广东水院
监理单位	×××监理公司	施工单位	×××建筑公司
交底部位	底层柱钢筋	交底日期	
交底人签字			

(1)进入施工现场的钢筋,检查产品合格证、出厂检查验收报告和进场复验报告,必须严格按批分等级、钢号、直径等挂牌存放。

(2)钢筋应平放、无损伤,表面不得有裂纹、油污、颗粒状或片状老锈。

(3)钢筋调直宜采用机械调直的方法,也可采用冷拉方法。当采用冷拉方法调直钢筋时,HPB235 级钢筋的冷拉率不宜大于 4%,HRB400 级和 RRB400 级钢筋的冷拉率不宜大于 1%。

(4)钢筋加工的形状、尺寸应符合设计要求,其偏差值应符合规范规定。

(5)纵向受力钢筋的连接方式应符合设计要求。

(6)钢筋安装时,受力钢筋的品种、级别、规格和数量必须符合设计要求。

(7)钢筋安装位置的偏差应符合规范规定。

接受人签字	

注:本表一式四份,建设单位、监理单位、施工单位、城建档案馆各一份。

表 1-15　安全交底记录表

工程名称	某住宅楼	建设单位	广东水院
监理单位	×××监理公司	施工单位	×××建筑公司
交底部位	底层柱钢筋	交底日期	
交底人签字			

(1)钢筋加工机械安装应稳固,外作业应设置机棚,机旁应有堆放原料、半成品的场地。

(2)加工较长的钢筋时,应有专人帮扶,要听从操作人员的指挥。

(3)钢筋加工完毕,应堆放好成品,清理好场地,并切断电源,锁好电闸。

(4)焊机必须接地,导线和焊钳相接处绝缘必须可靠。

(5)焊接变压器不得超负荷运行,变压器升温不得超过 60℃。

(6)点焊、对焊时必须开放冷却水,焊机出水温度不得超过 40℃,排水量应符合要求。天冷时应放尽焊机内存水,以免冻塞。

(7)对焊机闪光区域,须设铁皮隔挡,焊接时禁止其他人员停留在闪光区范围内,以防火花、烫伤,焊机工作范围内严禁堆放易燃物品,以免引起火灾。

(8)室内电弧焊时,应有排气装置,焊工操作地点相互之间设挡板,以防弧光刺伤眼睛。

接受人签字	

注:本表一式四份,建设单位、监理单位、施工单位、城建档案馆各一份。

表 1-16 钢筋原材料检验批质量验收记录

（GB 50204—2002）   编号:010602(1)/020102(1)□□□

工程名称				分项工程名称		项目经理	
施工单位				验收部位			
施工执行标准名称及编号						专业工长（施工员）	
分包单位				分包项目经理		施工班组长	
质 量 验 收 规 范 的 规 定				施工单位自检记录		监理(建设)单位验收记录	
主控项目	（1）	原材料抽检	第5.2.1条				
	（2）	有抗震要求框架结构	第5.2.2条				
	（3）		第5.2.3条				
一般项目	（1）	钢筋表观质量	第5.2.4条				
施 工 操 作 依 据							
质 量 检 查 记 录							

续表 1 - 16

施工单位检查结 果 评 定	项目专业质量检查员：	项目专业技术负责人： 年 月 日
监理(建设)单位验收结论	专业监理工程师： (建设单位项目专业技术负责人)	年 月 日

注：本表由施工项目专业质量检查员填写，专业监理工程师(建设单位项目专业技术负责人)组织项目专业质量(技术)负责人等进行验收。

表 1 - 16 填写说明：

1. 强制性条文

(1)当钢筋的品种、级别或规格需作变更时，应办理设计变更文件。

2. 主控项目

(1)钢筋进场时，应按现行国家标准《GB 1499 钢筋混凝土用热轧带肋钢筋》等的规定抽取试件作力学性检验，其质量必须符合有关标准的规定。检查数量：按进场的批次和产品的抽样检验方案确定。检验方法：检查产品合格证、出厂检验报告和进场复验报告。

(2)对有抗震设防要求的框架结构，其纵向受力钢筋的强度应满足设计要求；当设计无具体要求时，对一、二级抗震等级，检验所得的强度实测值应符合下列规定：

①钢筋的抗拉强度实测值与屈服强度实测值的比值不应小于1.25；

②钢筋的屈服强度实测值与强度标准值的比值不应大于1.3。检查数量：按进场的批次和产品的抽样检验方案确定。检验方法：检查进场复验报告。

(3)当发现钢筋脆断、焊接性能不良或力学性能显著不正常等现象时，应对该批钢筋进行化学成分检验或其他专项检验。检验方法：检查化学成分等专项检验报告。

3. 一般项目

(1)钢筋应平直、无损伤，表面不得有裂纹、油污、颗粒状或片状老锈。检查数量：进场时和使用前全数检查。检验方法：观察。

表 1 - 17 钢筋加工检验批质量验收记录

(GB 50204—2002)　　　　　　　　　　　　　　编号：010602(2)/020102(2)□□□□

工程名称		分项工程名称		项目经理	
施工单位		验收部位			
施工执行标准名称及编号				专业工长(施工员)	
分包单位		分包项目经理		施工班组长	

质 量 验 收 规 范 的 规 定			施工单位自检记录	监理(建设)单位验收记录
主控项目	(1)	受力钢筋的弯钩和弯折	第5.3.1条		
	(2)	箍筋末端弯钩	第5.3.2条		
一般项目	(1)	钢筋调直	第5.3.3条		

质 量 验 收 规 范 的 规 定				施工单位自检记录	监理(建设)单位验收记录
一般项目	(2)	钢筋加工的允许偏差	项　目	允许偏差（mm）		
			受力钢筋顺长度方向全长的净尺寸	±10		
			弯起钢筋的弯折位置	±20		
			箍筋内净尺寸	±5		
施 工 操 作 依 据					
质 量 检 查 记 录					
施工单位检查结果评定	项目专业质量检查员：		项目专业技术负责人：　　　　年　月　日		
监理(建设)单位验收结论	专业监理工程师：（建设单位项目专业技术负责人）　　　　　　　　　　年　月　日				

注:本表由施工项目专业质量检查员填写,专业监理工程师(建设单位项目专业技术负责人)组织项目专业质量(技术)负责人等进行验收。

表 1－17 填写说明:

1. 主控项目

(1)受力钢筋的弯钩和弯折应符合下列规定:

①HPB235 级钢筋末端应作 180°弯钩,其弯弧内直径不应小于钢筋直径的 2.5 倍,弯钩的弯后平直部分长度不应小于钢筋直径的 3 倍;

②当设计要求钢筋末端需作 135°弯钩时,HRB335 级、HRB400 级钢筋的弯弧内直径不应小于钢筋直径的 4 倍,弯钩的弯后平直部分长度应符合设计要求;

③钢筋作不大于 90°的弯折时,弯折处的弯弧内直径不应小于钢筋直径的 5 倍。检查数量:按每工作班同一类型钢筋、同一加工设备抽查不应少于 3 件。检验方法:钢尺检查。

(2)除焊接封闭环式箍筋外,箍筋的末端应作弯钩,弯钩形式应符合设计要求;当设计无具体要求时,应符合下列规定:

①箍筋弯钩的弯弧内直径除应满足 GB50204—2002 第 5.3.1 条的规定外,尚应不小于受力钢筋直径。

②箍筋弯钩的弯折角度:对一般结构,不应小于 90°;对有抗震等要求的结构,应为 135°。

③箍筋弯后平直部分长度:对一般结构,不宜小于箍筋直径的 5 倍;对有抗震等要求的结构,不应小于箍筋直径的 10 倍。检查数量:按每工作班同一类型钢筋、同一加工设备抽查

不应少于 3 件。检验方法:钢尺检查。

2.一般项目

(1)钢筋调直宜采用机械方法,也可采用冷拉方法。当采用冷拉方法调直钢筋时,HPB235 钢筋的冷拉率不宜大于 4%,HRB335 级、HRB400 级和 RRB400 级钢筋的冷拉率不宜大于 1%。检查数量:按每工作班同一类型钢筋、同一加工设备抽查不应少于 3 件。检验方法:观察,钢尺检查。

(2)钢筋加工的形状、尺寸应符合设计要求,其偏差应符合表 1 - 18 的规定。检查数量:按每工作班同一类型钢筋、同一加工设备抽查不应少于 3 件。检验方法:钢尺检查。

表 1 - 18　钢筋加工的允许偏差

项　　目	允许偏差(mm)
受力钢筋顺长度方向全长的净尺寸	±10
弯起钢筋的弯折位置	±20
箍筋内净尺寸	±5

表 1 - 19　钢筋连接检验批质量验收记录

(GB 50204—2002)　　　　　　　　　　　　　编号:010602(3)/ 020102(3)□□□

工程名称			分项工程名称		项目经理	
施工单位			验收部位			
施工执行标准名称及编号					专业工长(施工员)	
分包单位			分包项目经理		施工班组长	
质量验收规范的规定				施工单位自检记录	监理(建设)单位验收记录	
主控项目	(1)	纵向受力钢筋的连接方式	第5.4.1条			
	(2)	接头试件	第5.4.2条			

质 量 验 收 规 范 的 规 定			施工单位自检记录	监理(建设)单位验收记录
一般项目	(1)	接头位置	第 5.4.3 条		
	(2)	接头外观质量检查	第 5.4.4 条		
	(3)	受力钢筋机械连接或焊接接头设置	第 5.4.5 条		
	(4)	绑扎搭接接头	第 5.4.6 条		

质 量 验 收 规 范 的 规 定			施工单位自检记录	监理(建设)单位 验收记录
一般项目	(5) 箍筋配置	第 5.4.7 条		
施 工 操 作 依 据				
质 量 检 查 记 录				
施工单位检查 结 果 评 定	项目专业 质量检查员:		项目专业 技术负责人:	年 月 日
监理(建设) 单位验收结论	专业监理工程师: (建设单位项目专业技术负责人)			年 月 日

注:本表由施工项目专业质量检查员填写,专业监理工程师(建设单位项目专业技术负责人)组织项目专业质量(技术)负责人等进行验收。

表 1-19 填写说明:

1. 主控项目

(1)纵向受力钢筋的连接方式应符合设计要求。检查数量:全数检查。检验方法:观察。

(2)在施工现场,应按国家现行标准《JGJ107 钢筋机械连接通用技术规程》、《JGJ18 钢筋焊接及验收规程》的规定抽取钢筋机械连接接头、焊接接头试件作力学性能检验,其质量应符合有关规程的规定。检查数量:按有关规程确定。检查方法:检查产品合格证、接头力学性能试验报告。

2. 一般项目

（1）钢筋的接头宜设置在受力较小处。同一纵向受力钢筋不宜设置两个或两个以上接头。接头末端至钢筋弯起点的距离不应小于钢筋直径的 10 倍。检查数量：全数检查。检验方法：观察，钢尺检查。

（2）在施工现场，应按国家现行标准《JGJ107 钢筋机械连接通用技术规程》、《JGJ18 钢筋焊接及验收规程》的规定对钢筋机械连接接头、焊接接头的外观进行检查，其质量应符合有关规程的规定。检查数量：全数检查。检验方法：观察。

（3）当受力钢筋采用机械连接或焊接接头时，设置在同一构件内的接头宜相互错开。纵向受力钢筋机械连接接头及焊接接头连接区段的长度为 $35d$（d 为纵向受力钢筋的较大直径）且不小于 500 mm，凡接头中点位于该连接区段长度内的接头均属于同一连接区段。同一连接区段内，纵向受力钢筋的接头面积百分率应符合设计要求；当设计无具体要求时，应符合下列规定：

①在受拉区不宜大于 50%；

②接头不宜设置在有抗震设防要求的框架梁端、柱端的箍筋加密区；当无法避开时，对等强度高质量机械连接接头不应大于 50%；

③直接承受动力荷载的结构构件中，不宜采用焊接接头；当采用机械连接接头时，不应大于 50%。检查数量：在同一检验批内，对梁、柱和独立基础，应抽查构件数量的 10%，且不少于 3 件；对墙和板，应按有代表性的自然间抽查 10%，且不少于 3 间；对大空间结构，墙可按相邻轴线间高度 5m 左右划分检查面，板可按纵横轴线划分检查面，抽查 10%，且均不少于 3 面。检验方法：观察，钢尺检查。

（4）同一构件中相邻纵向受力钢筋的绑扎搭接接头宜相互错开。绑扎搭接接头中钢筋的横向净距不应小于钢筋直径，且不应小于 25 mm。钢筋绑扎搭接接头连接区段的长度为 $1.3L_L$（L_L 为搭接长度），凡搭接接头中点位于该连接区段长度内的搭接接头均属于同一连接区段。同一连接区段内，纵向受拉钢筋搭接接头面积百分率应符合设计要求；当设计无具体要求时，应符合下列规定：

①对梁类、板类及墙类构件，不宜大于 25%；

②对柱类构件，不宜大于 50%；

③当工程中确有必要增大接头面积百分率时，对梁类构件，不应大于 50%；对其他构件，可根据实际情况放宽。纵向受力钢筋绑扎搭接接头的最小搭接长度应符合 GB 50204—2002 规范附录 B 的规定。检查数量：在同一检验批内，对梁、柱和独立基础，应抽查构件数量的 10%，且不少于 3 件；对墙和板，应按有代表性的自然间抽查 10%，且不少于 3 间；对大空间结构，墙可按相邻轴线间高度 5 m 左右划分检查面，板可按纵、横轴线划分检查面，抽查 10%，且均不少于 3 面。检验方法：观察，钢尺检查。

（5）在梁、柱类构件的纵向受力钢筋搭接长度范围内，应按设计要求配置箍筋。当设计无具体要求时，应符合下列规定：

①箍筋直径不应小于搭接钢筋较大直径的 0.25 倍；

②受拉搭接区段的箍筋间距不应大于搭接钢筋较小直径的 5 倍，且不应大于 100 mm；

③受压搭接区段的箍筋间距不应大于搭接钢筋较小直径的 10 倍，且不应大于 200 mm；

④当柱中纵向受力钢筋直径大于 25 mm 时，应在搭接接头两个端面外 100 mm 范围内各

设置两个箍筋,其间距宜为 50 mm。检查数量:在同一检验批内,对梁、柱和独立基础,应抽查构件数量的 10% ,且不少于 3 件;对墙和板,应按有代表性的自然间抽查 10% ,且不少于 3 间;对大空间结构,墙可按相邻轴线间高度 5 m 左右划分检查面,板可按纵、横轴线划分检查面,抽查 10% ,且均不少于 3 面。检验方法:钢尺检查。

表 1 −20　钢筋安装检验批质量验收记录

(GB 50204—2002)　　　　　　　　　　　　　　　编号:010602(4)/020102(4)□□□

工程名称				分项工程名称		项目经理	
施工单位				验收部位			
施工执行标准名称及编号						专业工长(施工员)	
分包单位				分包项目经理		施工班组长	
质 量 验 收 规 范 的 规 定				施工单位自检记录		监理(建设)单位验收记录	
主控项目	钢筋安装时,受力钢筋的品种、级别、规格和数量必须符合设计要求						
一般项目	钢筋安装位置的偏差		项　目	允许偏差(mm)			
		绑扎钢筋网	长、宽	±10			
			网眼尺寸	±20			
		绑扎钢筋骨架	长	±10			
			宽、高	±5			
		受力钢筋	间距	±10			
			排距	±5			
			保护层厚度 基础	±10			
			柱、梁	±5			
			板、墙、壳	±3			
		绑扎钢筋、横向钢筋间距		±20			
		钢筋弯起点位置		20			
		预埋件	中心线位置	5			
			水平高差	+3,0			

44

施 工 操 作 依 据		
质 量 检 查 记 录		
施工单位检查 结 果 评 定	项目专业 质量检查员：	项目专业 技术负责人： 年 月 日
监理(建设) 单位验收结论	专业监理工程师： (建设单位项目专业技术负责人)	 年 月 日

注：①检查预埋件中心线位置时，应沿纵、横两个方向量测，并取其中的较大值；②表中梁类、板类构件上部纵向受力钢筋保护层厚度的合格点率应达到 90％ 及以上，且不得有超过表中数值 1.5 倍的尺寸偏差。

本表由施工项目专业质量检查员填写，专业监理工程师(建设单位项目专业技术负责人)组织项目专业质量(技术)负责人等进行验收。

表 1－20 填写说明：

1. 主控项目

钢筋安装时，受力钢筋的品种、级别、规格和数量必须符合设计要求。检查数量：全数检查。检验方法：观察，钢尺检查。

2. 一般项目

钢筋安装位置的偏差应符合表 1－21 的规定。检查数量：在同一检验批内，对梁、柱和独立基础，应抽查构件数量的 10％，且不少于 3 件；对墙和板，应按有代表性的自然间抽查 10％，且不少于 3 间；对大空间结构，墙可按相邻轴线间高度 5 m 左右划分检查面，板可按纵、横线划分检查面，抽查 10％，且均不少于 3 面。

表 1－21　钢筋安装位置的允许偏差和检验方法

项　　　目			允许偏差 （mm）	检验方法
绑扎钢筋网	长、宽		±10	钢尺检查
	网眼尺寸		±20	钢尺量连续三档，取最大值
绑扎钢筋骨架	长		±10	钢尺检查
	宽、高		±5	钢尺检查
受力钢筋	间　距		±10	钢尺量两端、中间各一点，取最大值
	排　距		±5	
	保护 层厚 度	基　础	±10	钢尺检查
		柱、梁	±5	钢尺检查
		板、墙、壳	±3	钢尺检查

项　目		允许偏差（mm）	检验方法
绑扎箍筋、横向钢筋间距		±20	钢尺量连续三档,取最大值
钢筋弯起点位置		20	钢尺检查
预埋件	中心线位置	5	钢尺检查
	水平高差	+3,0	钢尺和塞尺检查

1.3　任务三:柱混凝土施工

1.3.1　概述

混凝土工程包括混凝土的制备、运输、浇筑、振捣和养护等施工过程,各个施工过程互相联系和影响,任何一项施工处理不当都会影响混凝土的最终质量。因此对施工过程中的各个环节必须严格按规范要求进行操作,以确保混凝土的工程质量。

混凝土的施工工艺过程是:配料→搅拌→运输→浇注→振捣→养护。混凝土的施工有以下特点:

①工序多,且相互联系和影响;

②质量要求高(包括外形、强度、密实度、整体性);

③不易及时发现质量问题(拆模后或试压后方可显现)。

1.3.2　混凝土的配料

1.3.2.1　混凝土施工配制强度的确定

为使保证率达到95%,混凝土的配制强度应比设计强度标准值高 1.645σ(σ 为施工单位标准差)。

混凝土的施工配制强度 $f_{cu,o}$(N/mm²)计算公式如下:

$$f_{cu,o} = f_{cu,k} + 1.645\sigma$$

式中　$f_{cu,k}$——设计的混凝土强度标准值,N/mm²;

　　　σ——施工单位的混凝土强度标准差,N/mm²。

强度标准差 σ 的取值:

①有近期同一品种混凝土强度资料时,

$$\sigma = \sqrt{\frac{\sum_{i=1}^{N}(f_{cu,i})^2 - N(\mu_{f_{cu}})^2}{N-1}}$$

式中 $f_{cu,i}$——第 i 组试件混凝土强度;

$\mu_{f_{cu}}$——N 组混凝土强度平均值;

N—— 混凝土试件组数,$N \geqslant 25$。

②无近期同一品种混凝土强度资料时,参考表 1 - 22 取值。

表 1 - 22 混凝土标准差

混凝土设计强度	< C20	C20 ～ C35	> C35	可视本工程情况
标准差 σ	4	5	6	做适当调整

1.3.2.2 施工配比及配料计算

1. 混凝土配合比确定的步骤

混凝土配合比确定的步骤为:

初步计算配合比 $\xrightarrow[\text{用绝对体积法或假定容重法}]{\text{经试配调整为}}$ 实验室配合比 $\xrightarrow[\text{据现场砂石}]{\text{含水量调整为}}$ 施工配合比

$\xrightarrow[\text{据搅拌机出料容量计算得}]{\text{随气候变化等随时调整}}$ 每盘配料量。

2. 混凝土施工配合比换算方法

已知混凝土实验室配比 = 水泥:砂:石 = $1:X:Y$ 。其中,X 代表砂,Y 代表石,水灰比为 Z = W/C(Z 代表水灰比,W 代表水,C 代表水泥)。又测知现场砂、石含水率为 W_x、W_y,则

混凝土施工配合比 = 水泥:砂:石:水

$= 1:X(1+W_x):Y(1+W_y):(Z-X \cdot W_x - Y \cdot W_y)$

3. 配料计算

配料计算是指根据施工配合比及搅拌机一次出料量计算出一次投料量,使用袋装水泥时可取整袋水泥量,但超量不大于 10% 。

例 1 - 2 某混凝土实验配比为 1:2.28:4.47,水灰比 0.63,每 m^3 混凝土的水泥用量为 285 kg,现场实测砂、石含水率分别为 3% 和 1% 。拟用出料体积为 250 L 的搅拌机拌制,试计算施工配合比及每盘投料量。

解 (1)混凝土施工配合比为:

水泥:砂:石:水 = $1:2.28(1+0.03):4.47(1+0.01):(0.63-2.28 \times 0.03 - 4.47 \times 0.01)$

$= 1:2.35:4.51:0.517$

(2)搅拌机出料量:250 L = 0.25 m^3

(3)每盘投料量:

水泥 = $285 \times 0.25 = 71$(kg),取 75 kg,则:

砂 = $75 \times 2.35 = 176$(kg)

石 = $75 \times 4.51 = 338$(kg)

水 = $75 \times 0.517 = 38.8$(kg)

1.3.3 混凝土的搅拌

1. 搅拌机分类

搅拌机按工作原理分为自落式和强制式搅拌机。自落式搅拌机是靠重力自落交流掺和,磨损小,易清理,见图1-33。

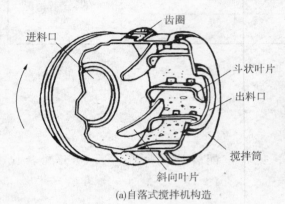

(a)自落式搅拌机构造

(b)自落式搅拌机外观

图1-33 自落式搅拌机

强制式搅拌机(图1-34)是靠叶片强行搅动,物料被剪切、旋转,形成交叉物流。强制式搅拌机搅拌的混凝土质量好,生产率高,操作简便、安全。

2. 混凝土搅拌机的适用范围

自落式搅拌机适于搅拌较粗重的塑性混凝土;强制式搅拌机适用于搅拌骨料较粗重的流态混凝土、干硬性混凝土及轻骨料混凝土。

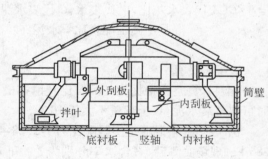

图1-34 强制式搅拌机

3. 工作容量

老式搅拌机工作容量以进料容量计算,新式搅拌机工作容量以出料容量计算,如50 L、150 L、250 L、350 L、500 L、750 L、1000 L、1500 L、3000 L等(L为升),出料容量=进料容量×出料系数(0.625)。

4. 装料顺序

(1)一次投料法。

投料顺序:石子→水泥→砂。筒内先加水或进料时加水。

(2)二次投料法。

投料顺序:砂、水、水泥(拌1 min)→石子(拌1 min)→出料。

(3)两次加水法(造壳混凝土)。

投料顺序:砂、石→70%水→拌30 s→水泥→拌30s→30%水→拌60 s。

两次加水法的装料顺序可以使搅拌的混凝土强度提高10%~20%,节约水泥5%~

10%。

5. 配比与称量

（1）配比及每次投料量挂牌公布。

（2）称量允许误差。水泥、掺料、水、外加剂允许偏差为 ±1%，粗、细骨料允许偏差为 ±2%。

6. 搅拌时间

全部装入至卸料时间对自落式搅拌机而言不小于 90 s，对强制式搅拌机而言不小于 60 s。几种不同状态搅拌时间对比如下：

自落式 > 强制式；小坍落度 > 大坍落度；料多 > 料少。

7. 混凝土搅拌站

（1）单阶式混凝土搅拌站。

单阶式混凝土搅拌站自上而下分为：进料层、储料层、称料层、搅拌层和出料层共五层，如图 1 - 35 所示。

图 1 - 35　混凝土搅拌站

（2）双阶式搅拌站。

双阶式搅拌站是指进料、储料、称料设在地面，搅拌和出料设置在二层楼上，又称为二阶式搅拌站。

（3）简易式混凝土搅拌站如图 1 - 36 所示。

图 1 - 36　简易式混凝土搅拌站

1.3.4　混凝土的运输

1. 混凝土运输要求

混凝土运输有如下要求：

（1）不分层离析，水平运输时，路要平，减少漏浆和散失水分；垂直下落高度较大时，用溜槽、串筒；若有离析，浇灌前需二次搅拌。

（2）要有足够的坍落度，一般要求见表 1 - 23。

表 1 - 23　坍落度表

结构类型	坍落度
垫层、无筋或少筋的厚大结构	10 ～ 30 mm
板、梁、大中型结构柱	30 ～ 50 mm
配筋密结构(薄壁、筒仓、细柱)	50 ～ 70 mm
配筋特密结构	70 ～ 90 mm

（3）尽量缩短运输时间，减少转运次数。为保浇捣在初凝前完成，从卸出至浇完的时间限定如表 1 - 24 所示。

表1-24　混凝土允许间隔时间表　　　　　　　　　　min

混凝土强度等级	气温≤25℃	气温＞25℃
C30 及其以下	120	90
C30 以上	90	60

2. 运输工具

混凝土运输工具分地面水平运输工具和垂直运输工具。

（1）地面水平运输工具。

地面水平运输工具根据运输的距离不同分别选择不同的运行机具,对现场搅拌或近距离运输,可以选皮带运输机和窄轨斗车运输;对于短距离(小于1 km)的运输可选机动翻斗车和手推车运输。机动翻斗车见图1-37。对于较长距离(＜10 km)的混凝土运输,可选用自卸汽车运输,见图1-38。当长距离运输混凝土时(＞10 km),可选择混凝土搅拌运输车,如图1-39所示,混凝土搅拌运输车可以运输拌好的混凝土,也可以运输配好的干料,在卸料前10～15 min加水搅拌。

图1-37　机动翻斗车

图1-38　自卸汽车

图1-39　混凝土搅拌运输车

（2）垂直运输工具。

垂直运输工具有井架式物料提升机、塔式起重机、混凝土泵和混凝土泵车等。

①井架式物料提升机，承担混凝土垂直运输，配合自动翻斗车或手推车一起运输混凝土；适用于小型工程。

②塔式起重机，承担混凝土垂直运输，配合吊斗一起运输混凝土，吊斗常用容积0.4、0.8、1、1.2 m³，上部开口，下部有扇形手动闸门。吊斗如图1-40所示。

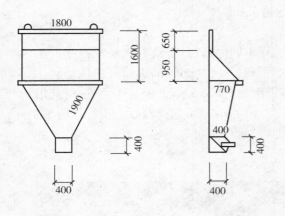

(a) 卧式吊斗

(b) 卧罐

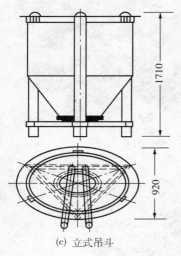

(c) 立式吊斗

(d) 立罐

图1-40　混凝土吊斗

③混凝土泵，如图1-41所示，主要承担混凝土垂直运输任务，需配管道输送，运输速度较快。

④混凝土泵车，如图1-42所示，主要承担混凝土垂直运输任务，自带输送管道，且自带行走装置，移动方便，灵活性强，工程中应用非常广泛。

3. 泵送混凝土的要求

由于泵送混凝土采用管道输送，为了顺利输送而不致堵塞，故对混凝土配比和施工有如下要求：

(a)

(b)

图 1 – 41　混凝土泵

图 1 – 42　混凝土泵车

（1）粗骨料粒径、碎石粒径≤1/3 管径,卵石粒径≤2/5 管径;

（2）砂率取 40%～50%;

（3）最小水泥用量大于 300 kg/m³;

（4）混凝土坍落度取 80～180 mm;

（5）掺外加剂如高效减水剂、硫化剂,增强混凝土和易性;

（6）保证供应,连续输送(超过 45 min 间歇应清理管道);

（7）用前润滑,用后清洗,减少转弯,防止吸入空气产生气阻;

（8）由于水泥用量较大,需仔细养护防龟裂。

1.3 5　混凝土的浇注和捣实

1.3.5.1　准备工作

混凝土浇筑准备工作有:

（1）模板、支架、钢筋和预埋件检查,并做好记录;

（2）准备和检查材料、机具、运输道路;

（3）清除模板内垃圾、泥土及钢筋上油污,木模浇水润湿而无积水,封孔堵缝;

（4）做好人员组织及安全技术交底。

1.3.5.2 混凝土浇筑要点

混凝土浇筑要点如下：

（1）防止分层离析，当混凝土自由倾落高度＞2 m 及竖向结构浇筑高度＞3 m 时，应用串筒、溜槽、溜管或在模板上开浇筑口。串筒及振动落管如图 1-43 所示。

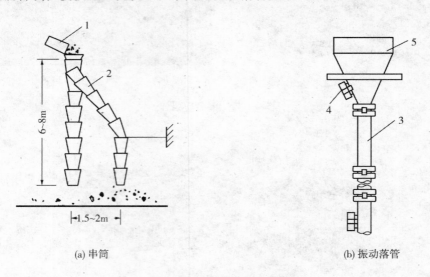

(a) 串筒　　　　　　　　　　　　(b) 振动落管

图 1-43　串筒及振动落管
1—溜槽；2—溜桶；3—竖管；4—振动器；5—料斗

（2）分层浇筑，分层捣实。每层浇筑厚度，采用插入式振动器不大于 1.25 倍振棒长度；采用表面式振动器不大于 200 mm；

（3）墙、柱等竖向构件浇筑前，先垫 50～100 mm 厚水泥砂浆（与混凝土砂浆成分同，防止烂根）；

（4）竖向构件与水平构件连续浇筑时，应待竖向构件初步沉实后（为 1～1.5 h），再浇水平构件；

（5）应连续浇筑，尽量缩短间歇时间；

（6）有人看模、看筋，并做好施工记录；

（7）遇雨雪天，露天不浇筑混凝土。

1.3.5.3 对施工缝的要求

1. 施工缝的位置

施工缝的位置必须在混凝土浇筑前确定，设置施工缝的原则是尽可能留在结构承受剪力较小且施工方便的部位。一般规定是：柱水平施工缝设置在基础顶面、梁下、吊车梁牛腿下或吊车梁上、柱帽下；对于单向板，平行于板短边的任何位置留垂直施工缝。

2. 施工缝的处理

对于施工缝的处理必须在先浇筑的混凝土强度大于 1.2 N/mm² 后才可以进行。处理的方法是将已浇筑混凝土表面进行凿毛，清除水泥薄膜、松动石子、软弱混凝土层，用高压水冲洗干净,排除积水。混凝土浇筑前铺水泥砂浆 10 ～ 15 mm 厚,令新旧混凝土紧密结合。

1.3.5.4　混凝土的振捣与成型

混凝土浇筑后,应立即进行振捣,使混凝土成为含气泡或空隙较少的密实体,同时使混凝土浇满钢筋周围和各个角落。振捣的目的是使混凝土充满模板而成型,排除多余的水分、气泡、空洞而密实。混凝土振捣与成型的方法有人工插捣、机械振捣、挤压法、离心法、真空作业脱水和掺高效减水剂自流化(自密实)。常用振捣设备有内部插入式振捣器、平板式表面振动器、附着式振动器和振动台,如图 1 - 44 所示。

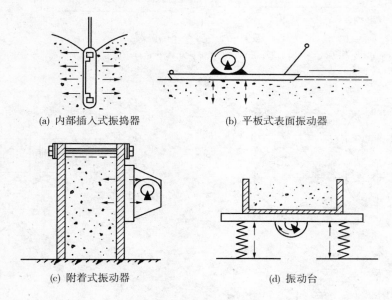

(a) 内部插入式振捣器　　　　(b) 平板式表面振动器

(c) 附着式振动器　　　　(d) 振动台

图 1 - 44　混凝土振捣器

(1)内部插入式振捣器按频率分有中频(5 000 ～ 8 000 次/min)、高频(12 000 ～ 19 000 次/min)和变频;按传动分有软轴式、直联式;按动力分有电动、风动和内燃。内部插入式振捣器适用于厚大体积混凝土振捣,见图 1 - 45。

(2)表面振动器(平板式)是在混凝土的外表面施加振动,而使混凝土振捣密实,适用于薄板混凝土振捣。

(3)附着式振动器是附着于模板,用于钢筋密、厚度小的墙、薄腹梁等构件混凝土振捣。附着式振动器是将一个带偏心块的电动振动器利用螺栓或钳形夹具固定在构件模板的外侧,不与混凝土接触,振动力通过模板传给混凝土。附着式振动器的振动作用深度小,适用于振捣钢筋密、厚度小及不宜使用插入式振动器的构件,如墙体、薄腹梁等。

(4)振动台适用于厂内预制小型构件的混凝土振捣和试验室混凝土试件的制作振捣。

(5)混凝土振捣要点。

①插入式振捣器可垂直插入振捣或以 45°角斜向插入振捣;插点间距不大于 1.5R(R 为有效作用半径,R 为 8 ～ 10 倍振捣棒半径);距模板不大于 0.5R,避免碰模板、钢筋、埋件等,振捣时间为 10 ～ 30 s(出现浮浆,无明显沉落,无气泡即可),快插慢拔,上下抽动,插入下层 50 ～ 100 mm,插入式振捣器插点要求见图 1 - 46。

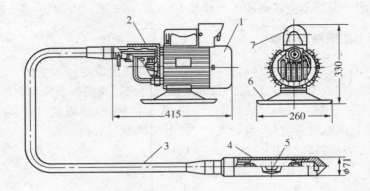

图 1-45　插入式振捣器

1—机壳;2—加速齿轮箱;3—传动软轴;4—振动棒外套;5—偏心块;6—底板;7—手柄

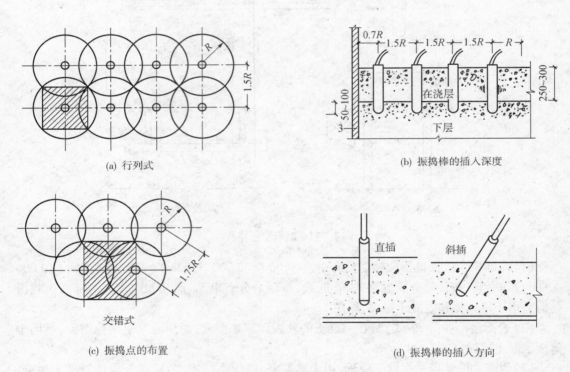

(a) 行列式

(b) 振捣棒的插入深度

交错式

(c) 振捣点的布置

(d) 振捣棒的插入方向

图 1-46　插入式振捣器插点要求

②表面式振捣器振点间搭接为 3～5 cm,每点振捣时间为 25～40 s,有效作用深度 200 mm,见图 1-47。

1.3.6　混凝土养护

混凝土养护一般可分为自然养护、蓄热养护和加热养护。

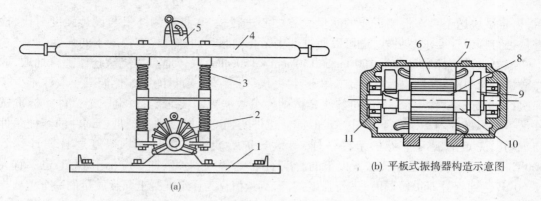

图1-47　表面式振捣器

1—振动底板;2—电动振子;3—缓冲弹簧;4—手柄;5—开关;6—定子;

7—机壳;8—转子;9—偏心块;10—转轴;11—轴承

1.自然养护(常用)

自然养护是指在常温下(≥ +5℃)保持混凝土处于温湿状态。自然养护要点是:①浇筑完后12 h内覆盖浇水(炎热夏季2～3 h,干硬性混凝土1～2 h)。②养护日期以达到设计强度60%左右为度,硅酸盐、普硅、矿渣水泥拌制的混凝土不小于7昼夜;掺有缓凝剂或有抗渗要求的混凝土不小于14昼夜。

2.蓄热养护

蓄热养护即保温法如盖厚帘、岩棉被、白灰、湿锯末(供微热)等。

3.加热养护

加热养护有蒸汽养护或电热养护,预制混凝土构件及冬季施工时多采用。

1.3.7　混凝土质量的检查

混凝土质量检查包括混凝土搅拌和浇筑中的检查、混凝土的外观检查和混凝土的强度检查。

1.搅拌和浇筑中的检查

搅拌和浇筑中的检查内容如下:

(1)原材料的品种、规格、质量和用量检查,每班检查不少于2次;

(2)在浇筑地点的坍落度检查,每班检查不少于2次;

(3)检查施工配合比;

(4)搅拌时间随时检查。

2.混凝土外观质量的检查

混凝土的外观质量检查包括混凝土外表面和外形尺寸检查。外表面检查混凝土有无麻面、蜂窝、孔洞、露筋、缺棱掉角、缝隙夹层等缺陷;外形尺寸检查主要对混凝土结构位置、标高、截面尺寸、垂直度、平整度、预埋设施和预留孔洞等进行检查。

3.混凝土强度的检查

混凝土的强度检查是通过在混凝土浇筑过程中留置试块,待试块养护到规定的时间,然后,再将试块送至具有检测资质的质量检测中心进行检测,将检测结果与设计强度对比,检查是否符合设计要求。另外,还可以通过现场钻孔抽芯和回弹仪检查混凝土的强度。

混凝土试块标准尺寸为 150 mm×150 mm×150 mm,取样地点在浇筑仓位随机抽取,取样数量按每 100 盘、每 100 m³、每工作班、每楼层、每一验收项目的同配比混凝土取样不少于一次;每次标准试件至少一组,同条件养护试件组数据视需要而定;每组三个试件。标准试件是指在标准的养护条件下,养护 28 d,测量试件的强度。同条件养护是指试件的养护条件与现场已浇筑的混凝土养护条件一样,等效养护龄期可取按日平均温度逐日累计达到600℃·d 时所对应的龄期,0℃ 及以下的龄期不计入;等效养护龄期不应小于 14 d,也不宜大于 60 d,达到等效养护龄期时,进行强度试验,测量值作为评定混凝土强度质量的一个重要指标。同时,同条件养护试块的试验强度,可以作为模板拆除对比混凝土强度的一个重要指标。

1.3.8 混凝土强度检验评定

根据混凝土生产情况,在混凝土强度检验评定时,按以下三种情况进行:

(1)当混凝土的生产条件在较长时间内能保持一致,且同一品种混凝土的强度变异性能保持稳定时,由连续的三组试块代表一个验收批,其强度同时满足下列要求:

$$m_{f_{cu}} \geq f_{cu,k} + 0.7\sigma \qquad (1-1)$$

$$f_{cu,min} \geq f_{cu,k} - 0.7\sigma \qquad (1-2)$$

当混凝土强度等级不高于 C20 时,强度的最小值尚应满足下式要求:

$$f_{cu,min} \geq 0.85 f_{cu,k} \qquad (1-3)$$

当混凝土强度等级高于 C20 时,强度的最小值尚应满足下式要求:

$$f_{cu,min} \geq 0.90 f_{cu,k} \qquad (1-4)$$

式中　$m_{f_{cu}}$——同一验收批混凝土立方体抗压强度平均值,MPa;

　　$f_{cu,k}$——混凝土立方体抗压强度标准值,MPa;

　　$f_{cu,min}$——同一验收批混凝土立方体抗压强度最小值,MPa;

　　σ——验收批混凝土立方体抗压强度的标准差(MPa),应根据前一个检验期内(检验期不应超过三个月,强度数据总批数不得小于 15)同一品种混凝土试块的强度数据按下式确定:

$$\sigma = \frac{0.59}{m} \sum_{i=1}^{m} \Delta f_{cu,i}$$

式中　$\Delta f_{cu,i}$——第 i 批试件立方体抗压强度中最大值与最小值之差;

　　m——用以确定该验收批混凝土立方体抗压强度标准值数据的总批数。

(2)当混凝土的生产条件不能满足上述规定或在前一个检验期内的同一品种混凝土没有足够的数据用以确定验收混凝土立方体抗压强度标准差时,应由不少于 10 组的试块代表一个验收批,其强度同时满足下列要求:

$$m_{f_{cu}} - \lambda_1 S_{f_{cu}} \geq 0.9 f_{cu,k} \qquad (1-5)$$

$$f_{cu,min} \geq \lambda_2 f_{cu,k} \qquad (1-6)$$

式中　$m_{f_{cu}}$——同一验收批混凝土立方体抗压强度平均值,MPa;

$S_{f_{cu}}$——同一验收批混凝土立方体抗压强度的标准差，MPa。当 $S_{f_{cu}}$ 的计算值小于 0.06 $f_{cu,k}$ 时，取 $S_{f_{cu}} = 0.06 f_{cu,k}$。混凝土立方体抗压强度的标准差 $S_{f_{cu}}$ 可按下式计算：

$$S_{f_{cu}} = \sqrt{\frac{\sum_{i=1}^{m} f_{cu,i}^2 - nm^2 f_{cu}}{n-1}}$$

式中 $f_{cu,i}$——第 i 组混凝土抗压强度值，MPa；

n——一个验收批混凝土试块的组数，$n \geqslant 10$；

$f_{cu,k}$——混凝土立方体抗压强度标准值，MPa；

$f_{cu,min}$——同一验收批混凝土立方体抗压强度最小值，MPa；

λ_1、λ_2——合格判定系数：当试件数 n 为 10～14 时，取 $\lambda_1 = 1.7$，$\lambda_2 = 0.9$；当试件数 n 为 15～24 时，取 $\lambda_1 = 1.65$，$\lambda_2 = 0.85$；当试件数 $n \geqslant 25$ 时，取 $\lambda_1 = 1.6$，$\lambda_2 = 0.85$。

（3）对零星生产的预制构件的混凝土或现场搅拌的批量不大的混凝土，可采用非统计法评定，此时，验收批混凝土的强度必须同时满足下列要求：

$$m_{f_{cu}} \geqslant 1.15 f_{cu,k} \tag{1-7}$$

$$f_{cu,min} \geqslant 0.90 f_{cu,k} \tag{1-8}$$

（4）当检验结果能满足第（1）、第（2）或第（3）条的规定时，则该批混凝土强度判为合格，当不能满足上述规定时，则该批混凝土强度判为不合格。

由于抽样检验存在一定的局限性，混凝土的质量评定可能出现误判。因此，如混凝土试件强度不符合上述要求时，允许从结构上钻取芯样进行试压检查，亦可用回弹仪或超声波仪直接在构件上进行非破损检验。

1.3.9 混凝土工程常见质量问题

1.3.9.1 混凝土试件强度偏低

1. 现象

混凝土试件强度达不到设计要求的强度。

2. 原因分析

（1）混凝土原材料质量不符合要求。

（2）混凝土拌制时间短或拌和物不均匀。

（3）混凝土配合比每盘称量不准确。

（4）混凝土试件没有做好，如模子变形，振捣不密实，养护不及时。

1.3.9.2 混凝土施工出现冷缝

1. 现象

已浇筑完毕的混凝土表面有不规则的接缝痕迹。

2. 原因分析

(1)泵送混凝土由于堵管或机械故障等原因,造成混凝土运输、浇筑及间歇时间过长。

(2)施工缝未处理好,接缝清理不干净,无接浆,直接在底层混凝土上浇筑上一层混凝土。

(3)混凝土浇筑顺序安排不妥当,造成底层混凝土初凝后浇筑上一层混凝土。

1.3.9.3 混凝土施工坍落度过大

1. 现象

混凝土坍落度大,和易性差。

2. 原因分析

(1)随意往泵送混凝土内加水。

(2)雨季施工,不作含水率测试,施工配合比不正确。

1.3.10 技术交底

技术交底是施工单位技术负责人在混凝土浇筑工作开始前,就有关混凝土浇筑这一工序的施工技术方案、设计要求、质量控制标准及注意事项等向施工班组详细交底。交底内容见表1-25。

表1-25 技术交底记录表

工程名称	某住宅楼	建设单位	×××× ×
监理单位	×××监理公司	施工单位	×××建筑公司
交底部位	底层柱混凝土	交底日期	
交底人签字			
(1)结构混凝土的强度等级必须符合设计要求,用于检查结构构件混凝土强度的试件,应在混凝土的浇筑地点随机抽取; (2)混凝土原材料每盘称量的偏差应符合规定; (3)混凝土运输、浇筑及间歇的全部时间不应超过混凝土的初凝时间; (4)混凝土在浇筑前不应发生初凝和离析现象,如已发生,可重新搅拌,恢复混凝土的流动性和粘聚性后再进行浇筑; (5)为保证混凝土结构的整体性,混凝土浇筑原则上应一次完成。但由于振捣方法、振捣机具性能、结构构件的配筋情况等的差异,混凝土浇筑需要分层。每层浇筑厚度应符合规范规定			
接受人签字			

注:本表一式四份,建设单位、监理单位、施工单位、城建档案馆各一份。

1.3.11　安全交底

对底层柱混凝土浇筑这一分项工程施工所做的安全交底见表 1 – 26。

表 1 – 26　安全交底记录表

工程名称	某住宅楼	建设单位	×××××
监理单位	×××监理公司	施工单位	×××建筑公司
交底部位	底层柱混凝土	交底日期	
交底人签字			

(1)施工人员进入现场必须进行入场安全教育,经考核合格后方可进入施工现场;
(2)作业人员进入施工现场必须戴合格的安全帽,系好下颚带,锁好带扣;
(3)施工人员要严格遵守操作规程,振捣设备安全可靠;
(4)泵送砼浇注时,输送管道头应紧固可靠,不漏浆,安全阀完好,管道支架要牢固,检修时必须卸压;
(5)浇注框架梁、柱、墙时,应搭设操作平台,铺满绑牢跳板,严禁直接站在模板或支架上操作;
(6)使用溜槽串桶时必须固定牢固,操作部位应设护身栏,严禁站在溜槽上操作;
(7)用料斗吊运砼时,要与信号工密切配合,缓慢升降,防止料斗碰撞伤人;
(8)砼振捣时,操作人员必须戴绝缘手套,穿绝缘鞋,防止触电;
(9)夜间施工照明灯电压不得大于36V,行灯、流动闸箱不得放在墙模平台或顶板钢筋上,遇有大风、雨、雪、大雾等恶劣天气应停止作业

接受人签字	

注:本表一式四份,建设单位、监理单位、施工单位、城建档案馆各一份。

1.3.12　混凝土验收表格填写

混凝土工程工序验收需填写混凝土原材料检验批质量验收记录(表 1 – 27)、混凝土配合比设计检验批质量验收记录(表 1 – 28)、混凝土施工检验批质量验收记录(表 1 – 29)、现浇结构外观质量检验批质量验收记录(表 1 – 31)、现浇结构尺寸偏差检验批质量验收记录(Ⅰ)(表 1 – 33)、混凝土设备基础尺寸偏差检验批质量验收记录(Ⅱ)(表 1 – 35)等表。表格的填写根据施工检验数据和填写说明要求如实填写。

表 1-27 混凝土原材料检验批质量验收记录

(GB 50204—2002)　　　　　　　　　　　　　　编号:010603(1)/020103(2)□□□

工程名称				分项工程名称		项目经理	
施工单位				验收部位			
施工执行标准名称及编号						专业工长（施工员）	
分包单位				分包项目经理		施工班组长	
质 量 验 收 规 范 的 规 定				施工单位自检记录		监理(建设)单位验收记录	
主控项目	(1)	水泥检验	第7.2.1条				
	(2)	外加剂	第7.2.2条,详见表后填写说明				
	(3)	氯化物及碱含量	第7.2.3条				
一般项目	(1)	矿物掺和料	详见表后填写说明				
	(2)	粗细骨料	第7.2.5条				
	(3)	拌制用水	第7.2.6条				

质 量 验 收 规 范 的 规 定	施工单位自检记录	监理(建设)单位验收记录
施 工 操 作 依 据		
质 量 检 查 记 录		
施工单位检查 结 果 评 定	项目专业 质量检查员:	项目专业 技术负责人: 年 月 日
监理(建设) 单位验收结论	专业监理工程师: (建设单位项目专业技术负责人)	年 月 日

注:本表由施工项目专业质量检查员填写,专业监理工程师(建设单位项目专业技术负责人)组织项目专业质量(技术)负责人等进行验收。

表 1 - 27 填写说明:

1. 主控项目

(1)水泥进场时应对其品种、级别、包装或散装仓号、出厂日期等进行检查,并应对其强度、安定性及其他必要的性能指标进行复验,其质量必须符合现行国家标准《GB175 硅酸盐水泥、普通硅酸盐水泥》等的规定。当在使用中对水泥质量有怀疑或水泥出厂超过三个月(快硬硅酸盐水泥超过一个月)时,应进行复验,并按复验结果使用。钢筋混凝土结构、预应力混凝土结构中,严禁使用含氯化物水泥。检查数量:按同一生产厂家、同一等级、同一品种、同一批号且连续进场的水泥,袋装不超过 200 t 为一批,散装不超过 500 t 为一批,每批抽样不少于一次,检验方法:检查产品合格证、出厂检验报告和进场复验报告。

(2)混凝土中掺用外加剂的质量及应用技术应符合现行国家标准《GB8076 混凝土外加剂》、《GB50119 混凝土外加剂应用技术规范》等有关环境保护的规定。预应力混凝土结构中,严禁使用含氯化物的外加剂。钢筋混凝土结构中,当使用含氯化物的外加剂时,混凝土中氯化物的总含量应符合现行国家标准《GB50164 混凝土质量控制标准》的规定。检查数量:按进场的批次和产品的抽样检验方案确定。检验方法:检查产品合格证、出厂检验报告和进场复验报告。

(3)混凝土中氯化物和碱的总含量应符合现行国家标准《GB50010 混凝土结构设计规范》和设计的要求。检验方法:检查原材料试验报告和氯化物、碱的总含量计算书。

2. 一般项目

(1)混凝土中掺用矿物掺和料的质量应符合现行国家标准《GB1596 用于水泥和混凝土中的粉煤灰》等的规定。矿物掺和料的掺量应通过试验确定。检查数量:按进场的批次和产品的抽样检验方案确定。检验方法:检查出厂合格证和进场复验报告。

(2)普通混凝土所用的粗、细骨料的质量应符合国家现行标准《JGJ53 普通混凝土用碎石或卵石质量标准及检验方法》、《JGJ52 普通混凝土用砂质量标准及检验方法》的规定。检查数量:按进场的批次和产品的抽样检验方案确定。检验方法:检查进场复验报告。

注:①混凝土用的粗骨料,其最大颗粒粒径不得超过构件截面最小尺寸的 1/4,且不得超

过钢筋最小净间距的 3/4。②对混凝土实心板,骨料的最大粒径不宜超过板厚的 1/3,且不得超过 40 mm。

(3) 拌制混凝土宜采用饮用水;当采用其他水源时,水质应符合国家现行标准《JGJ63 混凝土拌合用水标准》的规定。检查数量:同一水源检查不应少于一次。检验方法:检查水质试验报告。

表 1-28　混凝土配合比设计检验批质量验收记录

（GB 50204—2002）　　　　　　　　　　　　编号:010603（2）/020103（2）□□□□

工程名称				分项工程名称		项目经理	
施工单位				验收部位			
施工执行标准 名称及编号						专业工长 （施工员）	
分包单位				分包项目经理		施工班组长	
质 量 验 收 规 范 的 规 定				施工单位自检记录		监理（建设）单位验收记录	
主控项目	配合比设计		第7.3.1条				
一般项目	（1）	配合比鉴定及验证	第7.3.2条				
	（2）	施工配合比	第7.3.3条				
施 工 操 作 依 据							
质 量 检 查 记 录							
施工单位检查 结 果 评 定		项目专业 质量检查员:		项目专业 技术负责人: 　　　　年　月　日			
监理（建设） 单位验收结论		专业监理工程师: （建设单位项目专业技术负责人） 　　　　年　月　日					

注:本表由施工项目专业质量检查员填写,专业监理工程师(建设单位项目专业技术负责人)组织项目专业质量(技术)负责人等进行验收。

表 1 - 28 填写说明:

1. 主控项目

配合比设计:混凝土应按国家现行标准《JGJ55 普通混凝土配合比设计规程》的有关规定,根据混凝土强度等级、耐久性和工作性等要求进行配合比设计。对有特殊要求的混凝土,其配合比设计尚应符合国家现行有关标准的专门规定。检验方法:检查配合比设计资料。

2. 一般项目

(1) 首次使用的混凝土配合比应进行开盘鉴定,其工作性应满足设计配合比的要求。开始生产时应至少留置一组标准养护试件,作为验证配合比的依据。检验方法:检查开盘鉴定资料和试件强度试验报告。

(2) 混凝土拌制前,应测定砂、石含水率并根据测试结果调整材料用量,提出施工配合比。检查数量:每工作班检查一次。检验方法:检查含水率测试结果和施工配合比通知单。

表 1 - 29 混凝土施工检验批质量验收记录

(GB 50204—2002)　　　　　　　　　　　　　　　　　　　编号:010603(3)/020103(3)□□□□

工程名称				分项工程名称		项目经理	
施工单位				验收部位			
施工执行标准 名称及编号						专业工长 (施工员)	
分包单位				分包项目经理		施工班组长	
质 量 验 收 规 范 的 规 定				施工单位自检记录		监理(建设)单位验收记录	
主控项目	(1)	混凝土强度及试件取样留置	第 7.4.1 条				
	(2)	抗渗混凝土试件	第 7.4.2 条				
	(3)	混凝土原材料每盘称量的偏差 (第 7.4.3 条)	材料名称	允许偏差	实 测 值		
			水泥、掺和料	±2%			
			粗、细骨料	±3%			
			水、外加剂	±2%			

		质 量 验 收 规 范 的 规 定		施工单位自检记录	监理(建设)单位验收记录
主控项目	(4)	混凝土运输、浇筑及间歇	第7.4.4条		
一般项目	(1)	施工缝留置及处理	第7.4.5条		
	(2)	后浇带留置位置	第7.4.6条		
	(3)	养 护	第7.4.7条		
施 工 操 作 依 据					
质 量 检 查 记 录					
施工单位检查结 果 评 定		项目专业质量检查员:		项目专业技术负责人: 年 月 日	
监理(建设)单位验收结论		专业监理工程师: (建设单位项目专业技术负责人)		年 月 日	

注:本表由施工项目专业质量检查员填写,专业监理工程师(建设单位项目专业技术负责人)组织项目专业质量(技术)负责人等进行验收。

表 1－29 填写说明:

1. 主控项目

(1)结构混凝土的强度等级必须符合设计要求。用于检查结构构件混凝土强度的试件,应在混凝土的浇筑地点随机抽取。取样与试件留置应符合下列规定:

①每拌制 100 盘且不超过 100 m³ 的同配合比的混凝土,取样不得少于一次;

②每工作班拌制的同一配合比的混凝土不足 100 盘时,取样不得少于一次;

③当一次连续浇筑超过 1000 m^3 时,同一配合比的混凝土每 200 m^3 取样不得少于一次;

④每一楼层、同一配合比的混凝土,取样不得少于一次;

⑤每次取样应至少留置一组标准养护试件,同条件养护试件的留置组数应根据实际需要确定。检验方法:检查施工记录及试件强度试验报告。

(2)对有抗渗要求的混凝土结构,其混凝土试件应在浇筑地点随机取样。同一工程、同一配合比的混凝土,取样不应少于一次,留置组数可根据实际需要确定。检验方法:检查试件抗渗试验报告。

(3)混凝土原材料每盘称量的偏差应符合表 1-30 的规定。

表 1-30 原材料每盘称量的允许偏差

材 料 名 称	允 许 偏 差
水泥、掺和料	±2%
粗、细骨料	±3%
水、外加剂	±2%

注:① 各种衡器应定期校验,每次使用前应进行零点校核,保持计量准确;② 当遇雨天或含水率有显著变化时,应增加含水率检测次数,并及时调整水和骨料的用量。检查数量:每工作班抽查不应少于一次。检验方法:复称。

(4)混凝土运输、浇筑及间歇的全部时间不应超过混凝土的初凝时间。同一施工段的混凝土应连续浇筑,并应在底层混凝土初凝之前将上一层混凝土浇筑完毕。当底层混凝土初凝后浇筑上一层混凝土时,应按施工技术方案中对施工缝的要求进行处理。检查数量:全数检查。检验方法:观察,检查施工记录。

2. 一般项目

(1)施工缝的位置应在混凝土浇筑前按设计要求和施工技术方案确定。施工缝的处理应按施工技术方案执行。检查数量:全数检查。检验方法:观察,检查施工记录。

(2)后浇带的留置位置应按设计要求和施工技术方案确定。后浇带混凝土浇筑应按施工技术方案进行。检验数量:全数检查。检验方法:观察,检查施工记录。

(3)混凝土浇筑完毕后,应按施工技术方案及时采取有效的养护措施,并应符合下列规定:

①应在浇筑完毕后的 12 h 以内对混凝土加以覆盖并保湿养护;

②混凝土浇水养护的时间:对采用硅酸盐水泥、普通硅酸盐水泥或矿渣硅酸盐水泥拌制的混凝土,不得少于 7 d;对掺用缓凝型外加剂或有抗渗要求的混凝土,不得少于 14 d;

③浇水次数应能保持混凝土处于湿润状态;混凝土养护用水应与拌制用水相同;

④采用塑料布覆盖养护的混凝土,其敞露的全部表面应覆盖严密,并应保持塑料布内有凝结水;

⑤混凝土强度达到 1.2 N/mm^2 前,不得在其上踩踏或安装模板及支架。

注:当日平均气温低于 5℃时,不得浇水;当采用其他品种水泥时,混凝土的养护时间应根据所采用水泥的技术性能确定;混凝土表面不便浇水或使用塑料布时,宜涂刷养护剂;对大体积混凝土的养护,应根据气候条件按施工技术方案采取控温措施。检查数量:全数检查。检验方法:观察,检查施工记录。

表1-31 现浇结构外观质量检验批质量验收记录

（GB 50204—2002）   编号:010603(4)/020105(1)□□□

工程名称				分项工程名称		项目经理	
施工单位				验收部位			
施工执行标准名称及编号						专业工长（施工员）	
分包单位				分包项目经理		施工班组长	
质 量 验 收 规 范 的 规 定				施工单位自检记录		监理（建设）单位验收记录	
主控项目	外观质量		第8.2.1条				
一般项目	外观质量		第8.2.2条				
施 工 操 作 依 据							
质 量 检 查 记 录							
施工单位检查结果评定		项目专业质量检查员:		项目专业技术负责人: 年　月　日			
监理（建设）单位验收结论		专业监理工程师:（建设单位项目专业技术负责人） 年　月　日					

注:本表由施工项目专业质量检查员填写,专业监理工程师(建设单位项目专业技术负责人)组织项目专业质量(技术)负责人等进行验收。

表1-31填写说明:

1. 主控项目

现浇结构的外观质量不应有严重缺陷。对已经出现的严重缺陷,应由施工单位提出技术处理方案,并经监理(建设)单位认可后进行处理。对经处理的部位,应重新检查验收。检查数量:全数检查。检查方法:观察,检查技术处理方案。

2. 一般项目

现浇结构的外观质量不宜有一般缺陷。对已经出现的一般缺陷,应由施工单位按技术处理方案进行处理,并重新检查验收。检查数量:全数检查。检验方法:观察,检查技术处理方案。现浇结构外观质量缺陷见表1-32。

表1-32 现浇结构外观质量缺陷

名 称	现 象	严 重 缺 陷	一 般 缺 陷
露 筋	构件内钢筋未被混凝土包裹而外露	纵向受力钢筋有露筋	其他钢筋有少量露筋
蜂 窝	混凝土表面缺少水泥砂浆而形成石子外露	构件主要受力部位有蜂窝	其他部位有少量蜂窝
孔 洞	混凝土中孔穴深度和长度均超过保护层厚度	构件主要受力部位有孔洞	其他部位有少量孔洞
夹 渣	混凝土中夹有杂物且深度超过保护层厚度	构件主要受力部位有夹渣	其他部位有少量夹渣
疏 松	混凝土中局部不密实	构件主要受力部位有疏松	其他部位有少量疏松
裂 缝	缝隙从混凝土表面延伸至混凝土内部	构件主要受力部位有影响结构性能或使用功能的裂缝	其他部位有少量不影响结构性能或使用功能的裂缝
连接部位缺陷	构件连接处混凝土缺陷及连接钢筋、连接件松动	连接部位有影响结构传力性能的缺陷	连接部位有基本不影响结构传力性能的缺陷
外形缺陷	缺棱掉角、棱角不直、翘曲不平、飞边凸肋等	清水混凝土构件有影响使用功能或装饰效果的外形缺陷	其他混凝土构件有不影响使用功能的外形缺陷
外表缺陷	构件表面麻面、掉皮、起砂、弄脏等	具有重要装饰效果的清水混凝土构件有外表缺陷	其他混凝土构件有不影响使用功能的外表缺陷

表1-33 现浇结构尺寸偏差检验批质量验收记录(Ⅰ)

(GB 50204—2002)　　　　　　　　　　　　　　　　　　　编号:010603(5)/020105(2)□□□

工程名称		分项工程名称		项目经理	
施工单位		验收部位			
施工执行标准名称及编号				专业工长(施工员)	
分包单位		分包项目经理		施工班组长	

质 量 验 收 规 范 的 规 定			施工单位自检记录	监理(建设)单位验收记录
主控项目	尺寸偏差	第 8.3.1 条		
一般项目	拆模后的尺寸偏差(第 8·3·2 条)	项　　目	允许偏差 (mm)	实　测　值

		项　　目	允许偏差 (mm)	实　测　值								
	轴线位置	基　础	15									
		独立基础	10									
		墙、柱、梁	8									
		剪力墙	5									
	垂直度	层高	≤5 m	8								
			>5 m	10								
		全高(H)	H/1000 且 ≤30									
	标高	层　高	10									
		全　高	30									
	截面尺寸		+8,-5									
	电梯井	井筒长、宽对定位中心线	+25,0									
		井筒全高(H)垂直度	H/1000 且 ≤30									
	表面平整度		8									
	预埋设施中心位置	预埋件	10									
		预埋螺栓	5									
		预埋管	5									
	预留洞中心线位置		15									

施工操作依据		
质量检查记录		

施工单位检查结 果 评 定	项目专业质量检查员：	项目专业技术负责人： 　　　　　年　月　日
监理（建设）单位验收结论	专业监理工程师： （建设单位项目专业技术负责人）	 　　　　　年　月　日

注：①检查轴线、中心线位置时，应沿纵、横两个方向量测，并取其中的较大值。②本表由施工项目专业质量检查员填写，专业监理工程师（建设单位项目专业技术负责人）组织项目专业质量（技术）负责人等进行验收。

表 1 –33 填写说明：

1. 主控项目

现浇结构不应有影响结构性能和使用功能的尺寸偏差。对超过尺寸允许偏差且影响结构性能和安装、使用功能的部位，应由施工单位提出技术处理方案，并经监理（建设）单位认可后进行处理。对经处理的部位，应重新检查验收。检查数量：全数检查。检验方法：量测，检查技术处理方案。

2. 一般项目

现浇结构拆模后的尺寸偏差应符合表 1 –34 的规定。检查数量：按楼层、结构缝或施工段划分检验批。在同一检验批内，对梁、柱和独立基础，应抽查构件数量的 10%，且不少于 3 件；对墙和板，应按有代表性的自然间抽查 10%，且不少于 3 间；对大空间结构，墙可按相邻轴线间高度 5 m 左右划分检查面，板可按纵、横轴线划分检查面，抽查 10%，且均不少于 3 面；对电梯井，应全数检查。

表 1 –34　现浇结构尺寸允许偏差和检验方法

项　　　　　目		允许偏差（mm）	检 验 方 法
轴线位置	基　　础	15	钢尺检查
	独立基础	10	
	墙、柱、梁	8	
	剪力墙	5	
垂直度	层高　≤5 m	8	经纬仪或吊线、钢尺检查
	层高　<5 m	10	经纬仪或吊线、钢尺检查
	全高（H）	$H/1000$ 且 ≤30	经纬仪、钢尺检查
标高	层　　高	±10	水准仪或拉线、钢尺检查
	全　　高	±30	
截 面 尺 寸		+8，−5	钢尺检查
电梯井	井筒长、宽对定位中心线	+25，0	钢尺检查
	井筒全高（H）垂直度	$H/1000$ 且 ≤30	经纬仪、钢尺检查

项　　目		允许偏差（mm）	检 验 方 法
表面平整度		8	2 m 靠尺和塞尺检查
预埋设施中心线位置	预 埋 件	10	钢尺检查
	预埋螺栓	5	
	预 埋 管	5	
预留洞中心线位置		15	钢尺检查

表 1 – 35　混凝土设备基础尺寸偏差检验批质量验收记录（Ⅱ）

（GB 50204—2002）　　　　　　　　　　　　　　　编号：010603（6）□□□

工程名称				分项工程名称			项目经理	
施工单位				验收部位				
施工执行标准名称及编号							专业工长（施工员）	
分包单位				分包项目经理			施工班组长	
质 量 验 收 规 范 的 规 定				施工单位自检记录		监理（建设）单位验收记录		
主控项目	尺寸偏差		第 8.3.1 条					
一般项目	拆模后的尺寸偏差（第 8.3.2 条）	项目		允许偏差（mm）	实　测　值			
		坐标位置		20				
		不同平面的标高		0,20				
		平面外形尺寸		±20				
		凸台上平面外形尺寸		0, −2 0				
		凹穴水平度		+20,0				
		平面水平度	每米	5				
			全长	10				

质 量 验 收 规 范 的 规 定				施工单位自检记录	监理(建设)单位验收记录
一般项目	拆模后的尺寸偏差(第8.3.2条)	项　目		允许偏差(mm)	实　测　值
		垂直度	每米	5	
			全高	10	
		预埋地脚螺栓	标高(顶部)	+20,0	
			中心距	±2	
		预埋地脚螺栓孔	中心线位置	10	
			深度	+20,0	
			孔垂直度	10	
		预埋活动地脚螺栓锚板	标高	+20,0	
			中心线位置	5	
			带槽锚板平整度	5	
			带螺纹孔锚板平整度	2	
施工单位检查结果评定		项目专业质量检查员:		项目专业技术负责人:　　　　　　　年　月　日	
监理(建设)单位验收结论		专业监理工程师:(建设单位项目专业技术负责人)　　　　　　　年　月　日			

注:①检查坐标、中心线位置时,应沿纵、横两个方向量测,并取其中的较大值。②本表由施工项目专业质量检查员填写,专业监理工程师(建设单位项目专业技术负责人)组织项目专业质量(技术)负责人等进行验收。

表 1－35 填写说明:

1. 主控项目

(1)混凝土设备基础不应有影响结构性能和设备安装的尺寸偏差。对超过尺寸允许偏差且影响结构性能和安装、使用功能的部位,应由施工单位提出技术处理方案,并经监理(建设)单位认可后进行处理。对经处理的部位,应重新检查验收。检查数量:全数检查。检验方法:量测,检查技术处理方案。

2. 一般项目

混凝土设备基础拆模后的尺寸偏差应符合表 1－36 的规定。检查数量:设备基础全数检查。

表1-36　混凝土设备基础尺寸允许偏差和检验方法

项　目		允许偏差（mm）	检验方法
坐标位置		20	钢尺检查
不同平面的标高		0，-20	水准仪或拉线、钢尺检查
平面外形尺寸		±20	钢尺检查
凸台上平面外形尺寸		0，-20	钢尺检查
凹穴水平度		+20，0	钢尺检查
平面水平度	每米	5	水平尺、塞尺检查
	全长	10	水准仪或拉线、钢尺检查
垂直度	每米	5	经纬仪或吊线、钢尺检查
	全高	10	
预埋地脚螺栓	标高（顶部）	+20，0	水准仪或拉线、钢尺检查
	中心距	±2	钢尺检查
预埋地脚螺栓孔	中心线位置	10	钢尺检查
	深度	+20，0	钢尺检查
	孔垂直度	10	吊线、钢尺检查
预埋活动地脚螺栓锚板	标高	+20，0	水准仪或拉线、钢尺检查
	中心线位置	5	钢尺检查
	带槽锚板平整度	5	钢尺、塞尺检查
	带螺纹孔锚板平整度	2	钢尺、塞尺检查

1.3.13　混凝土结构工程施工及检查验收资料

1. 混凝土结构工程施工验收记录
（1）检验批质量验收。
（2）分项工程质量验收。
（3）混凝土结构分部工程质量验收。
2. 混凝土结构工程检查验收应具备的技术资料
（1）水泥产品合格证、出厂检验报告、进场复验报告。
（2）外加剂产品合格证、出厂检验报告、进场复验报告。
（3）混凝土中氯化物、碱的总含量计算书。
（4）掺和料出厂合格证、进场复试报告。
（5）粗、细骨料进场复验报告。
（6）水质试验报告。
（7）混凝土配合比设计资料。
（8）砂、石含水率测试结果记录。

（9）混凝土配合比通知单。

（10）混凝土试件强度试验报告。

（11）混凝土试件抗渗试验报告。

（12）施工记录。

（13）检验批质量验收记录。

（14）混凝土分项工程质量验收记录。

复 习 题

一、问答题

1. 什么是钢筋冷拉？冷拉的目的是什么？钢筋冷拉控制方法有哪些？

2. 钢筋的焊接方法有哪几种？

3. 钢筋代换的原则和方法有哪些？

4. 模板的作用是什么？对模板及其支架的基本要求有哪些？

5. 简述梁模板的安装顺序和拆除的时间及顺序。

5. 试述定型组合钢模板的组成及组合钢模板的配板原则。

6. 混凝土采用泵送时对混凝土有哪些要求？

7. 施工缝应留设的原则和方法？继续浇筑混凝土时，有何要求，应如何处理？

8. 分析混凝土产生质量缺陷的原因及补救方法。

二、计算题

1. 计算图 1-48 所示钢筋的下料长度。

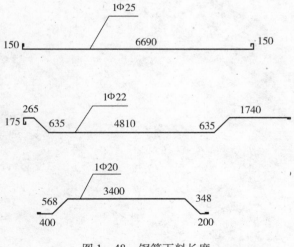

图 1-48　钢筋下料长度

2. 某梁设计主筋为 3 根 Ⅱ 级直径 20 的钢筋（二级钢筋抗拉强度设计值 $f_{y2}=300\ \text{N/mm}^2$），现场无 Ⅱ 级钢，拟用一级钢筋 Φ24 代换（一级钢筋抗拉强度设计值 $f_{y1}=270\ \text{N/mm}^2$），试计算需用几根钢筋？若用 Φ20 代换，当梁宽为 250mm 时，钢筋一排是否能够放下？为什么？

3. 某现浇混凝土墙板, 高 3 m, 已知混凝土的温度为 20℃, 浇筑速度(沿墙板高)为 1 m/h, 不掺外加剂, 混凝土坍落度为 5～9 cm(即 $\beta_1 = 1, \beta_2 = 1$), 求新浇混凝土对模板的最大侧压力为多少? 有效压头高度为多少?

4. 某混凝土实验室配合比为 1:2.12:4.37, $W/C = 0.62$, 每 m³ 混凝土水泥用量为 290 kg, 实测现场砂含水率为 3%, 石含水率为 1%。试求:①施工配合比。②当用出料体积为 0.25 m³ 的搅拌机搅拌, 每拌一次各材料的用量为多少? ③当用出料体积为 0.4 m³ 的搅拌机搅拌, 且使用袋装水泥配制, 搅拌机每拌一次各材料的用量为多少?

项目 2　钢筋混凝土梁的施工

2.1　任务一:梁模板施工

梁模板施工的主要任务:拟定梁模板的支设方案,作出梁模板支设方案图,根据拟定的支设方案图在现场加工安装模板,安装完成模板,组织模板工序验收。

2.1.1　梁模板的安装

梁的特点是跨度大而宽度不大,梁底一般是架空的。梁的模板可以采用木模板、定型组合钢模板等。

2.1.1.1　构造

木模板的梁模板,一般由底模、侧模、方木和支架系统组成。混凝土对梁侧面模板有侧压力,对梁底模板有垂直压力,因此,梁模板及支架必须能承受这些荷载而不致发生超过规范允许的过大变形。底模板和侧面模板一般采用 18 mm 厚的木胶合板。梁模板的支撑一般采用方木、钢管,或工具式桁架、门式架、组合支架等。梁的支模构造分为木模支模、钢管支模和桁架式支模等,分别如图 2-1、图 2-2、图 2-3 所示。

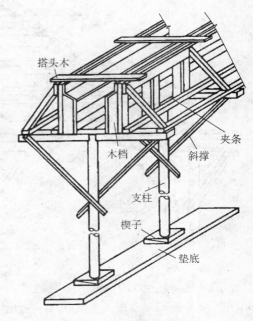

图 2-1　梁的木模支模图

2.1.1.2　梁支模施工

梁的模板支设施工步骤如下:

① 在柱上弹出轴线、梁位置线和水平线,钉柱头模板。

② 按设计标高调整支撑的标高,然后安装梁底板,并拉线括平。

③支撑设二道水平拉杆和剪刀撑。

④根据墨线安装梁侧板、压脚板、斜撑等。梁侧模板制作高度应根据梁高及楼板来确定。

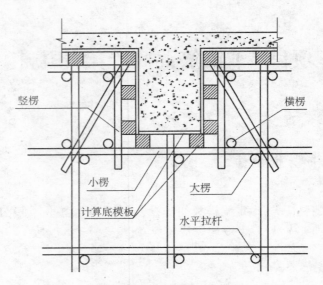

图 2 - 2　梁的钢管支模图

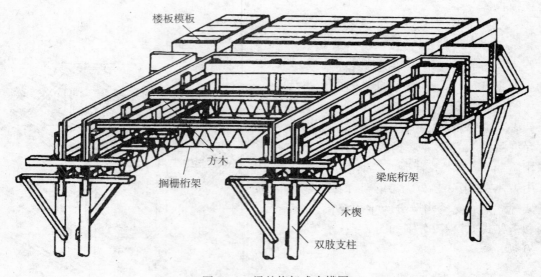

图 2 - 3　梁的桁架式支模图

⑤当梁高超过 700 mm 或梁宽超过 350 mm 时,梁侧模板应加穿心螺栓加固,螺栓排数和间距及各截面梁支模方法如图 2 - 4 所示。

2.1.1.3　梁模板施工要点

梁模板施工要点如下:
①梁(板)跨度≥4 m 时,底模应起拱,起拱高度 = 1‰ ~ 3‰跨度。
②支柱间设拉杆(离地 500 mm 设一道拉杆,以上每 2 000 mm 设一道拉杆),支柱下垫通长垫板 75 mm × 200 mm,楔紧;当基础为土面时,应夯实,做好排水,防土冻胀。

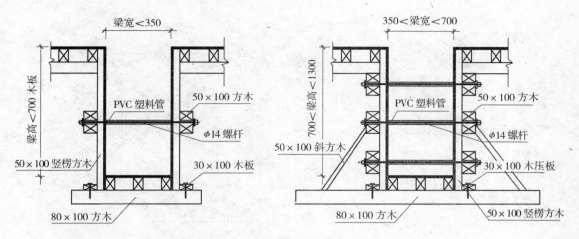

图2-4 梁模板及螺栓构造

③层高≥5 m时,应采用桁架或多层支架支模。

④梁高>700 mm时,侧模腰部加拉结螺栓。

⑤上下层支柱要对正。

2.1.2 案例

例2-1 某教学楼工程,结构为钢筋混凝土框架结构,层数为六层,二级抗震设防,梁的混凝土设计等级为C30,钢筋采用二级钢筋,梁的跨度为10 m,梁截面尺寸有600 mm×1 200 mm(宽×高)、500 mm×800 mm(宽×高)、300 mm×600 mm(宽×高),设计梁的模板支设方案。

1. 梁的模板支设方案

梁的模板采用18厚木胶合板,50 mm×100 mm(宽×高)木方配制成梁侧、梁底模板的楞条。梁支撑用扣件式钢管,侧模背次龙骨木方沿梁纵向布置,间距400 mm。当梁高不大于750 mm时,梁侧模可不用对拉螺栓,仅支撑板模的水平钢管顶撑,同时用一部分短钢管斜撑即可。当梁高大于750 mm时,梁侧模要增加对拉螺栓固定,对拉螺栓沿梁高每500 mm设一道,纵向间距每600 mm设置一道,梁底模木方间距沿梁宽不大于300 mm,钢管支撑沿梁纵向间距600～1000 mm,沿梁宽间距500 mm左右,钢管水平连系杆每1.8 m一道。梁模板支设方案见图2-5。

2. 梁模板的安装要点

(1)在钢筋砼柱子或其他便于操作的构件上弹出轴线和水平线。

(2)根据模板设计,安装工具、钢支柱、φ48钢管、水平拉杆及斜支撑,若群体梁时,水平拉杆可与柱、墙水平拉杆相连接,柱中间拉杆或下边拉杆要纵横设置,但不能与操作脚手架相连接。

(3)按柱标高安装梁底模板,并拉线找直,进行起拱(按规范或设计图要求起拱),一般起拱高度宜为梁跨长度的1/1000～3/1000。

(4)绑扎钢筋经检查合格后,清扫垃圾再安装侧模板。

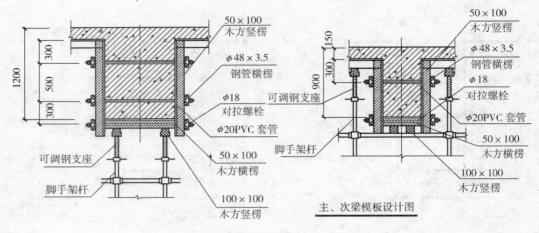

图 2－5　梁模板支设方案

（5）用 ϕ48 钢管做横楞,用附件固定在侧模板上,用梁托或三脚架或 ϕ48 竖向钢管固定横楞。横楞和三脚架间距按设计方案确定;模板上口用定型卡子或钢管固定。

（6）现场垃圾及时清扫。

2.2　任务二:梁钢筋施工

梁钢筋施工的任务主要有梁钢筋的配料、加工、绑扎、连接和验收。

2.2.1　梁钢筋的配料

梁钢筋的配料是指按照设计图纸的要求,确定各钢筋的直线下料长度、总根数及总重量,提出钢筋配料单,以供加工制作。

1.计算示例

例 2－2　某建筑物一层共有 10 根梁(L 代表梁),如图 2－6 所示,梁的混凝土保护层厚为 25 mm,混凝土设计强度为 C30,无抗震设防,弯起钢筋的弯曲角为 45°,计算梁的钢筋下料长度,并绘制 L 梁钢筋配料单。

解　如图 2－6 所示,按钢筋编号分别计算钢筋的下料长度。

1.①号钢筋

由图 2－6 可知,梁跨中心线长度 $L_{跨}=6000$ mm,墙厚 $t_1=240$ mm,混凝土保护层厚 $t_2=25$ mm,设①号钢筋外包尺寸为 $L_{外1}$,则

$$L_{外1} = L_{跨} + 2 \times t_1/2 - 2\,t_2$$
$$= 6000 + 2 \times 240/2 - 2 \times 25$$
$$= 6190(\text{mm})$$

设①号钢筋下料长度为 L_1, $K_1=6.25$(末端180°弯钩增加值),直径 $d_1=20$ mm,则①号钢筋下料长度为:

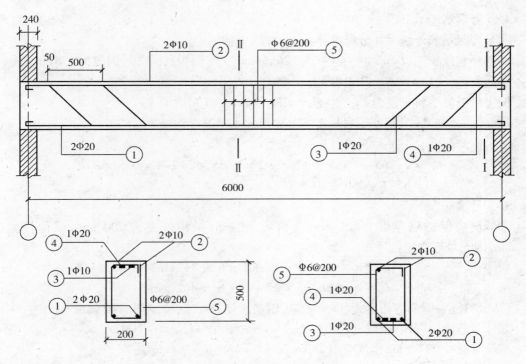

图 2-6 梁的配筋图

$$L_1 = L_{外1} + 2K_1 d_1$$
$$= 6190 + 2 \times 6.25 \times 20$$
$$= 6440 (\text{mm})$$

2. ②号钢筋

②号钢筋外包尺寸同①号钢筋为 6190(mm)，设②号钢筋外包尺寸为 $L_{外2}$（$L_{外2} = L_{外1}$），直径 $d_2 = 10$，$K_1 = 6.25$，则②号钢筋下料长度 L_2 为：

$$L_2 = L_{外2} + 2K_1 d_2$$
$$= 6190 + 2 \times 6.25 \times 10$$
$$= 6315 (\text{mm})$$

3. ③号钢筋

③号弯起钢筋外包尺寸分段计算：

端部平直段长：$L_a = 240 + 50 + 500 - 25 = 765 (\text{mm})$

斜段长：$L_b = (500 - 2 \times 25) \times 1.414 = 636 (\text{mm})$

中间直段长：$L_c = 6240 - 2(240 + 50 + 500 + 450) = 3760 (\text{mm})$

设 L_3 为③号钢筋下料长度，直径 $d_3 = 20$，$K_1 = 6.25$，则

③号钢筋下料长度 = 外包尺寸 + 端部弯钩 − 量度差值

即

$$L_3 = 2(765 + 636) + 3760 + 2 \times 6.25 d_3 - 4 \times 0.5d$$
$$= 6562 + 2 \times 6.25 \times 20 - 4 \times 0.5 \times 20$$
$$= 6562 + 250 - 40 = 6772 (\text{mm})$$

4. ④号钢筋

④号弯起钢筋外包尺寸分段计算：

端部平直段长度：$L_a = 240 + 50 - 25 = 265$（mm）   斜段长同③号钢筋为636（mm）

中间直段长：$L_c = 6240 - 2(240 + 50 + 450) = 4760$（mm）

设④号钢筋下料长度为 L_4，直径 $d_4 = 20$，$K_1 = 6.25$，则

④号钢筋下料长度 = 外包尺寸 + 端部弯钩 - 量度差值

即

$$L_4 = 2(265 + 636) + 4760 + 2 \times 6.25 \times 20 - 4 \times 0.5 \times 20$$
$$= 6562 + 250 - 40 = 6772 \text{（mm）}$$

5. ⑤号箍筋

⑤号箍筋保护层厚度为 25 mm，直径为 20 mm，梁构件宽为 200 mm，梁构件宽为 500 mm，则⑤号箍筋外包尺寸：

$$宽度 = 200 - 2 \times 25 + 2 \times 6 = 162 \text{（mm）}$$
$$高度 = 500 - 2 \times 25 + 2 \times 6 = 462 \text{（mm）}$$

弯钩增长值：钢筋弯钩形式（90°/90°），钢筋直径 $D = 25$mm，弯钩平直段取 $5d$，则：

⑤号箍筋两个弯钩的增长值为：$11d = 11 \times 6 = 66$（mm）

箍筋有三处90°弯折，量度差值为 $3 \times 2d = 6d = 6 \times 6 = 36$（mm）

⑤号箍筋的下料长度：

$$2 \times (162 + 462) + 66 - 36 = 1278 \text{（mm）}$$

（6）梁钢筋配料单如表2-1所示。

表2-1　梁的钢筋配料单

项次	构件名称	钢筋编号	简图	钢筋直径	钢筋等级	下料长度	单位根数	合计根数	质量（kg）
1	L 梁 10 根	①		20	Φ	6440	2	20	317.62
2		②		10	Φ	6315	2	20	77.93
3		③		20	Φ	6772	1	10	167
4		④		20	Φ	6772	1	10	167
5		⑤		6	Φ	1278	32	320	90.79
Φ6 = 0.222 kg/m；Φ8 = 0.395 kg/m；Φ10 = 0.617 kg/m；Φ12 = 0.888 kg/m；									
Φ14 = 1.21 kg/m；Φ16 = 1.58 kg/m；Φ18 = 2.0 kg/m；Φ20 = 2.47 kg/m；									
Φ22 = 2.98 kg/m；Φ25 = 3.85 kg/m；Φ28 = 4.83 kg/m；Φ32 = 6.31 kg/m									

注：表中钢筋简图省略，钢筋直径、下料度长的单位均为mm。

例2-3　某建筑物的梁钢筋平面布置如图2-7所示，梁混凝土保护层厚为 25 mm，混凝土强度为 C30，结构设计为二级抗震，柱子尺寸为 500 mm×600 mm，计算 KL1 梁的钢筋下料长度并绘制钢筋配料单。

解　如图2-7所示，KL1 梁截面尺寸为 300 mm×700 mm（宽×高），梁长为 8.5 m。依据梁的配筋图、混凝土结构施工图、平面整体表示方法制图规则和构造详图（03G101-1 图

集),计算 KL1 梁的钢筋下料长度并绘制钢筋下料,如表 2-2 所示。

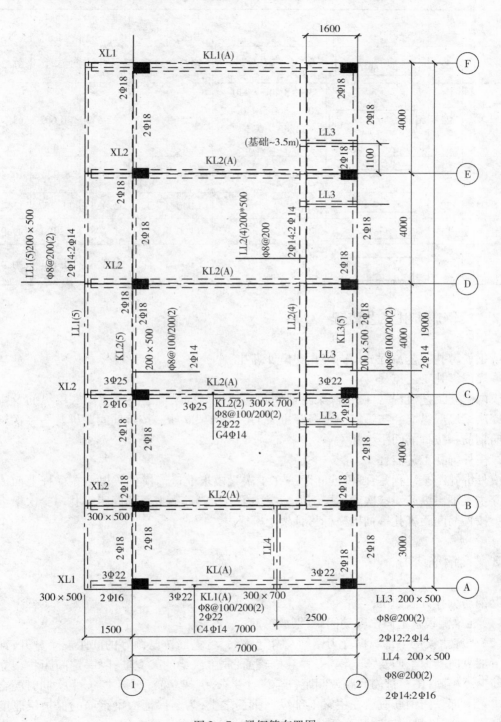

图 2-7　梁钢筋布置图

表2-2　KL1(A)钢筋配料单

筋号	级别	直径	简图	计算公式	长度(mm)	根数	每米重(kg/m)	单根重(kg)	总重(kg)
1	Φ	22	330 6940	6940+330×2-2×22×2	7512	3	2.984	22.416	67.248
2	Φ	22	8440 440 560 440 330 200	330+8 440+440+200+560+440-2×22×3-0.5×22×2	10 256	2	2.984	30 603	61 206
3	Φ	22	2470 330	2 470+330-2×22	2 756	2	2.984	8.224	16.448
4	Φ	22	3940		3 940	1	2.984	11.757	11.757
5	Φ	14	6200		6 200	4	1.208	7.490	29.958
6	Φ	8	640 240	(640+240)×2+18×8	1 904	41	0.396	0.754	30.914

2.2.2　梁钢筋绑扎工艺流程

梁钢筋绑扎工艺流程分模内绑扎和模外绑扎。

1. 模内绑扎工艺流程

模内绑扎工艺流程是：画主次梁箍筋间距→放主梁次梁箍筋→穿主梁底层纵筋及弯起筋→穿次梁底层纵筋并与箍筋固定→穿主梁上层纵向架立筋→按箍筋间距绑扎→穿次梁上层纵向钢筋→按箍筋间距绑扎。

2. 模外绑扎工艺流程

模外绑扎工艺流程是：画箍筋间距→在主次梁模板上口铺横杆数根→在横杆上面放箍筋→穿主梁下层纵筋→穿次梁下层钢筋→穿主梁上层钢筋→按箍筋间距绑扎→穿次梁上层纵筋→按箍筋间距绑扎→抽出横杆落骨架于模板内。

2.2.3　梁钢筋绑扎

梁钢筋绑扎方法如下：

(1)在梁侧模板上画出箍筋间距,摆放箍筋。

(2)先穿主梁的下部纵向受力钢筋及弯起钢筋,将箍筋按已画好的间距逐个分开;穿次梁的下部纵向受力钢筋及弯起钢筋,并套好箍筋;放主次梁的架立筋;隔一定间距将架立筋与箍筋绑扎牢固;调整箍筋间距使间距符合设计要求,绑架立筋,再绑主筋,主次同时配合进行。次梁上部纵向钢筋应放在主梁上部纵向钢筋之上,为了保证次梁钢筋的保护层厚度和板筋位置,可将主梁上部钢筋降低一个次梁上部主筋直径的距离加以解决。

(3)框架梁上部纵向钢筋应贯穿中间节点,梁下部纵向钢筋伸入中间节点锚固长度及伸过中心线的长度要符合设计要求。框架梁纵向钢筋在端节点内的锚固长度也要符合设计要求。一般大于 $45d$。绑梁上部纵向筋的箍筋,宜用套扣法绑扎,如图 2-8 所示。

图 2-8　套扣法绑扎

（4）箍筋在叠合处的弯钩,在梁中应交错布置,箍筋弯钩采用 135°,平直部分长度为 $10d$。

（5）梁端第一个箍筋应设置在距离柱节点边缘 50 mm 处。梁与柱交接处箍筋应加密,其间距与加密区长度均要符合设计要求。梁柱节点处,由于梁筋穿在柱筋内侧,导致梁筋保护层加大,应采用渐变箍筋,渐变长度一般为 600 mm,以保证箍筋与梁筋紧密绑扎到位。

（6）在主、次梁受力筋下均应垫垫块（或塑料卡）,保证保护层的厚度。受力筋为双排时,可用短钢筋垫在两层钢筋之间,钢筋排距应符合设计规范要求。

（7）梁筋的搭接:梁的受力钢筋直径等于或大于 22 mm 时,宜采用焊接接头或机械连接接头,小于 22 mm 时,可采用绑扎接头,搭接长度要符合规范的规定。搭接长度末端与钢筋弯折处的距离,不得小于钢筋直径的 10 倍。接头不宜位于构件最大弯矩处,受拉区域内Ⅰ级钢筋绑扎接头的末端应做弯钩（Ⅱ级钢筋可不做弯钩）,搭接处应在中心和两端扎牢。接头位置应相互错开,当采用绑扎搭接接头时,在规定搭接长度的任一区段内有接头的受力钢筋截面面积占受力钢筋总截面面积不大于 50%。

2.3　任务三:梁混凝土施工

梁混凝土的施工任务是完成梁混凝土制备、运输、浇筑（包括入仓、平仓、振捣）和养护等工作,其中混凝土的制备、运输和养护等几项工作与柱子混凝土施工方法相同,本节不再赘述,在此着重阐述梁混凝土浇筑工序的施工要点。

2.3.1　梁混凝土浇筑

梁混凝土浇筑包括混凝土的入仓、平仓和振捣三个施工工序,梁的结构尺寸的特点是宽度小,高度较高,长度方向很长,在建筑物中,梁有单梁、梁柱组合、梁板组合等结构形式。因此,在梁混凝土浇筑时,应注意以下浇筑要点:

（1）梁、板应同时浇筑,浇筑方法应由一端开始用"赶浆法",即先浇筑梁,根据梁高分层浇筑成阶梯形,当达到板底位置时再与板的混凝土一起浇筑,随着阶梯形不断延伸,梁板混凝土浇筑连续向前进行。

（2）和板连成整体高度大于 1 m 的梁，允许单独浇筑，其施工缝应留在板底以下 2 ～ 3 mm 处。

（3）浇捣时，浇筑与振捣必须紧密配合，第一层下料慢些，梁底充分振实后再下第二层料，用"赶浆法"保持水泥浆沿梁底包裹石子向前推进，每层均应振实后再下料，梁底及梁侧部位要注意振实，振捣时不得触动钢筋及预埋件。

（4）梁柱节点钢筋较密时，此处宜用小粒径石子同强度等级的混凝土浇筑，并用小直径振捣棒振捣。

（5）施工缝位置：宜沿次梁方向浇筑楼板，施工缝应留置在次梁跨度的中间 1/3 范围内。施工缝的表面应与梁轴线或板面垂直，不得留斜搓。施工缝宜用木板或钢丝网挡牢。

（6）施工缝处须待已浇筑混凝土的抗压强度不小于 1.2 MPa 时，才允许继续浇筑。在继续浇筑混凝土前，施工缝混凝土表面应凿毛，剔除浮动石子和混凝土软弱层，并用水冲洗干净后，先浇一层同配比减石子砂浆，然后继续浇筑混凝土，应细致操作振实，使新旧混凝土紧密结合。

2.3.2 某梁的混凝土施工方案（案例）

例 2-4 某工程项目，混凝土梁的截面尺寸为 300 mm × 700 mm，$L = 8$ m。梁总共 10 根，梁板组合形式，混凝土强度为 C30，混凝土采用商品混凝土，拟订梁混凝土的施工方案。

解 拟订混凝土的施工方案如下：

（1）梁的混凝土浇筑

模板安装完毕以后，由施工单位报请监理现场检验模板的平面位置、顶部标高、节点联系及稳定性。经检验合格后，即开始浇注混凝土。商品混凝土采用混凝土搅拌车运输至工地现场，然后用混凝土泵车输送至浇筑仓内。

梁混凝土连续灌注，水平分层、一次灌成，每层厚度不超过 30 cm，在下层混凝土初凝前浇筑完上层混凝土，混凝土平仓和振捣采用插入式振动器，平仓时，利用振捣棒斜插，将入仓的混凝土拖平，振捣时振捣器宜快插慢拔，振动棒移动距离不超过该棒作用半径的 1.5 倍；与模板保持 5 ～ 10 cm 的距离；避免振动棒碰撞模板、钢筋；振动棒需插入下层混凝土 5 ～ 10 cm；每一处振动时，应边振动边徐徐提出振动棒。

混凝土的振动时间，应保证混凝土获得足够的密实度，当混凝土不再下沉、不再出现气泡，且表面开始泛浆时，表示该层振捣适度，可以结束振捣。

为了保证盖梁表面的光洁度、防止气泡孔的出现，需要严格控制混凝土的坍落度。

（2）混凝土的养护

在梁混凝土浇注完毕，混凝土终凝之后，约在混凝土浇筑 12 h 之后，开始派专人对混凝土表面定时进行洒水养护，保持混凝土表面经常处于湿润状态，养护时间不小于 7 d。

（3）模板与支架的拆除

梁模板的拆除分侧面模板和底模及支架的拆除。

①侧面模板的拆除：当梁混凝土抗压强度达到 3.0 MPa，并保证不致因拆模而受损坏时，可拆除盖梁侧模板。拆模时，可用锤轻轻敲击板体，使之与混凝土脱离，再用吊车拆卸，不允许用猛烈敲打和强扭等方法进行，并吊运至指定位置堆放。模板拆除后，及时清理模板内杂

物,并进行维修整理,以方便下次使用。

②底模与支架的拆除:待混凝土强度达到设计强度的75%时,才能拆除模板支架。支架拆除时,严格按拆模顺序进行拆除,先装的后拆,后装的先拆。

（4）施工安全注意事项

拆除模板的施工安全注意事项如下:

①高空作业时,上下施工人员必须配合紧凑,上面的施工人员严禁不系保险带操作,同时防止脚下踏空;下面的施工人员必须戴安全帽,时刻注意高空落物,确保高空作业的安全。

②模板支架、底模安装时严格按施工图纸进行,严禁随意变更施工尺寸。

③支座垫石与挡块钢筋预埋时要控制好安装高度与平面位置,严禁偏位与超高现象出现。

④浇注混凝土之前在模板内侧涂刷脱模剂,脱模剂宜采用同一品种,不得使用易粘在混凝土上或使混凝土变色的油料;确保模板与钢筋之间有足够的保护层。

⑤浇筑混凝土期间,应安排专人检查模板、钢筋和对拉螺杆等的稳固情况,发现有松动、变形、移位时,应及时处理。

⑥在浇注混凝土过程中,施工人员应注意使用插入式振捣棒,防止振捣棒与模板、钢筋、对拉螺杆碰撞所引起的松动、变形、移位。

⑦施工过程中应严格按照工艺操作规程进行,对施工的机械设备在运转中应勤加检查,及时维修,保证正常运转。

⑧施工前应对机具设备、材料、混凝土配合比及施工布置等进行检查,以保证混凝土拌和质量良好,浇筑过程中不发生故障。

复　习　题

1. 钢筋简图如图 2-9 所示,计算钢筋下料长度。简图中弯起钢筋为外包尺寸,箍筋为内径尺寸,单位:mm。

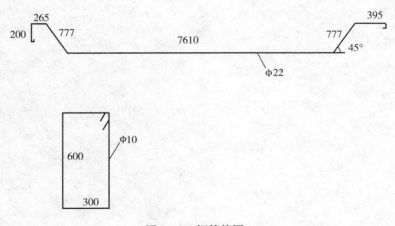

图 2-9　钢筋简图

2. 什么叫施工缝? 施工缝如何处理?

3. 梁钢筋的接头应注意哪些问题？

4. 什么叫冷缝？施工过程中梁一旦出现了冷缝,该如何处理？

5. 梁的支模方法有哪些？施工中应注意哪些问题？

6. 梁的模板拆除要注意哪些问题？

7. 简述梁模板施工技术交底的主要内容。

8. 简述梁钢筋施工技术交底的主要内容。

9. 简述梁混凝土施工技术交底的主要内容。

10. 钢筋绑扎的施工工艺流程是什么？

项目3 钢筋混凝土板的施工

3.1 任务一:板的模板施工

板的模板施工主要任务是通过熟悉施工图纸,拟订板的模板安装方案,然后按照拟订的安装方案实施安装,安装完成后,填写好质量检验资料,组织模板工序进行验收。

3.1.1 板的模板安装方案

3.1.1.1 板模板的构造特点

板的特点是面积大而厚度较小,因此模板承受的侧压力很小,板模板及其支撑系统主要是抵抗混凝土的竖向荷载和其他施工荷载,保证模板不变形下垂。

板模板可由若干拼板或钢模板拼成,一般宜用定型板拼成,其不足部分另加木板补齐。其支撑可考虑用方木、钢管,或工具式桁架、门式架、组合支架等,如图3-1所示是某梁板支模示意图。

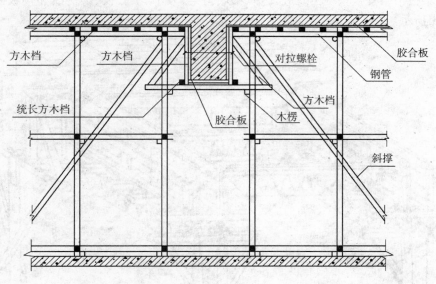

图3-1 某梁板支模示意图

3.1.1.2 现浇梁板木支架支模方案

木支架支模系统由木支撑、搁栅、楼板模板组成。支撑间距1～1.5 m,采用尾径80 mm

原木支撑,搁栅一般采用 50 mm × 100 mm(宽 × 高)或 60 mm × 80 mm(宽 × 高)的方木,间距约 400 mm,楼板模板常采用 12 mm、18 mm 厚的胶合板,如图 3 - 2 所示。

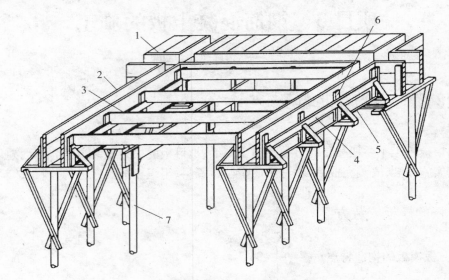

图 3 - 2 木支撑有梁板支模图
1—楼板模板;2—梁侧模板;3—搁栅;4—横楞;5—夹条;6—小肋;7—支撑

3.1.1.3 现浇梁板桁架支模方案

现浇梁板桁架支模系统由双肢支柱、梁底桁架、方木、梁底模、梁侧模和楼板模板组成,如图 3 - 3 所示。

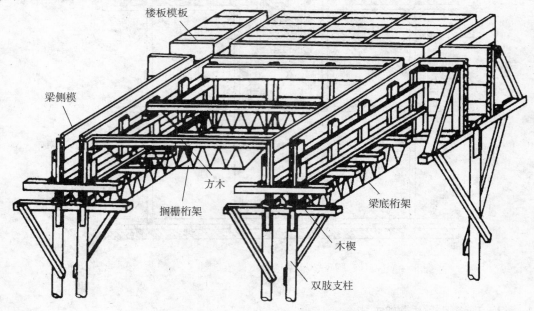

图 3 - 3 钢桁架支撑有梁板支模图

3.1.1.4 现浇梁板钢管支架支模方案

现浇梁板钢管支架支模由钢管排架、钢管横楞、小搁栅和钢模板组成,如图3-4所示。钢管一般为直径48 mm、壁厚3.5 mm,间距一般为1～1.5 m,模板采用5 mm厚的定型钢模板。当支撑高度较小时(高度小于4 m),钢管支撑也可以采用定型的门字形支架。

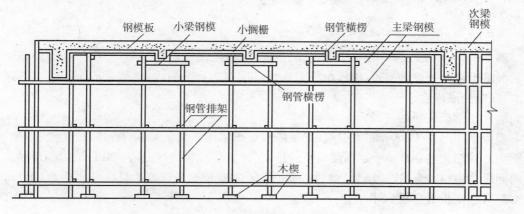

图3-4 现浇梁板钢管支架支模图

3.1.2 板的支模施工

楼板模板铺放前,应先在梁侧模板处钉立木及横档,在横档上安装楞木。楞木安装要水平,如不平时可在楞木两端加木楔调平。楞木调平后即可铺放楼板模板。若楞木跨度过大,可在楞木中间另加支柱,以免受荷载后挠度过大。也可用伸缩式桁架支模。板的支模施工要点如下:

(1)工艺流程:地面夯实铺垫板→支设架子支撑→安装大小龙骨并在墙顶四周加贴海绵条用50 mm×100 mm木枋顶紧→大于4 m时板支撑起拱→铺模板→校正标高→办质检、质评。

(2)土地面应夯实,并垫通长脚手板,楼层地面立支柱前也应垫通长脚手板,采用多层支架支模时,支柱应垂直,上下层支柱应在同一竖向中心线上。要严格按各房间支撑图支模。

(3)从边跨一侧开始安装,先安装第一排龙骨和支柱,临时固定再安装第二排龙骨和支柱,依次逐排安装。支柱与龙骨间距应根据模板设计规定,碗扣式脚手架还要符合模数要求。一般支柱间距为800～1200 mm,大龙骨间距为600～1200 mm,小龙骨间距为400～600 mm。

(4)调节支柱高度,将大龙骨找平。大于4 m跨时要起拱。注意大小龙骨悬挑部分尽量缩短,以免大变形。而面板模不得有悬挑,凡有悬挑部分,板下座贴补小龙骨。

(5)铺楼板底模,楼板底模可以采用木模板和钢模板。木模板采用硬拼,保证拼缝严密、不漏浆。小钢模采用U形卡连接,U形卡间距一般不大于300 mm,模板铺贴顺序可以从一侧开始,不合模数部分可用木模板代替。顶板模板与四周墙体或柱头交接处应采取措施将单面刨光的小龙骨顶紧墙面并加垫海绵条防止漏浆。

(6)顶板模板铺完后,用水平仪测量模板标高,进行校正,并用靠尺找平。

（7）标高校完后,支柱之间应加水平拉杆。根据支柱高度决定水平拉杆设置的道数。一般情况下离地面300 mm处设一道,往上纵横方向每隔1.6 m左右设一道,碗扣式脚手架经计算横杆间距可采用1.2 m、1.6 m、1.8 m不等。

（8）将模板内杂物清理干净,进行质量检验和工序验收。

3.1.3 案例

例3-1 某工程为一教学楼工程,层数为六层,混凝土框架结构,二级抗震设防,柱、梁和板混凝土设计强度为C30,楼板厚为150 mm,层高为3.8 m,拟定楼板的支模施工方案和技术、安全交底内容。

解 1.梁板模板的支设方案

模板采用厚度为18 mm木夹板,梁板模板支设采用$\phi48\times3.5$钢管搭设满堂脚手架,框架梁中心线两边各400 mm处搭设支模的排架,排架立杆纵向间距为800 mm;其他部位立杆横向间距为1000 mm,次梁下面立杆纵向间距为1000 mm,板下面立杆纵向间距为1200 mm。满堂红脚手架搭设二层水平钢管,步距为1.6 m,如图3-5所示。

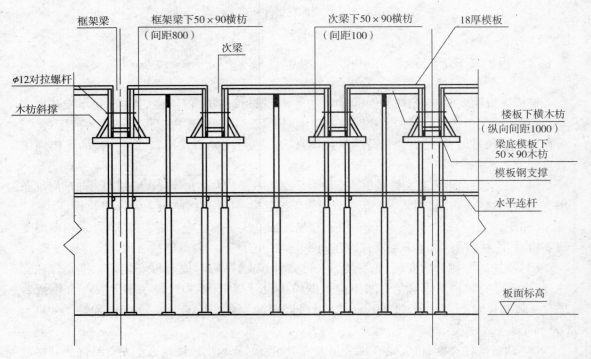

图3-5 框架梁板模板支设示意图

2.模板的安装工艺

（1）施工程序:见以下框图。

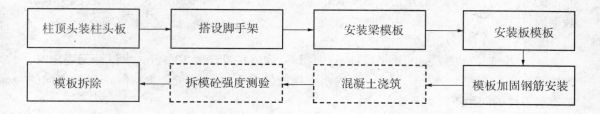

（2）施工准备：

①施工作业前，测量标出柱的水平标高和轴线。如安装模板支撑底面是回填土，应对回填土进行夯实作业，夯实作业必须确保支撑模板不下沉。

②脚手架安装时，为确保支撑地面有足够的承载力保证模板在浇砼过程中不发生下沉现象，可在脚手架下托垫木板及木枋，确保施工安全。

③对支撑是砼楼板时，明确上层支撑力的集中点，在可能产生的荷载会造成下层不安全或不稳定时，应做好上下层同时支撑。在出口飘板的位置，应注意脚手架支撑的位置。

（3）模板安装：

①在标出标高及复测轴线后，安装柱头顶板时要注意预留梁底模板厚度，安装柱头顶板的作用是用以控制梁的标高，及作为底板的垫板。

②楼板的模板支模采用 18 mm 厚的木夹板。采用钢管脚手架作为梁板的支顶。

③框架梁下用双排可调节琵琶撑支撑梁底木枋，琵琶撑坐落在满堂架第一道水平横管上的木跳上（50m 厚）；琵琶撑调节长度在 2200～3460 mm 之间，能满足支模需要，琵琶撑纵向间距为 800 mm。次梁下用双排琵琶撑支撑梁底木枋，纵向间距为 1 000 mm，板下琵琶撑纵向、横向间距均为 1 200 mm。

④当梁的截面面积大于 0.3 m² 时，托枋采用双木枋（将两条 80 mm×80 mm 的木枋并在一起）。

⑤当梁高超过 750 mm 时或当梁宽超过 0.4 m 时，须在梁高中间位置用 ϕ 10 钢筋螺杆穿过两侧模板做拉杆，拉杆的间距为 600 mm。同时在脚手架下面设水平一道（两架中间位置）钢管拉杆，加强脚手架的稳定性。

⑥为防止楼面外边的脚手架倾覆，视施工实际情况每隔 1.2 m 设一道向下拉杆或用 ϕ 8 的钢丝绳拉结楼面的预留钢筋钩，作为抗覆倾的措施。

⑦梁底板安装时，对长度大于 4 m 的梁板，当设计没有要求时，应按规范要求起拱，起拱值控制在 1/1000 至 3/1000。梁底板固定在支撑的木枋上，在柱头的位置对好柱头板的轴线。

⑧安装好梁的底板后，接着安装梁的侧板，侧板安装好且边校垂直边用斜撑固定好。然后安装梁与梁之间的板模板，安装板的模板时，先在梁的侧板安装 80 mm×80 mm 的木枋，用支撑撑好，再利用板下的脚手架及木枋调节到与梁侧板安装的木枋一样高，这时可安装板下的水平木枋，固定好。

⑨安装好底支架的支撑后，在木枋上面铺上 18 mm 的夹板，用铁钉固定好。面模板安装好后，应对模板面的垃圾、木屑进行清理，为下道工序安装钢筋做准备。

（4）梁板模板支设时要注意以下事项：

① 梁口与柱头模板的连接特别重要,一般可采用角模拼接或用方木、木条镶拼,要求拼装准确,加固牢靠;

②起拱应在铺设梁底模之前进行;

③ 模板支柱纵横方向的水平拉杆、剪刀撑等,均应按设计要求布置。当设计无规定时,支柱间距一般不宜大于 2 m,纵横方向的水平拉杆的上下间距不宜大于 1.5 m,纵横方向的垂直剪刀撑的间距不宜大于 6 m;

④采用扣件钢管脚手架做支撑时,扣件要拧紧,梁底支撑间隔用双卡扣,横杆的步距要按设计要求设置。

3.模板工程技术交底和安全交底

模板工程施工技术交底由施工单位技术人员向班组施工操作人员交底,具体内容见表3-1。模板工程安全交底由施工单位专职安全员向班组交底,具体内容见表3-2。

表3-1 框架结构模板工程分项工程质量技术交底卡

施工单位	×××建筑工程公司		
工程名称	教学楼	分部工程	主体结构
交底部位	框架柱、梁、板模板施工	日 期	×× 年 ××月 ××日
交 底 内 容	一、施工准备 (一)作业条件 (1)模板设计: 根据工程结构和特点及现场施工条件,对模板进行设计,确定模板平面布置,纵横龙骨规格、数量、排列尺寸,柱箍选用的型式和间距,梁板支撑间距,梁柱节点、主次梁节点大样。验算模板和支撑的强度、刚度及稳定性。绘制全套模板设计图(模板平面布置图、分块图、组装图、加固大样图、节点大样图、零件加工图和非定型零件的拼接加工图)。模板的数量应在模板设计时按流水段划分,进行综合研究,确定模板的合理配制数量。 (2)模板拼装: ①拼装场地夯实平整,条件许可时可设拼装操作平台。 ②模板设计图尺寸,采用沉头自攻螺丝将竹胶板与方木拼成整片模板,接缝处要求附加小龙骨。 ③竹胶板模板锯开的边及时用防水油漆封边两道,防止竹胶板模板使用过程中开裂、起皮。 (3)模板加工好后,派专人认真检查模板规格尺寸,按照配模图编号,均匀涂刷隔离剂,分规格码放,并有防雨、防潮、防砸措施。 (4)放好轴线、模板边线,水平控制标高,模板底口应平整、坚实,若达不到要求的应做水泥砂浆找平层,柱子加固用的地锚已预留好且可以使用。 (5)柱子、墙钢筋绑扎完毕,水电管线及预埋件已安装,绑好钢筋保护层垫块,并办理好隐蔽验收手续。 (二)材料要求 (1)竹胶板模板:尺寸(1220 mm×2440 mm),厚度有:9 mm、12 mm、15 mm、18 mm,单个工程最好选用不超过两种厚度为合理;

施工单位	××× 建筑工程公司		
工程名称	教学楼	分部工程	主体结构
交底部位	框架柱、梁、板模板施工	日　期	×× 年　××月　××日

<table>
<tr><td rowspan="30">交

底

内

容</td><td>

（2）方木:50 mm×100 mm、100 mm×100 mm方木,要求规格统一,尺寸规矩;

（3）对拉螺栓:采用Φ14以上的Ⅰ级钢筋,双边套丝扣,并且两边带好两个螺母,沾油备用;

（4）隔离剂:严禁使用油性隔离剂,必须使用水性隔离剂;

（5）模板截面支撑用料:采用钢筋支撑,两端点好防锈漆。

（三）施工机具

（1）木工圆锯、木工平刨、压刨、手提电锯、手提压刨、打眼电钻、线坠、靠尺板、方尺、铁水平、撬棍等。

（2）支撑体系:柱箍、钢管支柱、钢管脚手架或碗扣脚手架等。

二、质量要求

详见模板工程施工验收规范的规定。

三、工艺流程

（一）安装柱模板工艺流程

搭设安装脚手架→沿模板边线贴密封条→立柱子片模→安装柱箍→校正柱子方正、垂直和位置→全面检查校正→群体固定→办预检

（二）安装梁模板工艺流程

弹出梁轴线及水平线并进行复核→搭设梁模板支架→安装梁底楞→安装梁底模板→梁底起拱→绑扎钢筋→安装梁侧模板→安装另一侧模板→安装上下锁品楞、斜撑楞、腰楞和对拉螺栓→复核梁模尺寸、位置→与相邻模板连接牢固→办预检

（三）安装顶板模板工艺流程

搭设支架→安装横纵大小龙骨→调整板下皮标高及起拱→铺设顶板模板→检查模板上皮标高、平整度→办预检

四、操作工艺

（一）安装柱模板

（1）模板组片完毕后,按照模板设计图纸的要求留设清扫口,检查模板的对角线、平整度和外形尺寸;

（2）吊装第一片模板,并临时支撑或用铅丝与柱子主筋临时绑扎固定;

（3）随即吊装第二、三、四片模板,做好临时支撑或固定;

（4）先安装上下两个柱箍,并用脚手管和架子临时固定;

（5）逐步安装其余的柱箍,校正柱模板的轴线位移、垂直偏差、截面、对角线,并做支撑;

（6）按照上述方法安装一定流水段柱子模板后,全面检查安装质量,注意在纵横两个方向上都挂通线检查,并做好群体的水平拉（支）杆及剪力支杆的固定;

（7）将柱模内清理干净,封闭清理口,检查合格后办预检。

（二）安装梁模板

（1）在柱子混凝土上弹出梁的轴线及水平线,并复核;

（2）安装梁模板支架前,首层为土壤地面时应平整夯实,无论是首层土壤地面或楼板地面,在专用支柱下脚要铺设通长脚手板,并且楼层间的上下支柱应在同一条直线上;

（3）搭设梁底小横木,间距符合模板设计要求;

</td></tr>
</table>

施工单位	×××建筑工程公司		
工程名称	教学楼	分部工程	主体结构
交底部位	框架柱、梁、板模板施工	日 期	×× 年 ××月 ××日

<table>
<tr>
<td rowspan="1">交

底

内

容</td>
<td>

（4）拉线安装梁底模板，控制好梁底的起拱高度符合模板设计要求。梁底模板经过验收无误后，用钢管扣件将其固定好；

（5）在底模上绑扎钢筋，经验收合格后，清除杂物，安装梁侧模板，将两侧模板与底模用脚手管和扣件固定好。梁侧模板上口要拉线找直，用梁内支撑固定；

（6）复核梁模板的截面尺寸，与相邻梁柱模板连接固定；

（7）安装后校正梁中线标高、断面尺寸。将梁模板内杂物清理干净，检查合格后办预检。

（三）安装楼板模板

（1）支架搭设前，楼地面及支柱托脚的处理同梁模板工艺要点中的有关内容；

（2）脚手架按照模板设计要求搭设完毕后，根据给定的水平线调整上支托的标高及起拱的高度；

（3）按照模板设计的要求支搭板下的大小龙骨，其间距必须符合模板设计的要求；

（4）铺设竹胶板模板，用电钻打眼，螺丝与龙骨拧紧，必须保证模板拼缝的严密；

（5）在相邻两块竹胶板的端部挤好密封条，突出的部分用小刀刮净；

（6）模板铺设完毕后，用靠尺、塞尺和水平仪检查平整度与楼板标高，并进行校正；

（7）将模板内杂物清理干净，检查合格后办预检。

（四）模板拆除

1. 模板拆除的一般要点

（1）侧模拆除：在混凝土强度能保证其表面及棱角不因拆除模板而受损后，方可拆除。

（2）底模及冬季施工模板的拆除，必须执行《GB50204 混凝土结构工程施工质量验收规范》及《JGJ 104 建筑工程冬期施工规程》的有关条款。作业班组必须进行拆模申请，经技术部门批准后方可拆除。

（3）预应力混凝土结构构件模板的拆除，除执行 GB 50204 中相应规定外，侧模应在预应力张拉前拆除；底模应在结构构件形成预应力后拆除。

（4）已拆除模板及支架的结构，在混凝土达到设计强度等级后方允许承受全部使用荷载；当施工荷载所产生的效应比使用荷载的效应更不利时，必须经核算加设临时支撑。

（5）拆除模板的顺序和方法，应按照配板设计的规定进行。若无设计规定时，应遵循先支后拆，后支先拆；先拆不承重的模板，后拆承重部分的模板；自上而下，支架先拆侧向支撑，后拆竖向支撑等原则。

（6）模板工程作业组织，应遵循支模与拆模统一由一个作业班组执行作业。其好处是，支模就考虑拆模的方便与安全，拆模时人员熟知，依照拆模关键点位，对拆模进度、安全、模板及配件的保护都有利。

2. 柱子模板拆除

（1）工艺流程：

拆除拉杆或斜撑→自上而下拆除柱箍→拆除部分竖肋→拆除模板及配件运输维护

（2）柱模板拆除时，要从上口向外侧轻击和轻撬，使模板松动，要适当加设临时支撑，以防柱子模板倾倒伤人。

</td>
</tr>
</table>

施工单位	×××建筑工程公司			
工程名称	教学楼	分部工程	主体结构	
交底部位	框架柱、梁、板模板施工	日 期	×× 年 ××月 ××日	

<table>
<tr><td rowspan="30">交 底 内 容</td><td>

3. 梁板模板拆除

（1）工艺流程：

拆除支架部分水平拉杆和剪刀撑→拆除侧模板→下调楼板支柱→使模板下降→分段分片拆除楼板模板→木龙骨及支柱→拆除梁底模板及支撑系统

（2）拆除工艺施工要点：

①拆除支架部分水平拉杆和剪刀撑，以便作业。而后拆除梁侧模板上的水平钢管及斜支撑，轻撬梁侧模板，使之与混凝土表面脱离。

②下调支柱顶托螺杆后，轻撬模板下的龙骨，使龙骨与模板分离，或用木锤轻击，拆下第一块，然后逐块逐段拆除。切不可用钢棍或铁锤猛击乱撬。每块竹胶板拆下时，或用人工托扶放于地上，或将支柱顶托螺杆再下调相当高度，以托住拆下的模板。严禁模板自由坠落于地面。

③拆除梁底模板的方法大致与楼板模板相同。但拆除跨度较大的梁底模板时，应从跨中开始下调支柱顶托螺杆，然后向两端逐根下调，拆除梁底模支柱时，亦从跨中向两端作业。

（五）成品保护

（1）预组拼的模板要有存放场地，场地要平整夯实。模板平放时，要有木方垫架。立放时，要搭设分类模板架，模板触地处要垫木方，以此保证模板不扭曲不变形。不可乱堆乱放或在组拼的模板上堆放分散模板和配件。

（2）工作面已安装完毕的墙、柱模板，不准在吊运其他模板时碰撞，不准在预拼装模板就位前作为临时依靠，以防止模板变形或产生垂直偏差。工作面已安装完毕的平面模板，不可做临时堆料和作业平台，以保证支架的稳定，防止平面模板标高和平整产生偏差。

（3）拆除模板时，不得用大锤、撬棍硬砸猛撬，以免混凝土的外形和内部受到损伤。

（六）应注意的质量问题

1. 柱模板

（1）胀模、断面尺寸不准的防治方法：根据柱高和断面尺寸设计核算柱箍自身的截面尺寸和间距，以及对大断面柱使用穿柱螺栓和竖向钢楞，以保证柱模的强度、刚度足以抵抗混凝土的侧压力。施工应认真按设计要求作业。

（2）柱身扭向防治的方法，支模前先校正柱筋，使其首先不扭向。安装斜撑（或拉锚），吊线找垂直时，相邻两片柱模从上端每面吊两点，使线坠到地面，线坠所示两点到柱位置线距离均相等，保证柱模不扭向。

（3）轴线位移，一排柱不在同一直线上。防治的方法：成排的柱子，支模前要在地面上弹出户轴线及轴边通线，然后分别弹出每柱的另一个方向轴线，再确定柱的另两条边线。支模时，先立两端柱模，校正垂直与位置无误后，柱模顶拉通线，再支中间各柱模板。柱距不大时，通排支设水平拉杆和剪刀撑，柱距较大时，每柱分别四面支撑，保证每柱垂直和位置正确。

2. 梁、板模板

梁、板模板应注意的质量问题有：梁、板底不平、下挠；梁侧模板不平直；梁上下口胀模等。防治的方法是梁、板底模板的龙骨、支柱的截面尺寸及间距应通过设计计算决定，使模板的支撑系统有足够的强度和刚度，作业中应认真执行设计要求，以防止混凝土浇筑时模板变形。模板支柱应立在垫有通长木板的坚实地面上，防止支柱下沉，使梁、板产生下挠。梁、板模板应按设计或规范起拱。梁模板上下口应设销口楞，再进行侧向支撑，以保证上下口模板不变形。

</td></tr>
</table>

专业技术负责人：×××　　　　交底人：×××　　　　接受人：×××

表3-2　　安全交底记录表

工程名称		建设单位	
监理单位		施工单位	
交底部位		交底日期	
交底人签字			

安全施工注意事项:

(1)进入施工现场必须按要求佩戴好安全帽,从事高处作业必须佩戴好安全绳;

(2)进入施工现场,穿着简捷,不准穿拖鞋、留长发。

(3)施工机械严格按操作规程使用,并持证上岗;

(4)起重机臂下严禁站人,并做好警戒工作;

(5)严禁立体交叉作业;

(6)模板、方木及其他材料堆放要整齐;

(7)拆除模板时,应在满足规范条件下,才可以进行,必须按照拆除模板的施工方案进行,不能随意从高处乱扔材料下来

接受人签字	

注:本表一式四份,建设单位、监理单位、施工单位、城建档案馆各一份。

3.2　任务二:板钢筋施工

板钢筋施工的任务是完成板钢筋的配料、加工、安装、验收等工作。

3.2.1　板钢筋的配料

(1)板的钢筋由底筋、面筋、支座负筋和分布筋等组成。板的底筋伸入支座长度为$5d$,且至少过梁中线,板面负筋伸入边梁支座长度为一个锚固长度。板的钢筋安装如图3-6、图3-7所示。

(2)材料及主要机具的要求:

① 钢筋:应有出厂合格证、按规定作力学性能复试。当加工过程中发生脆断等特殊情况,还需作化学成分检验。钢筋应无老锈及油污。

② 成型钢筋:必须符合配料单的规格、尺寸、形状、数量,并应有加工出厂合格证。

③ 铁丝:可采用20～22号铁丝(火烧丝)或镀锌铁丝(铅丝)。铁丝切断长度要满足使

图 3 – 6　板钢筋安装图　　　　　　　　　图 3 – 7　板支座负筋安装图

用要求。

④ 垫块：用水泥砂浆制成规格为 50 mm × 50 mm，厚度同保护层，垫块内预埋 20 ～ 22 号火烧丝，或用塑料卡、拉筋、支撑筋。

⑤ 主要机具：钢筋钩子、撬棍、扳子、绑扎架、钢丝刷子、手推车、粉笔等。

（3）作业准备条件：

① 钢筋进场后应检查是否有出厂证明、复试报告，并按施工平面图中指定的位置，按规格、使用部位、编号分别加垫木堆放；

② 钢筋绑扎前，应检查有无锈蚀，除锈之后再运至绑扎部位；

③ 熟悉图纸，按设计要求检查已加工好的钢筋规格、形状、数量是否正确；

④ 做好抄平放线工作，弹好水平标高线，柱、墙外皮尺寸线；

⑤ 根据弹好的外皮尺寸线，检查下层预留搭接钢筋的位置、数量、长度，如不符合要求时，应进行处理；绑扎前先整理调直下层伸出的搭接筋，并将锈蚀、水泥砂浆等污垢清除干净；

⑥ 根据标高检查下层伸出搭接筋处的混凝土表面标高（柱顶、墙顶）是否符合图纸要求，如有松散不实之处，要剔除并清理干净；

⑦ 模板安装完并办理预检，将模板内杂物清理干净；

⑧ 按要求搭好脚手架；

⑨ 根据设计图纸及工艺标准要求，向班组进行技术交底。

（4）板钢筋的配料计算。

例 3 – 2　如图 3 – 8 所示板的钢筋图，板的厚度为 65 mm，板的混凝土保护层为 10 mm，混凝土强度为 C25，结构为二级抗震设防，计算 B4 板（1 – 2 轴/B – C 轴）的钢筋下料长度，并绘制钢筋配料单。

解　根据图 3 – 8，以及板的配筋图和 03G101 – 1 图集板筋的构造要求，计算 B4 板的钢筋下料长度，如表 3 – 3 所示。

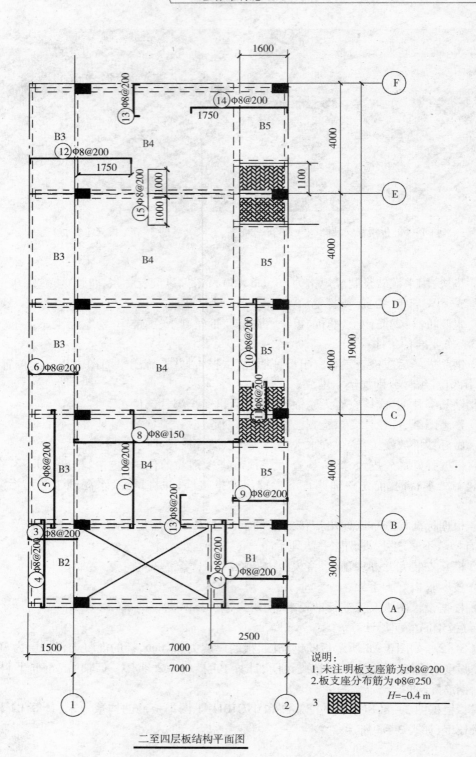

二至四层板结构平面图

图 3 - 8　板的钢筋图

表3-3 (1-2轴/B-C轴)B4 板筋配料单

筋号	级别	直径	简图	计算公式	长度(mm)	根数	每米重(kg/m)	单根重(kg)	总重(kg)
1	Φ	10	4100	$4\,100+6.25\times10\times2$	4 225	25	0.617	2.607	65.171
2	Φ	8	5300	$5\,300+6.25\times2$	5 400	25	0.396	2.138	53.46
3	Φ	8	2000 / 50	$2\,000+50\times2-2\times8\times2$	2 068	25	0.396	0.819	20.475
4	Φ	8	1000 / 50	$1\,000+50\times2-2\times8\times2$	1 068	25	0.396	0.423	10.575
5	Φ	8	1470 200 1750 / 50	$3\,420+50\times2-2\times8\times2$	3 480	23	0.396	1.378	31.694
6	Φ	8	1750 170 / 50	$1\,920+50\times2-2\times8\times2$	1 980	6	0.396	0.784	4.704
7	Φ	8	4000		4 000	16	0.396	1.584	25.344
8	Φ	8	1800		1 800	8	0.396	0.713	5.704

3.2.2 板钢筋加工

板钢筋的加工是指根据钢筋配料单,进行的钢筋切断、弯曲和连接等工作。

3.2.3 板钢筋安装

板钢筋安装是指将加工好的钢筋按照设计图纸的要求,在已经装好板模板的位置进行现场绑扎,并加垫混凝土保护层垫块和支设钢支腿,具体安装工艺如下所述。

1. 板钢筋安装的工艺流程

板钢筋安装的工艺流程:清理模板→在模板上画主筋、分布筋间距线→先放主筋后放分布筋→下层筋绑扎→上层筋绑扎→放置马凳筋及垫块。

2. 板钢筋的安装要点

板钢筋的安装要点如下:

(1)绑扎钢筋前应修整模板,将模板上垃圾杂物清扫干净,在平台底板上用墨线弹出控制线,并用红油漆或粉笔在模板上标出每根钢筋的位置。

(2)按画好的钢筋间距线,先排放受力主筋,后放分布筋,预埋件、电线管、预留孔等同时配合安装并固定;待底排钢筋、预埋管件及预埋件就位后交质检员复查,再清理场面后,方可绑扎上排钢筋。

(3)在现浇板中有板带梁时,应先绑板带梁钢筋,再摆放板钢筋。

(4)钢筋采用绑扎搭接,一般采用一面顺扣法或八字扣法,如图3－9所示。下层筋不得在跨中搭接,上层筋不得在支座处搭接,搭接处应在中心和两端绑牢,Ⅰ级钢筋绑扎接头的末端应做180°弯钩。

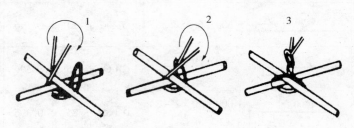

图3－9　板钢筋的绑扎示意图

(5)板钢筋网的绑扎施工时,四周两行交叉点应每点扎牢,中间部分每隔一根相互成梅花式扎牢,双向主筋的钢筋必须将全部钢筋相互交叉扎牢,邻绑扎点的钢螺纹要成八字形绑扎(左右扣绑扎)。下层180°弯钩的钢筋弯钩向上;上层钢筋90°弯钩朝下布置。为保证上下层钢筋位置的正确和两层间距离,上下层筋之间用凳筋架立。

(6)在钢筋下面垫好砂浆垫块,间距1.5 m。垫块的厚度等于保护层厚度,应满足设计要求,如无设计要求时,板的保护层厚度为15 mm,钢筋搭接长度与搭接位置应满足设计要求。

3.2.4　质量验收标准

1. 保证项目

(1)钢筋的品种和质量必须符合设计要求和有关标准的规定。

(2)钢筋的表面必须清洁。带有颗粒状或片状老锈,经除锈后仍留有麻点的钢筋,严禁按原规格使用。钢筋表面应保持清洁。

(3)钢筋规格、形状、尺寸、数量、锚固长度、接头位置,必须符合设计要求和施工规范的规定。

(4)钢筋对焊接头的机械性能结果,必须符合钢筋焊接及验收的专门规定。

2. 基本项目

(1)缺扣、松扣的数量不超过绑扣数的10%,且不应集户。

(2)弯钩的朝向应正确,绑扎接头应符合施工规范的规定,搭接长度不小于规定值。

(3)箍筋的间距数量应符合设计要求,有抗震要求时,弯钩角度为135°,弯钩平直长度为10d。

(4)钢筋对焊接头,Ⅰ、Ⅱ、Ⅲ级钢筋无烧伤和横向裂纹,焊包均匀。对焊接头处弯折不大于4°,对焊接头处钢筋轴线的偏移不大于0.1d,且不大于2 mm。

3. 允许偏差项目

钢筋绑扎安装的允许偏差符合表3－4的要求。

表 3-4 钢筋绑扎安装位置的允许偏差和检验方法

项 目		允许偏差（mm）	检验方法
绑扎钢筋网	长、宽	±10	钢尺检查
	网眼尺寸	±20	钢尺量连续三档,取最大值
绑扎钢筋骨架	长	±10	钢尺检查
	宽、高	±5	钢尺检查
受力钢筋	间距	±10	钢尺量两端、中间各一点,取最大值
	排距	±5	
	保护层厚度　基础	±10	钢尺检查
	保护层厚度　柱、梁	±5	钢尺检查
	保护层厚度　板、墙、壳	±3	钢尺检查
绑扎钢筋、横向钢筋间距		±20	钢尺量连续三档,取最大值
钢筋弯起点位置		20	钢尺检查
预埋件	中心线位置	5	钢尺检查
	水平高差	+3	钢尺和塞尺检查

注:①检查预埋件中心线位置,应沿纵横两个方向量测,并取其中的较大值;②表中梁类、板类构件上部纵向受力钢筋保护层厚度的合格点率应达到90%及以上,且尺寸偏差不得超过表中数值1.5倍。

3.2.5 成品保护

成品保护是指对已经绑扎好的板的钢筋做好保护措施,具体措施如下:

（1）楼板的弯起钢筋、负弯矩钢筋绑好后,不准在上面踩踏行走。浇筑混凝土时派钢筋工专门负责修理,保证负弯矩筋位置的正确性。

（2）绑扎钢筋时禁止碰动预埋件及洞口模板。

（3）安装电线管、暖卫管线或其他设施时,不得任意切断和移动钢筋。

3.2.6 板钢筋绑扎实操训练

实训内容:按图 3-10 所示（板厚 80 mm）的配筋图及表 3-5 钢筋配料单,加工并绑扎钢筋。该实训内容在实训室内完成。

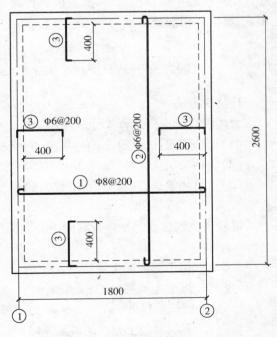

图 3-10 板的配筋图

表3-5 钢筋配料单

构件	钢筋编号	简图	钢筋等级	直径（mm）	下料长度（mm）	单位根数	合计根数
B1	1	1800	Φ	8	2000	14	14
	2	2600	Φ	6	2675	10	10
	3	400	Φ	6	476	48	48

3.3 任务三:板混凝土施工

板混凝土施工所需设备、作业准备及施工工艺在前面章节已介绍相关内容,本节详述板混凝土施工过程。

3.3.1 板的特点

钢筋混凝土板包括楼板、地板和天面板,楼板和天面板厚度一般为6～15 cm,对于现浇混凝土板,通常与梁一起浇筑,混凝土量不大,属小体积混凝土,通常沿次梁方向斜面浇筑,一次至顶。地板包括筏板、箱型底板和普通地板,板厚15～200 cm,混凝土板较厚,混凝土量大,属大体积混凝土。

3.3.2 大体积混凝土结构浇筑

1. 浇筑方法

大体积混凝土浇筑方法分三种:

(1)通仓浇筑法,又称全面分层法,如图3-11a所示;

(2)斜面分层浇筑法,如图3-11b所示;

(3)台阶浇筑法,又称分段分层法,如图3-11c所示。

2. 混凝土浇筑强度

混凝土浇筑强度是指单位时间内完成混凝土浇筑的数量,计算公式如下:

$$Q = Fh/T$$

式中　　Q——每小时混凝土浇筑量,m^3/h;

　　　　F——每个浇筑层(段)的面积,m^2;

　　　　h——浇筑层厚度,m;

　　　　T——下层混凝土允许的时间间隔,h,$T=(t_1-t_2)$,t_1为混凝土初凝时间,t_2为运输时间。

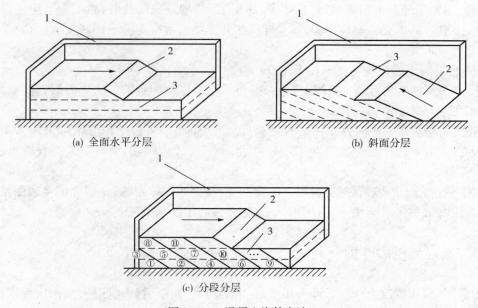

(a) 全面水平分层　　　　　　　　　　(b) 斜面分层

(c) 分段分层

图 3 - 11　混凝土浇筑方法

1—模板;2—新浇筑的混凝土;3—已浇筑的混凝土

3. 混凝土的温度裂缝

(1)混凝土有两种类型的温度裂缝:升温阶段表面开裂(内外温差应不大于 25℃)和降温阶段拉裂。

(2)降低混凝土温度及内外温差的措施如下:

①减少水化热:用水化热低的水泥,掺减水剂、粉煤灰减少水泥用量;使用缓凝剂、低温浇筑等措施。

②内部降温:采取石子浇水、冰水搅拌、投入毛石吸热、减缓浇筑速度、避免日晒和埋入冷却水管等措施进行内部降温。

③外保温或升温:采用覆盖、电加热、蒸汽加热的方法使混凝土表面升温。

3.3.3　一般板混凝土浇筑要点

板混凝土浇筑应注意如下要点:

(1)板与梁的混凝土一般同时浇筑。浇筑时先将梁的混凝土分层浇筑成阶梯形,当达到板底位置时即与板的混凝土一起浇筑,随着阶梯形的不断延长,板的浇筑也不断向前推进。倾倒混凝土的方向应与浇筑方向相反,用后退法浇筑。当梁的高度大于 1 m 时,可先单独浇筑梁,在距板底 2～3 cm 处留设水平施工缝,然后再进行板的浇筑。

(2)在浇筑与柱、墙连成整体的梁、板时,应在柱、墙的混凝土浇筑完毕后停歇 1.5～2 h,使其初步沉实,排除泌水后,再继续浇筑梁、板的混凝土。

(3)浇筑楼板混凝土时,可直接将混凝土料卸在楼板上。但须注意,混凝土宜卸在主梁或少筋的楼板上,不应卸在边角或有负筋的楼板上。避免因卸料或摊平料堆而使钢筋位移。

(4)用小车或料斗布料时,因在运输途中振动,拌和物中的骨料可能下沉、砂浆上浮;或由于搅拌运输车卸料不均造成"这车浆多、那车浆少"的现象。此时,施工人员应注意调节,卸料时不应叠高,而是一车压半车,或一斗压半斗。楼板混凝土的虚铺高度可比楼板厚度高出 20 ～ 25 mm。

(5)板混凝土的振捣应注意如下两点:

① 对于钢筋密集部位,应采用机械振捣与人工振捣相配合的方法。如梁、柱、板结合部位,一般用插入式振捣器振捣。

② 浇筑楼板混凝土时宜采用平板振捣器,当浇筑小型平板结构时也可采用人工捣实。用平板振捣器时要注意:电动机功率不宜过大,平板尺寸应稍大;要有专人检查模板支撑系统的安全性。

(6)板混凝土的表面修整:混凝土振捣完毕,板面如需抹光的,先用大铲将表面拍平,局部石多浆少的,另须补浆拍平,再用木抹子打平,最后用铁抹子压光。

3.3.4　板混凝土的养护

常温下,楼板混凝土初凝后即可用草帘、麻袋覆盖,终凝后浇水养护,浇水次数以保证覆盖物经常湿润为准。在高温或特别干燥地区,以及 C40 以上混凝土,养护尤为重要,首先应洒水,并尽可能早点进行,以表面不起皮为准,洒过一两次水后,方可浇水养护。

3.3.5　质量通病防治

质量通病是指在混凝土施工过程中经常容易出现的质量问题,为了保证混凝土的施工质量,对混凝土施工过程中易出现的一些质量问题,采取一些切实可行的措施来防治它们。工程中易出现的质量通病有以下几种情况。

1. 柱顶与梁、板底结合处出现裂缝

柱与梁、板整体现浇时,如柱混凝土浇筑完毕后,立即进行梁、板混凝土的浇筑,会因柱混凝土未凝固,而产生沿柱长度方向的体积收缩和下沉,造成柱顶与梁、板底结合处混凝土出现裂缝。正确浇筑方法是:应先浇筑柱混凝土,待浇至其顶端部位时(一般在梁、板底下2 ～ 3 cm 处),停歇 1.5 ～ 2 h 后,再浇梁、板混凝土。同时,也可在该部位留置施工缝,分两次浇筑。

2. 梁及底板出现麻面

旧模板表面粗糙或表面未清理干净,拆模时,混凝土表面被粘损而出现麻面。因此模板表面必须清理干净。模板未浇水湿润,浇筑的混凝土表面因表面失水过多而出现麻面。因此浇筑混凝土之前,模板应充分浇水湿润。钢模板表面隔离剂涂刷不均匀或漏刷,拆模时混凝土表面被粘掉而产生麻面。因此,隔离剂必须涂刷薄而均匀。模板缝不严密,沿板缝出现漏浆,造成麻线(露石线)。因此板缝必须堵严。混凝土振捣不充分,气泡未排尽,造成表面麻面。

3. 板底露筋

楼板钢筋的保护层垫块铺垫间距过大或漏垫及个别垫块被压碎、位移,使钢筋紧贴模板,造成露筋。因此,垫块间距视板筋直径不同控制在 1 ～ 1.5 m 之间,并避免压碎和漏垫。

混凝土下料不当或施工人员踩踏钢筋,使钢筋局部紧贴模板,拆模后出现露筋。

3.3.6　尚东鑫城一期工程大体积砼基础底板施工方案(案例)

1. 工程概况

尚东鑫城 18#住宅楼位于新乡金穗大道东段北侧,建筑面积 14 721.21 m²(建筑基底面积 824.84 m²),高度 49.75 m,地上 17 层,地下一层;新乡市正隆置业有限公司地产开发公司开发,北京世纪千俯国际工程设计有限公司设计,河南天正建设工程咨询管理有限公司监理,河南省第一建筑工程集团有限公司总承包。

基础为钢筋砼筏板基础,基础最大埋深 14.5 m。基础底板呈矩形,东西长 62.95 m,南北长 15.6 m,底板厚 0.95 m,整体混凝土工程量约为 850 m³,混凝土强度等级 C35,S6,分 2 个阶段浇筑,这种大体积混凝土底板施工具有水化热高、收缩量大、容易开裂等特点,故底板大体积混凝土浇筑作为一个施工重点和难点要认真对待。大体积混凝土施工重点主要是将温度应力产生的不利影响减到最小,防止和降低裂缝的产生和发展。由于当地地下水丰富,因此考虑采取如下施工措施:不设变形缝,而靠后浇带把底板分为两个区浇筑。

2. 工程特点难点分析

基础筏板混凝土浇筑按工期和施工进度要求,安排在 11 月施工,正值冬季;结构体积庞大,且嵌有暗梁,钢筋密集,施工技术要求高。根据这些特点,除必须满足混凝土强度和耐久性等要求外,其关键是确保混凝土的可泵性,控制混凝土的最高温升及其内外温差,防止结构出现有害裂缝,重点解决以下施工技术难点。

地下室底板大体积砼控制裂缝和防渗历来是工程界的一个难题,防渗关键在于防裂,应重点分析易开裂的原因,制定相应有效的对策来解决。综合本工程的特点有以下变形特性:设计主要控制裂缝开展,一般情况不存在因承载力不足而引起的开裂,但结构形式为现浇,温差和收缩变形复杂,约束作用较大,容易引起开裂。由于采用泵送砼,而砼强度等级又较高,水泥用量大,粗骨料少,用水量多,收缩变形大,易导致塑性变形收缩。

底板最大尺寸为厚 0.95 m,按有关规定,属大体积砼,大体积砼在水化过程中产生大量热量引起砼内部温度的升高,砼是热的不良导体,散热很慢,浇注后,大体积砼内部温度远比外部高,形成较高的温差,造成内胀外缩,使外表产生很大拉应力而致开裂,当砼抗拉强度不足以抵抗该温度应力时,就引起开裂。结构长度是影响温度应力的最主要因素,且工程在施工期间会经常遭受较大温差、收缩等作用而引起开裂,本工程设计已考虑设置后浇带。

总之,本工程控制裂缝产生涉及结构设计、构造、材料组成及其物理性能、施工工艺等各个方面,因此本工程将采取措施控制温度裂缝的产生和防止渗漏列为工作的重点。

3. 浇筑方案

本工程地下室筏板砼施工按后浇带分 2 个阶段顺序进行,本工程地下室筏板尺寸较大,为防止冷缝出现,采用泵送商品混凝土,施工时采取斜面分层、依次推进、整体浇筑的方法,使每次叠合层面的浇筑间隔时间不得大于 8 h,小于混凝土的初凝时间。

混凝土浇筑方法为斜面分层布料方法施工,即"一个坡度、分层浇筑、循序渐进"。在各自范围内,地泵采取"一"字形行走路线,地泵浇筑速度 30 m³/h。混凝土初凝时间为 10 ～ 12 h。

混凝土采用机械振捣棒振捣。振捣棒的操作,要做到"快插慢拔",上下抽动,均匀振捣,插点要均匀排列,插点采用并列式和交错式均可;插点间距为 300～400 mm,插入到下层尚未初凝的混凝土中为 50～100 mm,振捣时应依次进行,不要跳跃式振捣,以防发生漏振。每一振点的振捣延续时间 30 s,使混凝土表面水分不再显著下沉、不出现气泡,表面泛出灰浆为止。为使混凝土振捣密实,配备 4 台振捣棒(3 台工作,1 台备用),分三道布置。第一道布置在出料点,使混凝土形成自然流淌坡度,第二道布置在坡脚处,确保混凝土下部密实,第三道布置在斜面中部,在斜面上各点要严格控制振捣时间、移动距离和插入深度。

大体积混凝土的表面水泥浆较厚,且泌水现象严重,应仔细处理。由于表面泌水,当每层混凝土浇筑接近尾声时,应人为将水引向低洼边部,汇聚为小水潭,然后用小水泵将水抽至附近排水井。在混凝土浇筑后 4～8 h 内,将部分浮浆清掉,初步用长刮尺刮平,然后用木抹子搓平压实。在初凝以后,混凝土表面会出现龟裂,终凝前要进行二次抹压,以便将龟裂纹消除,注意宜晚不宜早。

砼浇筑成型工艺应严密组织,保证砼浇筑过程层与层结合良好,避免冷缝、离析、振捣不良等现象发生。

砼浇筑强度计算:浇筑时从一个方向向另一个方向推进,底板则水平分层,浇筑砼总量约 932.9 m³。分层厚度 47.5 cm,自然流淌坡度 1∶(6～8),每层浇筑量 62.95×15.6×0.475÷2 = 466.5÷2 = 233.23 m³,(两个分区:1～19 轴、19～42 轴)砼按初凝 6h 计算(到达工地后算起),考虑不确定因素,效率系数 0.6,则砼浇筑速度为 233.23/(6×0.6) = 64.79 m³/h,选用砼输送泵时,每小时实际输送量 30 m³,则选用 3 台砼泵,砼缓凝时间 4 h 以上,方可满足浇筑要求。砼搅拌运输车视交通及距离,施工前进行测定,按理论计算而确定。

砼浇筑方式,底板采用水平分层,分两层浇筑。上下层砼浇筑时间间隔不得超过初凝时间,保证上下砼塑性闭合。砼振捣采用挂牌制,专人分区分片负责,振捣时在下料点及坡脚各设三台振动器,砼振捣时间保持 10～30 s,确保砼密实性。大流动砼在浇筑振动过程中,会产生大量泌水,由于砼为一个大坡面,泌水沿坡面流向坑底,使大部分泌水流入基坑,使来不及排除的泌水随着砼浇筑而渗移,最终集结。因此应及时对坑内泌水及时排除,泌水的排除对提高砼质量和抗渗有利。

砼振捣时采用二次振捣工艺。由于砼的塑性收缩均在砼浇筑面 4～15 h 内发生,在其表面上出现龟裂,既宽又密,由于沉缩的作用,这些裂缝往往沿钢筋分布,因此,在砼初凝前,应对表面进行二次振捣与二次压光处理。为减少温差,砼浇筑后应用棉毡覆盖保温。裂缝的主要原因是收缩,所以分层散热浇灌,其后保湿保温养护很重要。砼的拆模时间,应尽可能多养护一段时间,拆模后应尽早回填土方,以防结构暴露在外时间过长。拆模后 12 h 内对砼加以覆盖和浇水,特别是本工程底板砼中掺加了微膨胀剂,养护时间不得少于 14 天,浇水次数应保证砼处于湿润状态,塑料薄膜覆盖时,其四周应压严密并应保持薄膜内有凝结水。在砼强度达到 1.2 MPa 之前,不得在其上踩踏或施工振动。

复 习 题

1. 板的模板支设方法是什么?
2. 板的模板安装应注意哪些问题?

3. 板的模板拆除有哪些要求？模板的拆除顺序是什么？

4. 板的钢筋有哪些？钢筋配料计算有哪些规定？

5. 板筋的绑扎顺序是什么？板筋在绑扎过程中要注意哪些问题？

6. 简述板筋施工技术交底的内容。

7. 大体积混凝土浇筑方案有哪些？各方案的适用范围是什么？

8. 如何控制大体积混凝土施工的温度裂缝？

9. 混凝土施工中出现的质量通病有哪些？

10. 施工中如何防止混凝土施工的质量通病？

项目 4　楼梯、电梯井施工

4.1　任务一:楼梯、电梯井的模板施工

楼梯、电梯都是工业与民用建筑的垂直通道,楼梯和电梯井的结构大部分采用钢筋混凝土制作,楼梯、电梯井的模板施工任务是拟订模板的安装方案、绘制模板支设图、组织技术和安全交底、安装模板及支架和组织模板工序验收等。

4.1.1　楼梯的模板施工

钢筋混凝土楼梯的结构特点如图 4-1 所示,楼梯是连接楼房层与层之间的桥梁,楼梯根据结构不同分为板式楼梯和梁式楼梯,一般楼梯是由梯级板、休息平台和梯梁组成。楼梯模板是由楼梯的底模板、侧模、梯级模板、梯梁模板、休息平台模板和支架系统组成。楼梯模板类似梁板模板的支设,由于楼梯底模板有一个倾角,因此,在设计模板支撑时要特别注意混凝土传递过来的水平推力。

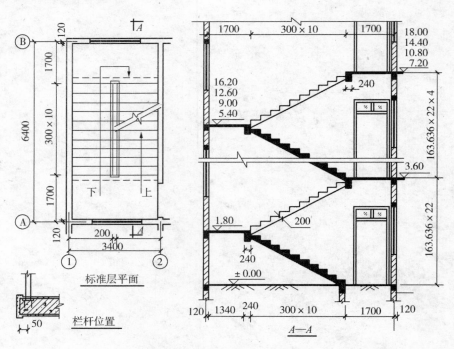

图 4-1　钢筋混凝土楼梯图

4.1.1.1 楼梯模板安装方案

楼梯模板安装方案如图4-2、图4-3、图4-4、图4-5所示。楼梯模板常采用18厚胶合板,次楞采用50 mm×100 mm(宽×高)木方;主楞采用100 mm×100 mm(宽×高)木方;支撑采用ϕ48 mm脚手架钢管或尾径100 mm的原木;支撑体系由立杆、横杆、支座、支托组成。

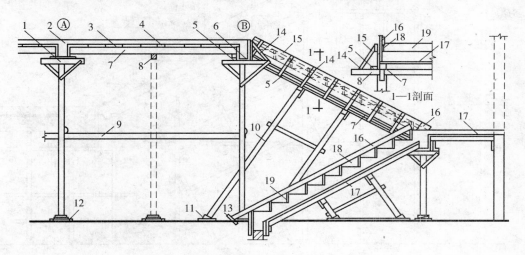

图4-2 楼梯木模板支撑图

1—托板;2—染侧板;3—定型模板;4—承定型模板;5—固定夹板;6—梁底模板;7—楞木;8—横木;9—拉条;10—支撑;11—木楔;12—垫板;13—木桩;14—斜撑;15—边板;16—反扶梯基;17—板底模板;18—三角木;19—踢脚板

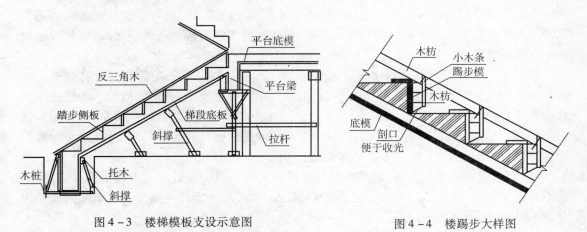

图4-3 楼梯模板支设示意图   图4-4 楼踢步大样图

4.1.1.2 楼梯模板安装要点

(1)楼梯模板工艺流程:平台梁模→平台模→斜梁模→梯段模→扎铁→吊踏步模。

(2)楼梯模板的构造与楼板模板相似,不同点是倾斜支设和做成踏步,安装时,先在楼梯间墙上按设计标高画出楼梯段,楼梯踏步及平台板、平台梁的位置。在平台梁下搭设钢管架,立柱下垫板,在钢管架上放楞木钉平台梁的底模板,立侧模,在平台处搁置楞木,铺钉平

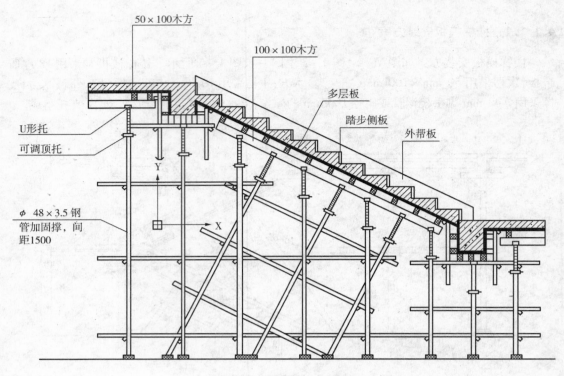

图 4-5　楼梯钢管支撑图

台底模板。

（3）在楼梯基面侧板上钉托木,将楼梯斜楞木钉在托木和平台梁侧板外的托木上。在斜楞木上面铺钉楼梯底模板,下面搭设钢管架,其间用拉杆拉结,再沿楼梯边立外侧帮板,用外侧帮板上的横档木将外帮板钉固在斜木楞上,先在其内侧弹出楼梯底板厚度线,用套板画出踏步侧板位置线。

（4）踏步安装时,在楼梯斜面两侧楞木上将反三角板立起,反三角的两端可钉固于平台梁和梯基的侧板上,然后在反三角与外帮板之间逐块钉上踏步侧板,踏板侧板一头钉在外帮板的木档上,另一头钉在反三角木块的侧面上。如果梯段中间再加设反三角木板,并用木档上下连结固定,以免发生踏步侧板凸肚现象。为了确保梯板符合要求的厚度,在踏步侧板下面可以垫以若干小木块,这些小木块在浇捣砼时随手取出。

（5）在楼段模板放线时,特别要注意每层楼梯的第一踏步与最后一个踏步的高度,梯步的平面宽度和高度要均匀一致,必须考虑楼梯面层的厚度,才能杜绝踏步高低不同的偏差现象,影响用户使用及观感效果。

4.1.1.3　楼梯模板安装案例

案例一:如图 4-6 所示为某楼梯钢木组合模板支撑方案图,采用 12 厚竹胶板做底模。踏步定型模板采用钢模,按照楼梯的宽度、高度、长度以及踏步的步数来配制。梯段的底板模板施工完后,绑扎钢筋。钢筋绑好后,把定型钢模放入梯段上部固定。

案例二:如图 4-7 所示,采用全封闭式楼梯钢管支撑支设楼梯模板,楼梯底模板和梯级模板采用木夹板,横楞采用 50 mm×100 mm 方木,间隔 400 mm,纵楞采用双钢管 ϕ 48 mm,

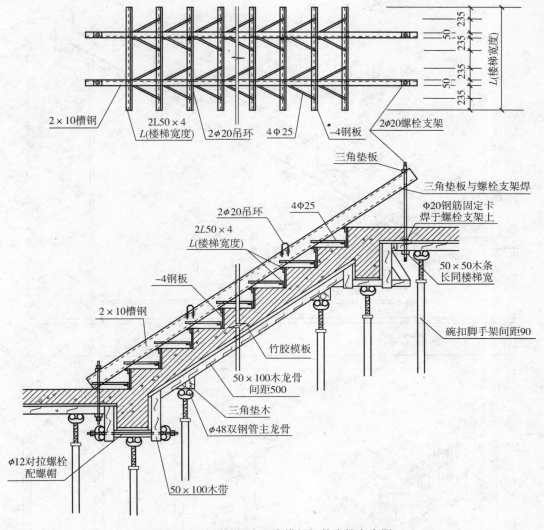

图4-6　楼梯的钢木组合模板钢管支撑方案图

楼梯底模与梯模之间采用ϕ12 mm对拉螺栓固定,底模下设钢管支撑。

4.1.2　电梯井模板施工

　　电梯井模板与墙体模板相类似,电梯井四面是混凝土墙,其中一面预留门洞,电梯一般用于高层建筑之中,每层断面一样,适合于制作整体式模板,这样可以加快模板安装的施工进度。

　　电梯井模板安装方案一:如图4-8所示,电梯井侧模板采用钢框竹胶合板体系,井筒内用钢框竹胶合板、工具式钢支撑组成的三铰筒子模作内模与移动式操作平台配套使用。

　　电梯井模板安装方案二:如图4-9所示,电梯井内模板设计八大块平面大模板,模板之间采用铰接,模板设计一个整体大模板,模板拆除运用花篮螺丝脱模器脱模,脱模之后,利用起重机吊起,安装至上一层电梯井。外侧模板采用大模板安装。

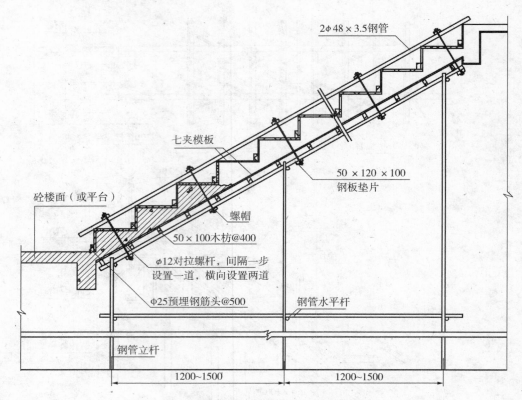

2φ48×3.5钢管

七夹模板

砼楼面（或平台）

50×120×100
钢板垫片

螺帽

50×100木枋@400

φ12对拉螺杆，间隔一步
设置一道，横向设置两道

φ25预埋钢筋头@500

钢管水平杆

钢管立杆

1200~1500

1200~1500

图4-7 楼梯钢管支撑封闭式支设图

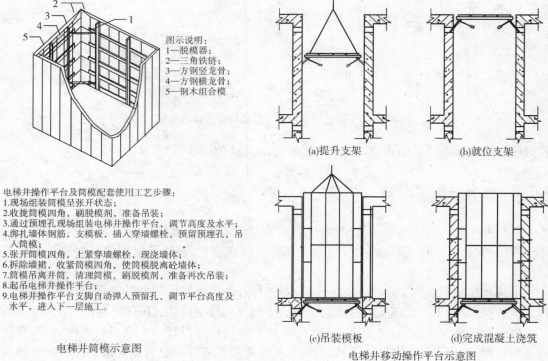

图示说明：
1—脱模器；
2—三角铁链；
3—方钢竖龙骨；
4—方钢横龙骨；
5—钢木组合模

(a)提升支架

(b)就位支架

电梯井操作平台及筒模配套使用工艺步骤：
1.现场组装筒模呈张开状态；
2.收拢筒模四角，刷脱模剂，准备吊装；
3.通过预埋孔现场组装电梯井操作平台，调节高度及水平；
4.绑扎墙体钢筋，支模板，插入穿墙螺栓，预留预埋孔，吊
入筒模；
5.张开筒模四角，上紧穿墙螺栓，现浇墙体；
6.拆除墙裙，收紧筒模四角，使筒模脱离砼墙体；
7.筒模吊离井筒，清理筒模，刷脱模剂，准备再次吊装；
8.起吊电梯井操作平台；
9.电梯井操作平台支脚自动弹入预留孔，调节平台高度及
水平，进入下一层施工。

(c)吊装模板

(d)完成混凝土浇筑

电梯井筒模示意图

电梯井移动操作平台示意图

图4-8 电梯井模板支设示意图

4.1.3 模板质量检查

模板安装完成后,应对其进行质量检查,经检查验收合格后,方可以进行下一工序的施工。模板检查的内容如下:

(1)模板应平整,且拼缝严密不漏浆,并应有足够的刚度、强度,吸水性要小。模板构造应牢固稳定,可承受砼拌和物的侧压力和施工荷载,且应装拆方便,结构内的钢筋或绑扎钢丝不得接触模板。固定模板用的螺栓必须穿过砼结构时,采用工具式螺栓、螺栓加堵头、螺栓上加焊 10 cm × 10 cm 方形止水环,使模板固定并拉紧,搭设钢管系统模架。拆模时,防水砼的强度等级必须大于设计强度等级的70%,砼表面温度与环境温度之差不应大于15℃,要注意勿使防水砼结构受到损坏。

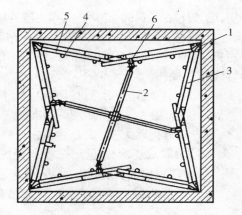

图4-9 电梯井钢模成套模板支设图
1—单轴铰链;2—花篮螺丝脱模器;
3—平面大模板;4—主肋;5—次肋;6—连接板

(2)必须符合《GB 50204—2002 混凝土结构工程施工及验收规范》及相关规范要求。

(3)现浇结构模板安装的偏差应符合表4-1的规定。

表4-1 模板安装和预埋件、预留孔洞的允许偏差和检验方法

项次	项 目		允许偏差(mm)	检验方法
1	轴线位移	基础	5	尺寸检查
		柱、墙、梁	5	
2	标 高		±5	用水准仪或拉线和尺量检查
3	截面尺寸	基础	±5	尺量检查
		柱、墙、梁	+4,-5	
4	每层垂直度		3	用2 m托线板检查
5	相邻两板表面高低差		2	用直尺和尺量检查
6	表面平整度		5	用2 m靠尺和楔形塞尺检查
7	预埋钢板中心线位移		3	拉线和尺量检查
8	预埋管预留孔中		3	
9	预埋螺栓	中心线位移	2	
		外露长度	+10,0	
10	预留洞	中心线位移	10	
		截面内部尺寸	+10,0	

4.1.4 模板拆除

模板拆除注意事项如下:

(1)模板的拆除时间,取决于砼硬化的强度,根据同条件养护的拆模试块抗压强度进行判

定,梁、板模板的拆除,必须在其满足规范规定的拆模构件强度要求后,经施工员同意才能进行。

(2)柱、墙模板拆除原则:一是不粘膜,二是不缺楞掉角,三是有足够的强度。过早拆模,可提高模板的周转率,也可为其他工作创造条件,但是要讲科学依据,绝不允许凭主观想象冒险施工操作。

(3)拆模时不要用力过猛过急,拆下来的模板要及时搬走,拆除梁底板时应从中间向两边拆。拆模顺序:先支的后拆,后支的先拆,先拆非承重部分,后拆承重部分。复杂的模板拆除,事先制订拆除方案,按方案实施。

(4)拆除后逐块传递下来,不得抛掷,不得堆在作业层上及脚手架上,拆下后清理、整修干净后涂刷脱模剂,按规格、型号、分类堆放整齐,以便再用。

(5)模板拆除底模及支架时砼强度应符合规范的规定。

4.1.5 质量保证措施

为确保模板安装质量,需采取如下质量保证措施:

(1)所有梁、柱均有翻样给出模板排列图和排架支撑图,经项目工程师审核后交班组施工,特殊部位应增加细部构造大样图。

(2)模板使用前,对变形、翘曲超出规范的应即刻退出现场,不予使用,模板拆除下来,应将砼残渣、垃圾清理干净,重新刷隔离剂。

(3)在板、梁底部均考虑垃圾清理孔,以便将垃圾冲洗排出后再封闭。

(4)模板安装完毕后,应由专业人员对轴线、标高、尺寸、支架、扣件螺栓、拉结螺栓进行全面检查。浇砼过程中应由技术好、责任心强的操作工"看模",发现问题及时报告。

(5)所有挂板、梁内的孔洞模必须安装正确,并作加固处理,防止浇筑时振跑或因砼的浮力而浮动。

4.1.6 安全技术措施

(1)进入施工现场必须戴好安全帽,扣好帽带,支模架搭设时要系好安全带。

(2)每天工作前要检查使用的工具是否齐全、牢固,扳手等工具用绳链系于身上,以免坠落伤人。工作时要思想集中,防止钉子扎脚和空中滑落,增强自我保护意识和保护别人的意识。

(3)模板支撑不得使用腐朽扭裂的材料,顶撑要垂直,底脚平整、坚实并垫木,支模应按工序进行,模板没有固定前,不得进行下一道工序,禁止利用拉杆支撑攀登上下。

(4)施工时注意机械设备、电气设备使用安全,起吊时应用卡环和安全吊钩,不得斜牵起吊,严禁操作人员随模板起落。

(5)在砼浇捣时发现钢管架扣件有松动时,应立即报告施工员或安全员让其在松动扣件下方加扣件稳固,绝不允许去碰拧松动扣件。模板拆除过程中,如发现砼有影响结构安全的质量问题时,应停止拆除,并报技术负责人研究处理后再进行拆除。

4.1.7 楼梯施工的质量通病与防治

1. 楼梯施工质量通病

楼梯混凝土浇筑完后容易出现楼梯侧边露浆、麻面、底部不平等质量缺陷,称楼梯施工质量通病。

2. 质量通病原因分析

楼梯施工质量通病从原因上分析有以下两种情况：

(1) 楼梯底模采用钢模板，遇有不能满足模数配齐时，以木模板相拼，楼梯侧帮模也用木模板制作，易形成拼缝不严密，造成跑浆。

(2) 底板平整度偏差过大，支撑不牢靠。

3. 质量通病防治措施

防治楼梯施工质量通病的措施如下：

(1) 侧帮在梯段处可用钢模板，以 2 mm 厚薄钢板模和 8 号槽钢点焊连接成型，每步两块侧帮必须对称使用，侧帮与楼梯立帮用 U 形卡连接；

(2) 底模应平整，拼缝要严密，符合施工规范要求，若支撑杆细长比过大，应加剪刀撑撑牢；

(3) 采用胶合板组合模板时，楼梯支撑底板的木龙骨间距宜为 300 ～ 500 mm，支承和横托的间距为 800 ～ 1000 mm，托木两端用斜支撑支柱，下用单楔楔紧，斜撑间用牵杠互相拉牢，龙骨外面钉上外帮侧板，其高度与踏步口齐，踏步侧板下口钉 1 根小支撑，以保证踏步侧板的稳固。

4.1.8　电梯井模板施工方案(案例)

4.1.8.1　工程概况

某工程电梯井为钢筋混凝土剪力墙，总高为 73.9 m，电梯井剪力墙最大厚度为 300 mm。

4.1.8.2　施工准备工作

1. 材料准备

细读施工图纸，根据施工图纸设计要求计划各类构件的数量及规格，为绘制配模图做好准备。进场的木枋要经检验合格后方可使用，对部分弯曲、变形的木枋要用平刨机刨平。进场的钢管要调直，各类扣件要及时清洗，更换锈蚀或"咬死"的螺杆。

2. 模板的配置及发放

绘制配模图，参考模板模数与墙的净空尺寸，对墙模板进行组合配模，以求最大限度地保证材料使用率，减少浪费。配模采用专人负责，并设置专门的木工车间，采用合金钢锯片锯模，保证锯路的平直。配置成型的模板需用手电刨将锯口边缘刨平整、光滑，以保证模板拼接时的接缝严密，不漏浆。模板配置完毕后应分类堆放，并做好标识。

3. 施工人员教育

施工人员教育分安全教育和技术教育：

(1) 安全教育：参加支模人员必须经过项目安全员、主管工长、劳资员及保卫组织的项目安全常识系统教育，并建立相应的档案资料。针对施工过程中阶段性出现的具有特定性的安全问题及隐患，工长必须现场作针对性交底并做记录。

(2) 技术教育：通过项目技术负责人及主管工长、劳资参与的技术教育，施工班组应对支模质量要求、质量通病的过程预防有感性认识。在施工工作面的第一阶段作业展开后，项目技术负责人、主管工长应在现场对一些具体的施工节点处理及质量通病的预防处理作现场交底,并形成记录。工长负责贯彻落实。

4.1.8.3　电梯井基坑施工

电梯井基坑采用木夹板安装,安装模板前,复查中心线位置,弹出墙体边线及轴线检查线,将平水点 -5.7 m 引到基坑的钢筋上,再在 -5.7 m 处的基坑钢筋上焊短筋 ϕ 12@500 mm 作支承基坑模板底用,使基坑底板砼的厚度保持准确,再在距基坑壁为 $500\sim600$ mm 基坑底的底面筋焊接支撑钢筋 ϕ 20@750 mm 作为固定支撑基坑壁模板用。安装完成后,必须经现场工程师及技术人员检验合格认可后才能进行下一步的施工。

4.1.8.4　电梯井剪力墙施工

电梯井剪力墙施工要点如下:

(1)制作安装要求:能确保工程结构构件各部形状的正确,并具有足够的强度、刚度和稳定性,能可靠地承受新浇混凝土侧压力及施工过程中产生的荷载,同时要考虑构造简单、装拆方便、严密不漏浆的要求。

(2)为方便施工,减少整板的裁割,要针对标准层各层墙体按配板原则逐一绘制配板图,并要求确定加固及穿墙螺杆的位置,装好模板后要逐一编号,同号模板在上层同样位置使用,又起到控制墙厚的作用。

(3)模板的安装要求:复查墙模板安装位置的定位基准,按放线位置钉好压脚板,按位置线安装门洞口模板,然后把预先拼装好的一侧模板按位置线就位,安装拉杆或斜撑,插入穿墙螺栓和塑料套管。穿墙螺栓用 ϕ 12 mm,竖向间距为 600 mm,横向间距为 350 mm。清扫墙内杂物,再用同种方法安装另一侧模板,在顶部用线锤吊直,拉线找平,调整就位后撑牢钉实,使模板垂直度、平整度符合质量要求后,拧紧穿墙螺栓。模板安装校正完毕,应检查一遍扣件、螺栓是否紧固,模板拼缝及底边是否严密,门洞边的模板支撑是否牢固等,并办预检手续。

4.1.8.5　拆模要求

剪力墙模板必须待混凝土强度达到 1.2 MPa 以上时方可拆除,拆模程序一般先拆斜撑,然后拆掉穿墙螺栓,再按先支的后拆,后支的先拆,顺序拆除。拆下的模板应及时清理粘结物,修理并涂刷隔离剂,分类堆放整齐备用。

4.1.8.6　模板质量要求

(1)所有模板表面应光洁、平整。为了增加模板周转次数,并防止污染混凝土表面,所有模板应涂刷脱模剂。

(2)具体施工时验收标准:模板的轴线位移不大于 3 mm;截面尺寸偏差为 +4、−5 mm;垂直度偏差为 +3 mm 以内;接缝高低差不大于 2 mm,模板表面平整度不大于5 mm。在模板施工完毕后,需经专职质检员、分管施工员验收达到样板标准并填写书面记录后,方可进行下一道工序的施工。

4.1.8.7　安全措施

模板施工安全措施如下:

(1)登高作业时,连接件必须放在箱盒或工具袋中,严禁放在模板或脚手板上,扳手等各类工具必须系挂在身上或放置于工具袋内,不得掉落。

(2)结构施工中,必须按规定支搭安全防护网。电梯井内的安全网可以用穿墙螺栓固定。

(3)安装剪力墙模板时,应随时支撑固定,防止倾覆。

(4)模板安装完毕应及时清理木糠及其他杂物,防止火灾发生。

(5)装拆模板必须有稳固的登高工具或脚手架,高度超过 3.5 m 时,必须搭设脚手架。装拆过程中,除操作人员外,下面不得站人,高处作业时,操作人员应挂安全带。

4.1.8.8 电梯井壁墙模板验算

1.电梯井基坑壁墙模板验算

本工程采用商品混凝土,浇注速度为 2 m/h,坍落度为 110 ~ 150 mm,混凝土温度为 25℃,则墙模板承受侧向压力:

$$F = 0.22\gamma_c \, t_0\beta_1\beta_2 V^{1/2}$$

式中　F——新浇混凝土对模板的侧压力;

γ_c——混凝土的重力密度,kN/m^3;

t_0——新浇混凝土的初凝时间,h,缺资料时,可按 $t_0 = 200/(T+15)$ 计算,其中 T 为混凝土温度;

β_1——外加剂影响系数;

β_2——混凝土坍落度影响系数;

V——混凝土浇筑速度。

将 $\gamma_c = 24 \ kN/m^3$,$T = 25℃$,$\beta_1 = 1.2$,$\beta_2 = 1.15$,$V = 2 \ m/h$ 代入以上公式得:

$$F = 0.22 \times 24 \times \frac{200}{25 + 15} \times 1.2 \times 1.15 \times 2^{1/2}$$

$$= 51.5 \ kN/m^2$$

式中:H 为新浇混凝土的高度,$H = 1.2$ m ,因 $F = \gamma_c H$,则有:

$$F = 24 \times 1.2 = 28.8 \ kN/m^2 < 51.5 \ kN/m^2$$

取较小值 $F = 28.8 \ kN/m^2$。

考虑倾倒砼时产生的水平荷载标准值 $F_1 = 4 \ kN/m^2$,静荷载分项系数 $\gamma_1 = 1.2$,动荷载分项系数 $\gamma_2 = 1.4$,则模板受到的均布荷载为:

$$q = F\gamma_1 + F_2\gamma_2 = 28.8 \times 1.2 + 4 \times 1.4 = 40.16 \ kN/m^2$$

(1)侧模板验算:

①强度验算:

选用木模板的厚度 $h = 20$ mm,$B = 500$ mm,则

截面抵抗矩:

$$W = Bh^2 = 500 \times 20^2/6 = 33333 \ mm^3$$

设 $q_1 = qB = 34.4 \times 0.5 = 17.2 \ kN/m$,$L =$ 模板背楞的间隔 350 mm,按三跨连续梁计算,最大弯矩:

$$M = -0.1q_1L^2 = -0.1 \times 34.4 \times 0.5 \times 0.35^2 = -0.21 \ kN \cdot m$$

模板截面强度:

$$\sigma = M/W = 210000/33333 = 6.3 \ N/mm^2$$

模板的允许抗拉强度 $f_m = 13 \ N/mm^2$,$\sigma < f_m$,故满足强度要求。

②挠度验算：

挠度验算不考虑振动荷载作用，又 $q_2 = FB = 28.8 \times 0.5, L = 350$ mm，$I = Bh^3/12$，$E = 6000$，则模板的挠度：

$$W = 0.677q_2L^4/100EI = \frac{0.677 \times 28.8 \times 0.5 \times 350^4}{(100 \times 6000 \times 500 \times 20^3/12)}$$
$$= 0.73 \text{ mm}$$

模板的允许挠度：$[W] = L/400 = 350/400 = 0.875$ mm > 0.73 mm，故基本满足刚度要求。

（2）竖楞验算：

（选用 80 mm $\times$ 80 mm 竖楞，横楞间隔 $L_1 = 600$ mm，对拉螺栓水平间隔 $L = 350$ mm，竖向间隔为 600 mm。）

①竖楞强度验算：竖楞线荷载 $q_3 = qL = 34.4 \times 0.35$，取竖楞悬臂长度 $m = 0.3$，则弯矩：

$$M = \frac{1}{10}q_3m^2 = 0.1 \times 34.4 \times 0.35 \times 0.3^2$$
$$= 0.11 \text{ kN} \cdot \text{m}$$

竖楞强度：

$$\sigma = \frac{M_{max}}{W} = \frac{M_{max}}{Bh^2/6}$$
$$= \frac{0.11 \times 10^6}{80 \times 80^2/6}$$
$$= 1.29 \text{ N/m}^2 < f_m = 13 \text{ N/m}^2$$

故：满足截面抗弯要求。

②验算挠度（不考虑振动荷载）

n 为竖楞悬臂长与跨长的比值，即 $n = 0.3/0.6 = 0.5$，$E = 9000$ mm，$I = Bh^3/12$（此处，$B = 80$ mm，$h = 80$ mm），$L_1 = 600$ mm，则跨中挠度：

$$W = \frac{q_3L_1^4}{384EI(5 - 24n^2)}$$
$$= \frac{34.4 \times 0.35 \times 600^4}{(384 \times 9000 \times 80 \times 80^3/12) \times (5 - 24 \times 0.5^2)}$$
$$= -0.13 \text{ mm}$$

允许挠度 $[W] = L_1/400 = 600/400 = 1.5$ mm，W 取其绝对值为 0.13 mm。

因为 $W < [W]$，故满足抗挠度要求。

2. 电梯井壁墙模板验算

电梯井墙高 $H = 3300$ mm，厚 300 mm，浇注速度为 2m/h，坍落度为 $50 \sim 90$ mm，混凝土温度为 25℃，则墙模板承受侧向压力：

①$F = 0.22\gamma_c \, t_0\beta_1\beta_2V^{1/2}$

$$F = 0.22 \times 24 \times \frac{200}{25 + 15} \times 1.2 \times 1 \times 2^{1/2} = 44.8 \text{kN/m}^2$$

②$F = \gamma_c \times H = 24 \times 3.3 = 79.2$ kN/m^2 > 44.8 kN/m^2

取较小值 $F = 44.8$ kN/m^2

有效压头高度：$H_1 = F/\gamma_c = 44.8/24 = 1.87$ m

考虑倾倒砼时产生的水平荷载标准值 $F_1 = 4$ kN/m^2,静荷载分项系数 $\gamma_1 = 1.2$,动荷载分项系数 $\gamma_2 = 1.4$,则模板受到的均布荷载为:

$$q = F\gamma_1 + F_1\gamma_2$$
$$= 44.8 \times 1.2 + 4 \times 1.4$$
$$= 59.36 \text{ kN/m}^2$$

由于混凝土倾倒产生的荷载仅在有效压头高度范围内起作用,倾倒砼时产生的水平荷载可略去不计,考虑到模板结构不确定的因素较多,同时亦不考虑荷载折减,取 $q = 44.8 \times 1.2 = 53.76$ kN/m^2。

（1）竖楞木间距（即侧板的跨度）

侧板计算宽度取 1000 mm,楞木间距设为 400 ～ 600 mm,截面为 80 mm × 80 mm,则 $l/h = (400 \sim 600)/20 = 20 \sim 30$,根据规范规定,当 $l/h > 13.5$,$E = 9500$,结构计算由挠度控制,则

$$W = \frac{0.677ql^4}{100EI}$$
$$= 0.677 \times 53.76 \times l^4/(100 \times 9500 \times bh^3/12) = l/400$$
$$0.677 \times 53.76 \times l^4/(100 \times 9500 \times 1000 \times 20^3/12) = l/400$$

算得 $l = 352$ mm,取竖楞间距 $L = 350$ mm。

（2）钢横楞验算

选用 2Φ48 × 3.5 钢管,取钢横楞间距为 $L_1 = 600$ mm,由（1）计算得 $L = 350$ mm,查材料特性表得 $W = 5080$ mm^3。

其钢横楞受到的荷载为 $q_4 = qL_1 = 53.76 \times 0.6 = 32.26$ N/mm

$$M = 1/8q_4L^2 = 1/8 \times 32.26 \times 0.35^2 = 0.49 \text{ kN·m}$$
$$\sigma = M/2W = 0.49 \times 10^6/(5080 \times 2)$$
$$= 48 \text{ N/mm}^2$$

允许弯曲应力 $[\sigma] = 215$ N/mm^2,$\sigma < [\sigma]$,故满足要求。

（3）对拉螺丝的直径和间距计算

对拉螺丝的拉力:$F = 53.76 \times 0.6 \times 0.35 = 11.3$ kN

需要螺栓净截面积:$A = F/f_m = 11.3 \times 10^3/170 = 66$ mm^2

选用 M12 螺栓,通过查表得净面积为 76 mm^2 > 66 mm^2,故满足要求。

4.2 任务二:楼梯、电梯井的钢筋施工

楼梯、电梯井的钢筋施工任务包括钢筋配料计算、钢筋的加工和安装以及验收等。

4.2.1 钢筋的配料计算

楼梯的配筋因楼梯的结构形式不同而有所不同,在进行楼梯钢筋配料计算时,必须熟读结构施工图和有关规范,这样才能正确地计算楼梯的钢筋下料长度。如图 4 - 10 所示,是

HT 型楼梯的钢筋构造布置图,图中描绘了楼梯各种钢筋的构造要求,包括钢筋伸入支座的长度要求和钢筋末端弯曲的形式等。电梯井的钢筋与混凝土墙体钢筋相类似,为竖向的双层钢筋网。

钢筋的配料计算实例:如图 4-11 所示,为一楼梯的钢筋布置图,楼梯宽为 1 200 mm,混凝土的保护层厚为 20 mm,混凝土强度设计等级为 C25,二级抗震设防,根据此钢筋布置图和规范对楼梯钢筋的构造要求,计算钢筋的下料长度列于表 4-2。

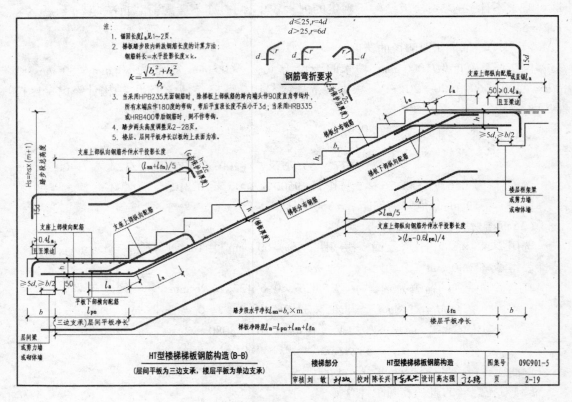

图 4-10　HT 型楼梯梯板钢筋构造图

表 4-2　TB-1(±0.00 至 1.750)钢筋配料表

筋号	级别	直径	简图	计算公式	长度(mm)	根数	每米重(kg/m)	单根重(kg)	总重(kg)
1	Φ	12	3750		3 750	8	0.888	3.330	26.640
2	Φ	12	150 1000 80	150 + 1 000 + 80	1 230	16	0.888	1.092	17.472
3	Φ	6	1160		1 160	19	0.222	0.258	4.902

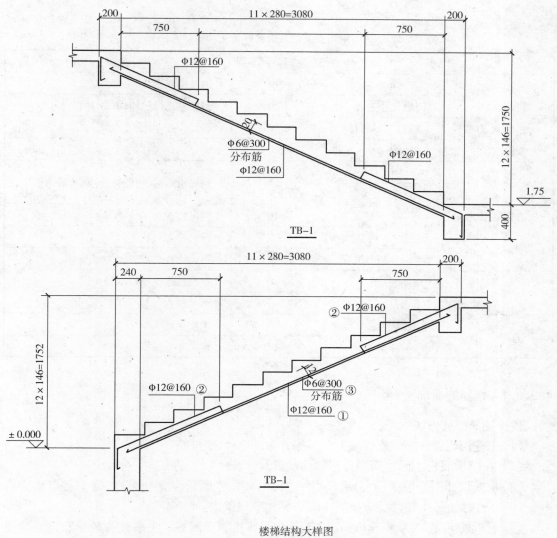

图 4 - 11　楼梯钢筋图

4.2.2　钢筋的加工与安装

钢筋的加工有除锈、调直、下料剪切及弯曲成型。钢筋加工的形状、尺寸应符合设计要求,其偏差应符合表 4 - 3 的规定。钢筋安装位置的偏差应符合表 4 - 4 的规定。

表 4 - 3　钢筋加工的允许偏差

项　　目	允许偏差(mm)
受力钢筋顺长度方向全长的净尺寸	± 10
弯起钢筋的弯折位置	± 20
箍筋内净尺寸	± 5

表 4 - 4　钢筋安装位置的允许偏差和检验方法

项　目		允许偏差(mm)	检验方法
绑扎钢筋网	长、宽	±10	钢尺检查
	网眼尺寸	±20	钢尺量连续三档,取最大值
绑扎钢筋骨架	长	±10	钢尺检查
	宽、高	±5	钢尺检查
受力钢筋	间距	±10	钢尺量两端、中间各一点,取最大值
	排距	±5	
	保护层厚度　基础	±10	钢尺检查
	保护层厚度　柱、梁	±5	钢尺检查
	保护层厚度　板、墙、壳	±3	钢尺检查
绑扎箍筋、横向钢筋间距		±20	钢尺量连续三档取最大值
钢筋弯起点位置		20	钢尺检查
预埋件	中心线位置	5	钢尺检查
	水平高差	+3.0	钢尺和塞尺检查

4.2.2.1　楼梯钢筋绑扎

楼梯钢筋绑扎方法如下:

(1)工艺流程:画位置线 →绑主筋→绑分布筋 →绑踏步筋。

(2)在楼梯底板上画主筋和分布筋的位置线。

(3)根据设计图纸中主筋、分布筋的方向,先绑扎主筋后绑扎分布筋,每个交点均应绑扎。如有楼梯梁时,先绑梁后绑板筋。板筋要锚固到梁内。

(4)底板筋绑完,待踏步模板吊绑支好后,再绑扎踏步钢筋。主筋接头数量和位置均要符合施工规范的规定。

4.2.2.2　电梯井钢筋绑扎

电梯井的钢筋绑扎方法如下:

(1)工艺流程:立2～4根竖筋→画水平筋间距→绑定位横筋→绑其余横竖筋。

(2)立2～4根竖筋,将竖筋与下层伸出的搭接筋绑扎,在竖筋上画好水平筋分档标志,在下部及齐胸处绑两根横筋定位,并在横筋上画好竖筋分档标志,接着绑其余竖筋,最后再绑其余横筋。横筋在竖筋里面或外面应符合设计要求。

(3)竖筋与伸出搭接筋的搭接处需绑3根水平筋,其搭接长度及位置均符合设计要求,设计无要求时,应符合本书中"纵向受拉钢筋的最小搭接长度表"。

(4)电梯井筋应逐点绑扎,双排钢筋之间应绑拉筋或支撑筋,其纵横间距不大于600 mm,钢筋外皮绑扎垫块或用塑料卡。

(5)电梯井水平筋在转角、十字节点等部位的锚固长度以及洞口周围加固筋等,均应符合设计、抗震要求。

（6）合模后对伸出的竖向钢筋应进行修整，在模板上口加角铁或用梯子筋将伸出的竖向钢筋加以固定，浇筑混凝土时应有专人看护，浇筑后再次调整以保证钢筋位置的准确。

4.3 任务三:楼梯、电梯井的混凝土施工

楼梯、电梯井的混凝土施工任务是完成已经准备好的楼梯、电梯井浇筑仓面的混凝土入仓、振捣和养护等工作。

4.3.1 楼梯混凝土浇筑

根据楼梯的结构特点，楼梯混凝土浇筑时应遵循以下要点:

（1）楼梯段混凝土自下而上浇筑，先振实底板混凝土，达到踏步位置时再与踏步混凝土一起浇捣，不断连续向上推进，并随时用木抹子(或塑料抹子)将踏步上表面抹平。

（2）施工缝位置:楼梯混凝土宜连续浇筑，多层楼梯的施工缝应留置在楼梯段 1/3 的部位。

（3）所有浇筑的混凝土楼板面应当扫毛，扫毛时应顺一个方向扫，严禁随意扫毛，影响混凝土表面的观感。

4.3.2 电梯井的混凝土浇筑

根据电梯井的结构特点，电梯井混凝土浇筑应遵循以下要点:

（1）浇筑混凝土前，先在底部均匀浇筑 5 ～ 10 cm 厚与墙体混凝土同配比减石子砂浆，并用铁锹入模，不应用料斗直接灌入模内。

（2）浇筑墙体混凝土应连续进行，间隔时间不应超过 2 h，每层浇筑厚度按照规范的规定实施，因此必须预先安排好混凝土下料点位置和振捣器操作人员数量。

（3）振捣棒移动间距应小于 40 cm，每一振点的延续时间以表面泛浆为度，为使上下层混凝土结合成整体，振捣器应插入下层混凝土 5 ～ 10 cm。振捣时注意钢筋密集及洞口部位，为防止出现漏振，须在洞口两侧同时振捣，下灰高度也要大体一致。大洞口的洞底模板应开口，并在此处浇筑振捣。

（4）墙体混凝土浇筑高度应高出板底 20 ～ 30 mm。混凝土墙体浇筑完毕之后，将上口伸出的钢筋加以整理，用木抹子按标高线将墙上表面混凝土找平。

4.3.3 养护

混凝土浇筑完毕后，应在 12 h 以内加以覆盖和浇水，浇水次数应能保持混凝土有足够的润湿状态，养护期一般不少于 7 昼夜。

4.3.4 成品保护

楼梯、电梯井施工的成品保护措施如下：

（1）要保证钢筋和垫块的位置正确，不得踩楼板、楼梯的分布筋、弯起钢筋，不触动预埋件和插筋。在楼板上搭设浇筑混凝土使用的浇筑人行道，保证楼板钢筋的负弯矩钢筋的位置。

（2）不得用重物冲击模板，不在梁或楼梯踏步侧模板上踩踏，应搭设跳板，保持模板的牢固和严密。

（3）已浇筑楼板、楼梯踏步的上表面混凝土要加以保护，必须在混凝土强度达到1.2 MPa以后，方准在面上进行操作及安装结构用的支架和模板。

（4）在浇筑混凝土时，要对已经完成的成品进行保护，对浇筑上层混凝土时流下的水泥浆要派专人及时清理干净，洒落的混凝土也要随时清理干净。

（5）对阳角等易碰坏的地方，应当有保护措施。

（6）冬期施工在已浇的楼板上覆盖时，要在脚手板上操作，尽量不踏脚印。

4.3.5 应注意的质量问题

楼梯、电梯井施工应注意的质量问题如下：

（1）蜂窝：原因是混凝土一次下料过厚，振捣不实或漏振，模板有缝隙使水泥浆流失，钢筋较密而混凝土坍落度过小或石子过大，柱、墙根部模板有缝隙，以致混凝土中的砂浆从下部涌出。

（2）露筋：原因是钢筋垫块位移、间距过大、漏放、钢筋紧贴模板造成露筋，或梁、板底部振捣不实，也可能出现露筋。

（3）孔洞：原因是钢筋较密的部位混凝土被卡，未经振捣就继续浇筑上层混凝土。

（4）缝隙与夹渣层：施工缝处杂物清理不净、未浇底浆、振捣不实等原因，易造成缝隙、夹渣层。

（5）现浇楼板面和楼梯踏步上表面平整度偏差太大，主要原因是混凝土浇筑后，表面不用抹子认真抹平。冬期施工在覆盖保温层时，上人过早或未垫板进行操作。

复 习 题

1. 楼梯、电梯井的模板支设有何特点？
2. 楼梯、电梯井模板支设的顺序是什么？
3. 楼梯、电梯井模板拆除有何规定？拆除时应注意些什么？
4. 楼梯、电梯井钢筋安装工艺流程是什么？
5. 钢筋绑扎应注意的问题是什么？
6. 混凝土浇筑应注意的质量问题是什么？

项目5 剪力墙的施工

5.1 任务一:剪力墙模板施工

5.1.1 剪力墙模板的支设方法

5.1.1.1 剪力墙模板安装方案

剪力墙的模板安装方案有拼装式(图5-1)、大模板(图5-2,图5-3)、滑升式(图5-4)和爬升式(图5-5)模板。一般模板选材:面板采用钢板(厚 $t=3\sim5$ mm)和竹、木胶合板(厚 $t=15\sim20$ mm)。水平加劲肋采用 $\llcorner$ 65 或 [65,间距 $L=300\sim500$ mm。竖楞采用每道两根[65或[80,背靠背,间距 $1\sim1.2$ m。剪力墙模板的支模图如图5-6所示。

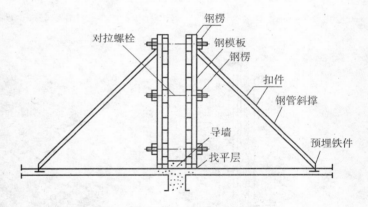

图5-1 墙体拼装式模板示意图

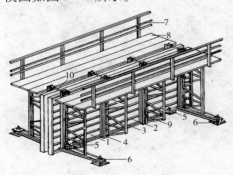

图5-2 墙体大模板示意图
1—面板;2—水平加劲肋;3—支撑桁架;4—竖楞;5—调整水平度的螺旋千斤顶;6—调整垂直度的螺旋千斤层;7—栏杆;8—脚手板;9—穿墙螺栓;10—固定卡具

图5-3 墙体大模板安装图

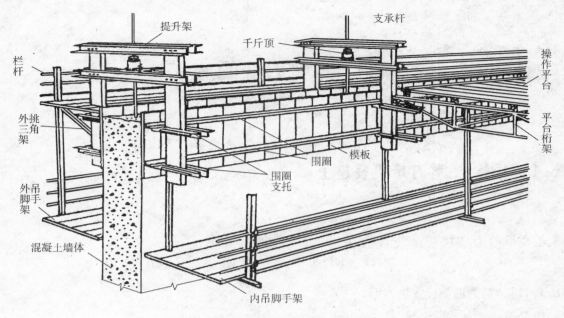

图 5 - 4　墙体滑升模板示意图

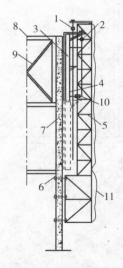

图 5 - 5　墙体爬升模板示意图

1—提升外模板的葫芦;2—提升外爬架的葫芦;3—外爬升模板;4—顶留孔;5—外爬架(包括支承架和附墙架);6—螺栓;7—外墙;8—楼板模板;9—楼板模板支承;10—模板校正器;11—安全网

图 5 - 6　剪力墙的支模图

5.1.1.2　剪力墙模板施工要点

剪力墙模板施工要点如下:

（1）安装前刷好隔离剂。

（2）对号入座，按线就位，调平、调垂直后，穿墙螺栓及卡具拉牢。

（3）混凝土分层浇捣，门窗洞口两侧等速浇筑。

（4）混凝土强度达到 1 N/mm² 后可拆模（拆后养护），达到 4 N/mm² 后可安装楼板（常加硬架）。

（5）存放时按自稳角斜放，面对面。

（6）墙模安装工艺流程：安装前检查、清扫→预留洞口模板→一侧墙模就位并临时固定→安装斜撑→放置穿墙螺栓→安装另一侧墙体模板→安装斜撑→穿墙螺栓就位连接→模板位置及垂直度调整→紧固穿墙螺栓→斜撑固定。

5.1.1.3 钢大模板加工与安装

1. 钢大模板加工质量要求

（1）加工制作模板所用的各种钢材和焊条以及模板的几何尺寸必须符合设计要求；加工偏差必须符合表 5－1 的质量标准。

（2）各部位焊接牢固，焊缝尺寸符合要求，不得有漏焊、夹渣、咬肉、开焊等缺陷。

（3）毛刺、焊渣要清理干净，除锈要彻底，防锈漆涂刷要均匀。

表 5－1　钢大模板加工允许偏差

检查项目	允许偏差（mm）	检查方法
表面平整	2	用 2 m 靠尺和楔尺检查
平面尺寸	±2	钢卷尺
对角线误差	3	钢卷尺
螺孔位置	2	钢卷尺

2. 钢大模板安装前的准备工作

（1）安排好大模板的堆放场地。由于大模板体形大、比较重，故应堆放在塔机的工作半径范围内，以便于直接吊运。大模板堆放场地应坚实、无沉降、排水畅通。

（2）技术交底。针对大模板工程施工特点，做好施工班组的技术交底工作。

（3）做好测量放线工作。测量放线是建筑施工的先导，只有保证测量放线的精度才能保证模板安装位置的准确。弹出水平标高控制线、轴线及水平线后，应由有关人员进行复验。

（4）涂刷脱模剂。脱模剂是大模板施工准备工作中一项重要的内容。脱模剂的选择与应用，对于防止模板与砼粘结、保护模板、延长模板的使用寿命，以及保持砼表面的洁净与光滑，都起着重要的作用。本工程选择水质脱模剂。拆模后先用柴油清洗面板，然后再涂刷脱模剂。

（5）大模板的试组装。在正式安装大模板之前，由模板公司进行技术交底，应根据模板的编号进行试验性安装，以检查模板的各部位尺寸是否合适，操作平台架及后支架是否合适，模板的接缝是否严密，如发现问题应及时进行修理，待问题解决后方可正式安装。

（6）检查钢筋、埋件、保护层、预留洞口以及水电线管位置是否准确，并做好预埋、隐蔽工作。

3. 钢大模板的安装

（1）为保证施工质量，模板施工实行样板引路，经三方认可后再进行大面积施工。

（2）安装大模板时,必须按施工组织设计的安排,对号入座吊装就位。安装一侧横墙模板靠吊垂直,并放入穿墙螺栓和塑料管后,再安装另一侧的模板,经靠垂直后,旋紧穿墙螺栓。横墙模板安装后,再安装纵墙模板。安装一间固定一间。

（3）在安装墙模板前板面必须清理干净并刷好隔离剂。检查水电预埋箱盒、预埋件、门窗洞口预埋是否完成;保护层厚度是否满足要求,并办理完隐蔽检查手续,方可进行下道工序的施工。

（4）模板严格按模板配置图支设,为防止模板下口跑浆,在模板下口应用海绵条封严。

（5）模板的安装必须保证位置的准确,立面垂直。先就位的模板可用普通 2 m 长靠尺进行检查,后安装的模板可用双十字吊尺在模板背面靠吊垂直度。发现不垂直时,可通过支撑下的地脚螺栓进行调整。模板的横向应水平一致,发现不平时,可通过模板下部的地脚螺栓进行调整;阴、阳角的模板安装如图 5-7 所示。

（6）模板安装后接缝部位必须严密,为防止漏浆可在接缝部位加贴密缝条。底部若有空隙,应加垫 10 mm 厚的海棉条,让开墙线 5～6 mm,然后在模板下口抹 1:3 水泥砂浆堵缝。

（7）施工过程中应注意成品保护,并随时检查埋件、预留孔洞、水电管线、门窗洞口位置等是否准确。

（8）模板安装完毕后,必须经过检查验收;预检合格后方可浇灌砼。

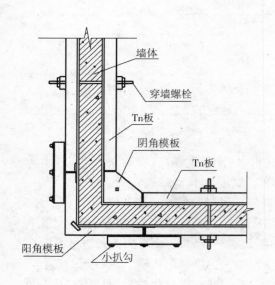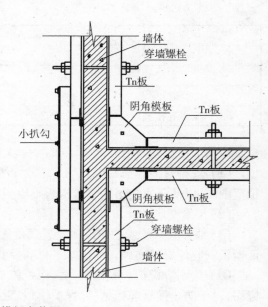

图 5-7　阴、阳角模板安装图

4.钢大模板拆除

（1）单片大模板的拆模顺序是:先拆纵墙模板,后拆横墙模板和门洞模板及组合模板。每块大模板的拆除顺序是:先将连接件,如花篮螺丝、上下卡子、穿墙螺栓等拆除,放入工具箱内,再松动地脚螺栓,使用撬棍撬动模板底部,不得在上口撬动、晃动和用大锤砸模板。

（2）角模的拆除。角模的两侧都是砼墙面,吸附力较大,加之施工中模板封闭不严,或者角模位移,被砼握裹,因此拆模比较困难。可先将模板外表的砼剔除,然后用撬棍从下部撬动,将角模脱出。千万不可因拆模困难用大锤砸角模,造成变形,对以后的支模、拆模造成更大困难。

(3)门窗洞模板的拆除应将调节丝杠收紧后,使面板脱离墙面 30～40 mm 后再离开,要防止将门洞部分的砼拉裂。

(4)角模及门洞模板拆除后,凸出部分的砼应及时剔除。凹进部位或掉角处应用同强度等级水泥砂浆及时进行修补。跨度大于 1 000 mm 的门洞口,拆模后要加设支撑,或延期拆模。

(5)脱模后在起吊大模板前,要认真检查穿墙螺栓是否全部拆完,无障碍后方可吊出。吊运大模板时不得碰撞墙体,以防墙体裂缝。大模板应尽量做到不落地,直接在楼层上进行转移,以减少占用塔机的时间。

(6)大模板及其配套模板拆除后,应及时将模板板面的水泥浆清理干净,刷好脱模剂,以备下次使用。在楼层上涂刷脱模剂时,要防止将脱模剂溅到钢筋和砼板面上。

5. 钢大模板安装质量要求

(1)大模板安装必须垂直,角模方正,位置标高正确,两端水平标高一致。

(2)模板之间的拼缝及模板与结构之间的接缝必须严密,不得漏浆,接缝处均粘贴密缝条。

(3)门窗洞口必须垂直方正,位置准确,采用先立口做法,门框必须固定牢固、连接严密,两侧与模板面接触处粘贴 6 mm×20 mm 海绵条。在浇灌砼时不得位移和变形。

(4)脱模剂必须涂刷均匀。

(5)拆除墙模板时严禁碰撞墙体。对拆下的模板要及时进行清理和保养,发现变形、开焊要及时进行修理。

6. 钢大模板安全技术措施

(1)在编制施工组织设计时,必须针对大模板的特点制定行之有效的安全措施,并层层进行安全技术交底,经常进行检查,加强安全施工的宣传教育工作。

(2)大模板的堆放场地,必须坚实平整。

(3)吊装大模板和预制构件,必须采用自锁卡环,防止脱扣。

(4)吊装作业要建立统一的指挥信号。吊装工要经过培训,当大模板等吊件就位或落地时,要防止摇晃碰人或碰坏墙体。

(5)要按规定支设好安全网,在建筑物的出入口,必须搭设安全防护棚。

(6)楼板洞口要设置防护板,楼梯处要设置护身栏。

7. 钢大模板的堆放、安装和拆除安全措施

(1)大模板的存放应满足 75°～80° 自稳角要求,并采取背对背堆放。长期堆放时,应用杉槁通过吊环把各块大模板连在一起。没有支架或自稳角不足的大模板,要存放在专用的插放架上,不得靠在其他物体上,防止滑移倾倒。

(2)在楼层上放置大模板时,必须采取可靠的防倾倒措施,防止碰撞造成坠落。遇有大风天气,应将大模板与建筑物固定。

(3)安装或拆除大模板时,操作人员和指挥员必须站在安全可靠的地方,防止意外伤人。

(4)拆模后起吊模板时,应检查所有的穿墙螺栓和连接件是否全都拆除,在确无遗漏、模板与墙体完全脱离后,方准起吊。待起吊高度超过障碍物后,方可转臂行车。

（5）穿墙螺栓。地下外墙采用 M12（M 表示螺栓，12 表示螺栓直径 12 mm）对拉螺栓加焊 5 mm 厚 50 mm×50 mm 止水片，长度因墙厚不同而各异；地下内墙及地上墙体部分采用 M12 对拉螺栓加 PVC（聚氯乙烯塑料管）套管。对拉螺栓水平间距为 600 mm，竖向间距为 600 mm。对拉螺栓距模板下口 2/3 墙高以下采用双螺帽。

（6）模板支设。为防止内墙支模板时下口漏浆，安装模板前，应将墙内杂物清扫干净，在模板下口粘有海绵条，以解决由于地面不平造成的漏浆。模板施工时，采用钢管脚手架作为操作平台。

8. 质量控制注意点

（1）浇筑砼前必须检查支撑是否可靠、扣件是否松动。浇筑砼时必须由模板支设班组安排专人看模，随时检查支撑是否变形、松动，并组织及时恢复。

（2）所有接缝处加粘海绵条。

（3）模板上墙前仔细检查脱模剂是否涂刷均匀。

（4）模板安装允许偏差应符合表 5 - 2 的要求。

表 5 - 2　模板安装允许偏差

序号	项　　目		允许偏差（mm）	检验方法
1	轴线位移	基础	5	尺量检查
		柱、墙、梁	3	尺量检查
2	标高		+2，-5	水准仪
3	截面尺寸	基础	±10	尺量检查
		柱、墙、梁	+4，-5	尺量检查
4	每层垂直度		3	2 m 托线板
5	大模内部相邻两板表面高低差		2	直尺和楔形塞尺
6	表面平整度		5	2 m 靠尺和楔形塞尺
7	预埋钢板（管、孔）中心线位移		3	拉线和尺量
8	预埋螺栓	中心线位移	2	拉线和尺量
		外露长度	+10，-0	尺量
9	预留洞	中心线位移	10	拉线和尺量
		截面内部尺寸	+10，-0	尺量

5.2　任务二：剪力墙钢筋施工

剪力墙钢筋的施工任务是钢筋配料、加工、安装和验收。

5.2.1　剪力墙钢筋的配料计算

剪力墙钢筋的配料计算是指根据剪力墙的钢筋布置图和规范要求以及混凝土浇筑分缝

的要求,计算每一浇筑层次剪力墙钢筋的下料长度,并填写钢筋配料表。

例 5-1 某剪力墙钢筋布置图如图 5-8 所示,混凝土保护层为 30 mm,二级抗震设防,混凝土为 C30,计算①轴 Q1 剪力墙钢筋的下料长度,并填写钢筋配料表。

解 ①轴 Q1 剪力墙钢筋的下料长度计算过程从略,钢筋配料表见表 5-3。

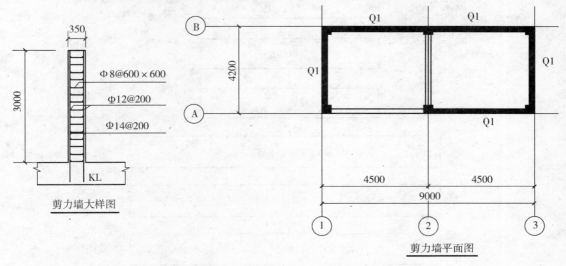

图 5-8 剪力墙钢筋布置图

表 5-3 ①轴 Q1 钢筋配料表

筋号	级别	直径	简图	计算公式	长度(mm)	根数	每米重(kg/m)	单根重(kg)	总重(kg)
1	Φ	14	$l_{aE}=34d$ 476 2970 200	476 + 2 970 + 200	3 646	38	1.208	4.404	167.352
2	Φ	12	4100		4 100	32	0.888	3.641	116.512
3	Φ	8	290	290 + 8 × 6.25 × 2	390	16	0.396	0.154	2.464

5.2.2 墙体钢筋绑扎

墙体钢筋绑扎的作业条件是:轴线、墙边线及控制线已弹好并经过预检验收;混凝土施工缝已凿去表面浮浆并清理干净。墙体钢筋绑扎前,在两侧各搭设两排脚手架,每步高度1.8 m,脚手架上满铺钢脚手板,确保操作人员具有良好的作业环境。

墙体钢筋绑扎包括墙体竖向筋、分布筋、拉结筋、暗柱钢筋和连梁钢筋的绑扎,钢筋绑扎工艺要求如下:

1. 墙体钢筋绑扎工艺流程

墙体钢筋绑扎工艺流程如图 5-9 所示。

2. 墙体钢筋绑扎的基本要求

(1)墙筋绑扎前,用钢丝刷将污染的钢筋清理干净,测量工及时弹出墙体内外边线及控

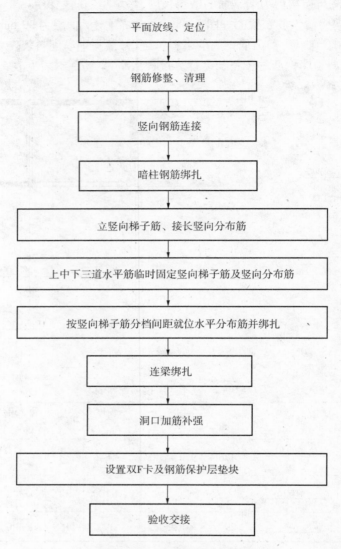

图 5-9　墙体钢筋绑扎工艺流程

制线。混凝土工根据墙体内外边线用扁铲剔凿并将浮浆、石碴清理干净。

（2）校正伸出钢筋位置：

①根据已弹好的墙内外边线,对保护层偏大或偏小的钢筋按 1∶6 的变坡打弯,对钢筋进行校正;对钢筋间距偏差超过 ±5 mm 的也要进行校正。

②校正伸出竖向筋时,第一根竖向筋要求距两侧暗柱边距离为 50 mm,中间钢筋间距按图纸设计要求从中间向两边排列,排至第二根竖向筋时,如钢筋间距不符合图纸要求,允许对其进行调整,但钢筋间距不应大于图纸设计要求,墙体竖向钢筋布置见图 5-10。

3.墙体暗柱钢筋的绑扎

暗柱竖向钢筋连接后,在暗柱竖筋对角用粉笔从下往上画箍筋分档间距线,箍筋起步筋距混凝土面为 25 mm,以上为设计间距。从上往下套箍筋,箍筋套完后从下往上绑扎,箍筋

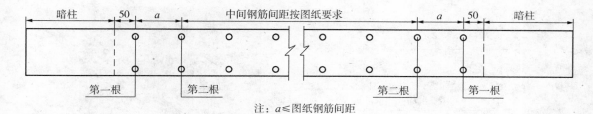

注：$a \leqslant$ 图纸钢筋间距

图5－10　墙体竖向钢筋的布置

与暗柱主筋用20#绑扎丝采用兜扣绑扎，箍筋叠合处沿暗柱主筋顺时针或逆时针交错布置，箍筋与主筋绑扎要到位，同一暗柱大小箍筋要求用绑扎丝分开绑扎，箍筋弯钩要求135°，保证平行。暗柱钢筋绑扎完、用线坠吊垂直后，采用钢管架临时固定。

4. 墙分布筋绑扎

暗柱及端柱钢筋绑扎完后，校正垂直度并用钢管架将暗柱固定后再绑扎墙筋。绑墙水平筋时，根据竖向梯子筋分档间距安放水平分布筋（绑扎前先将梯子筋拉线调平并用上中下水平筋临时固定，竖向梯子筋比墙体立筋大一个等级并代替墙立筋，梯子筋每道墙至少设置2道，并根据墙长在墙中间适当加设1～2道），要求第一道水平分布筋距混凝土结构面不大于50 mm，并在第一道暗柱箍筋之上，墙竖向筋与水平筋的相交点均要用20～22#绑扎丝成八字扣绑扎。竖向钢筋及水平钢筋弯钩要求朝向混凝土内部。

5. 连梁钢筋绑扎要求

（1）墙分布筋绑扎完后，绑扎连梁钢筋，要求根据建筑＋1.0 m线进行量测，确保洞口高度准确。

（2）连梁主筋锚入洞口两侧暗柱内的长度要符合设计锚固要求。

（3）连梁箍筋与主筋用20#绑扎丝采用兜扣绑扎，箍筋叠合处沿连梁上钢筋交错布置。

（4）箍筋135°弯钩保证平行，在进两端暗柱内50 mm处要设置一道箍筋，在暗柱外距暗柱边50 mm处设置第一道起步箍筋。

（5）连梁位置处如有水电预留洞，要求根据设计要求对连梁进行补强。

（6）连梁钢筋绑扎完后，拆除暗柱临时固定架。

6. 水平梯子筋设置

在墙模板上口放置水平梯子筋，水平梯子筋可周转使用，水平梯子筋与墙竖向筋用绑扎丝绑牢。在墙上口设置水平梯子筋可以保证墙竖向筋的间距，保证墙竖向筋的平直。

7. 墙双F卡设置

为确保钢筋保护层到位，保证墙模不向内偏移，在墙高的中部沿墙长方向设置一排双F卡（该位置处，双F卡取代钢筋保护层垫块及墙拉钩），间距600 mm，双F卡见图5－11。

8. 质量检查

检查墙体钢筋歪、扭位现象，调整合格后按要求设置塑料垫圈（垫圈厚度根据保护层厚度选择），塑料垫圈卡在水平钢筋或暗柱箍筋上（在双F卡处可不设置），间距600 mm，梅花形布置。钢筋检查完后，填写钢筋质量验收表，报请监理进行工序验收。

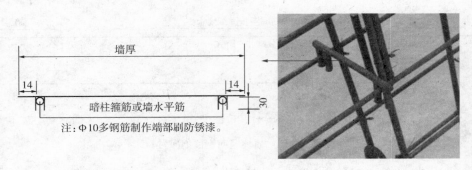

注：Φ10多钢筋制作端部刷防锈漆。

图 5 – 11　双 F 卡图

5.3　任务三:剪力墙混凝土施工

剪力墙混凝土施工的任务是完成已经准备好钢筋和模板的剪力墙浇筑仓位的混凝土运输、入仓、平仓、振捣和养护等工作,同时,在混凝土的浇筑过程中,要做好质量检查工作,按规范要求留置混凝土试块,用以评定混凝土的拌和质量,待混凝土养护到一定龄期时,结合混凝土施工过程质量控制情况、混凝土试块的检测结果和混凝土的外观质量,对混凝土质量进行评定。本节剪力墙混凝土的施工结合某工程的一个案例来加以阐述。

例 5 – 2　某行政办公楼,楼层为 20 层,总建筑高度为 78 m,结构为框剪结构,剪力墙厚为 300 mm,混凝土强度为 C35,钢筋采用热扎三级钢筋,混凝土保护层为 30 mm,混凝土采用商品混凝土,拟定剪力墙的混凝土施工方案。

剪力墙的混凝土施工方案包括混凝土的运输、入仓、平仓、振捣和养护等,阐述如下:

1. 混凝土的运输

本工程混凝土采用商品混凝土,由混凝土生产公司提供。混凝土水平运输采用混凝土搅拌运输车运输,混凝土运至施工现场后,由一台混凝土泵车输送至浇筑仓位直接入仓。混凝土泵车输送混凝土强度为 30 m³/h。

2. 混凝土平仓、振捣和养护

混凝土入仓后,首先采用插入式振捣棒将混凝土拖平,进行平仓,平仓后再对混凝土进行振捣。混凝土浇筑的要点如下:

(1)墙体浇筑混凝土前,应在新浇混凝土与下层混凝土接槎处均匀浇筑约 50 mm 厚与墙体混凝土配比相同的无石子水泥砂浆。

(2)混凝土分层浇筑振捣,每层浇筑厚度控制在 45 cm 左右,浇筑墙体混凝土应连续进行,间隔时间不得超过混凝土终凝时间。

(3)浇筑门窗洞口处混凝土时,应两侧对称下料,两侧同时振捣,振捣棒应距洞边 15 ~ 20 cm。

(4)墙体混凝土振捣时,振捣棒插入下层混凝土内深度不得小于 50 mm,振捣棒的移动间距不得大于 370 mm。振捣效果以表面呈现浮浆和不再沉落为度。既要保证振捣密实,又要避免过振造成漏浆跑浆。

（5）墙体混凝土浇筑完毕后，将上口、施工缝处的钢筋加以清理并及时将落地灰清扫干净。

（6）拆模后应及时喷水养护，养护时间应不少于7昼夜（地下室外墙不少于14昼夜）的浇水，并使混凝土保持湿润状态。

3. 施工缝的留置

施工缝的留置及处理要求如下：

（1）地下室外墙混凝土浇筑竖向施工缝设在混凝土后浇带处，后浇带处加设橡胶止水带。

（2）地下室外墙水平施工缝设在楼板底向上40 mm和楼板面上250 mm处，水平施工缝按防水混凝土要求留成平缝，平缝处加设钢板止水带。

（3）地下室内墙及±0.000以上墙体水平施工缝留置在楼板底向上40 mm处和楼板面，并留成平缝。

（4）施工缝处混凝土浇筑要求如下：

①当原混凝土的强度达到1.2 N/mm^{2}后方可浇筑新混凝土。

②对已硬化的混凝土表面，应清除松动石子以及软弱混凝土层，并用水冲洗干净，湿润后在新老界面处浇筑50 mm厚与混凝土强度相同的水泥砂浆。

③地下室后浇带在地下一层顶板混凝土浇筑完14天后进行封闭，封闭采用C35混凝土，内掺微膨胀剂，并做到振捣密实，加强养护。

4. 混凝土试块的留置

混凝土试件应在混凝土浇筑地点随机抽取，每100 m^{3}混凝土（每一工作班或每一现浇楼层），取样不得少于一次；每次取样至少留置一组标准试件，同条件养护试件的留置组数应根据结构构件的拆模、吊装及施工临时荷载的混凝土强度的实际需要确定。抗渗混凝土连续浇筑量为500 m^{3}以下时，留置2组抗渗试块（一组标准养护，一组同条件养护），每增加250～500 m^{3}时应增留两组抗渗试块。如使用的原材料、配合比或施工方法有变化时，均应另行留置试块。

5. 质量验收标准

混凝土允许偏差项目质量标准如表5-4所示，混凝土的质量保证项目要符合设计和规范要求。

表5-4 混凝土允许偏差项目质量标准

项次	项 目		允许偏差值（mm）	检查方法
1	轴线位置	基础	10	尺量
		墙、梁	5	
2	标高		±5	水准仪、尺量
3	截面尺寸	基础	±5	尺量
		墙、梁	±2	
4	垂直度		5	经纬仪、吊线
5	表面平整度		3	2m靠尺、塞尺
6	角、线顺直		3	线尺

6. 施工安全注意事项

（1）高空作业时，上下施工人员必须配合紧凑，上面的施工人员严禁不系保险带操作，同时防止脚下踏空；下面的施工人员必须戴安全帽，时刻注意高空落物，确保高空作业的安全。

（2）模板支架、底模安装时严格按施工图纸进行，严禁随便变更施工尺寸；工字钢与立柱之间的联系一定要牢固稳定。

（3）安装预埋件时要控制好安装高度与平面位置，严禁出现偏位与超高现象。

（4）浇注混凝土之前在模板内侧涂刷脱模剂，脱模剂宜采用同一品种，不得使用易粘在混凝土上或使混凝土变色的油料；确保模板与钢筋之间有足够的保护层。

（5）浇筑混凝土期间，应设有专人检查模板、钢筋和对拉螺杆等的稳固情况，当发现有松动、变形、移位时，应及时处理。

（6）在浇注混凝土的过程中，施工人员应注意使用插入式振捣棒，防止振捣棒与模板、钢筋、对拉螺杆碰撞所引起的松动、变形、移位。

（7）施工过程中应严格按照工艺操作规程进行，对施工的机械设备在运转中应勤加检查，发现问题及时维修，保证正常运转。

（8）施工前应对机具设备、材料、混凝土配合比及施工布置等进行检查，以保证混凝土拌和质量良好，浇筑过程中不发生故障。

复 习 题

1. 剪力墙模板支撑有何特点？支撑方法有哪些？
2. 剪力墙模板的安装顺序是什么？
3. 剪力墙模板的拆除有些什么要求？
4. 剪力墙模板承受的荷载有哪些？对拉螺杆起什么作用？
5. 钢筋质量检查的内容是什么？
6. 钢筋的锚固长度与哪些因素有关？
7. 剪力墙的混凝土浇筑应注意的问题有哪些？
8. 混凝土质量检查的内容有哪些？
9. 施工安全技术交底内容有哪些？
10. 在建筑结构中，剪力墙的主要作用是什么？

项目6 预应力混凝土构件制作与安装

预应力混凝土结构在我国于1950年开始应用,目前无论是在数量方面还是在结构类型方面均得到迅速发展,预应力技术已经从开始的单个构件发展到预应力结构体系的新阶段。

普通钢筋混凝土的构件在荷载作用下,受拉区的混凝土容易开裂。为了提高混凝土构件的抗裂性,并使高强度钢材能充分发挥作用,在构件受荷载之前,可在混凝土构件受拉区预先施加压应力,当构件在荷载作用下产生拉应力时,首先要抵消混凝土的预压应力,然后随着荷载的不断增加,受拉区混凝土受到拉应力,从而大大改善受拉区混凝土受力性能,推迟裂缝的出现和限制裂缝的开展。这种在混凝土构件受荷以前,对受拉区预先施加压应力的混凝土,称为预应力混凝土。

预应力混凝土与普通混凝土相比,能提高构件的抗裂性、刚度和耐久性,并可节约钢材,减轻结构自重,因而在国内外得到广泛的应用。

预应力混凝土按施工方法不同分为先张法和后张法两大类;按钢筋张拉方式不同可分为机械张拉法、电热张拉法和自应力张拉法。

6.1 任务一:先张法预应力混凝土构件制作与安装

先张法预应力混凝土构件制作与安装是利用先张法完成预应力混凝土构件的制作,并通过起重设备将其安装到建筑物上。先张法是在浇筑混凝土之前,先张拉预应力钢筋,并将预应力钢筋临时固定在台座或钢模上,待混凝土达到一定强度(一般不低于混凝土设计强度的75%),混凝土与预应力筋具有一定粘结力时,放松预应力筋,在预应力筋的弹性回缩力作用下,借助于混凝土与预应力筋之间的粘结力,对构件受拉区混凝土产生预应力。

6.1.1 先张法工艺过程

先张法的工艺过程:张拉固定钢筋→浇混凝土→养护(至75%强度)→放松钢筋,如图6-1所示。

6.1.2 先张法施工的设备

先张法施工设备包括台座、夹具和张拉机械。

6.1.2.1 台座

台座是先张法施工的主要设备之一,它承受预应力筋的全部张拉力。因此,台座要有足

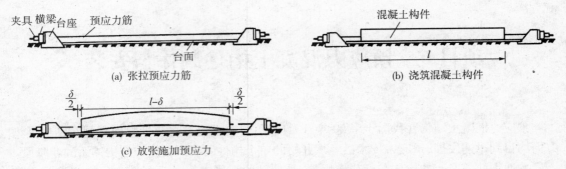

(a) 张拉预应力筋

(b) 浇筑混凝土构件

(c) 放张施加预应力

图6-1　先张法工艺流程图

够的强度、刚度和稳定性；台座按构造形式分墩式台座和槽式台座两类，选用时，根据构件的种类、张拉力的大小和施工条件而定。

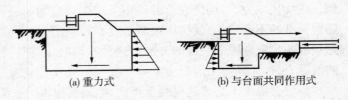

(a) 重力式　　　　(b) 与台面共同作用式

图6-2　墩式台座

（1）墩式台座。墩式台座由传力墩、台面、横梁组成，长度100～150 m，适于中、小型构件，如图6-2所示。

（2）槽式台座。槽式台座由传力柱、上下横梁和砖墙组成，长45～76 m，适于双向预应力构件，易于蒸汽养护，如图6-3所示。

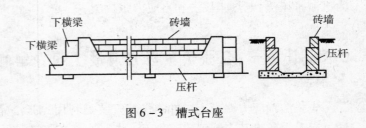

图6-3　槽式台座

6.1.2.2　夹具

夹具是用来固定预应力筋的，按作用不同，可分为锚固夹具和张拉夹具。

（1）锚固夹具

锚固夹具有下列两种形式：

①锥形夹具（锥销式、二片式、三片式），如图6-4所示，适用于锚固单根直径12～14 mm的预应力筋；

②镦头锚具（带槽螺栓、梳子板），如图6-5所示，适用于冷拉筋（热镦）、冷拔丝（热、冷镦）和碳素钢丝（冷镦）。要求镦头强度不低于材料强度的98%，钢丝束长度差值不大于$L/5000$（L为钢丝束长度）且不大于5 mm。成组张拉长度不大于10 m的钢丝，长度极差不大于2 mm。

（2）张拉夹具有偏心式、楔形式夹具

偏心式夹具用作钢丝的张拉，它是由一对带齿的月牙形偏心块组成。偏心块可用工具钢制作，其刻齿部分的硬度较所夹的钢丝硬度大。这种夹具构造简单，使用方便。

楔形式夹具用作直径12～16 mm的HPB235～RRB400级钢筋的张拉夹具。它是由销片和楔形压销组成。

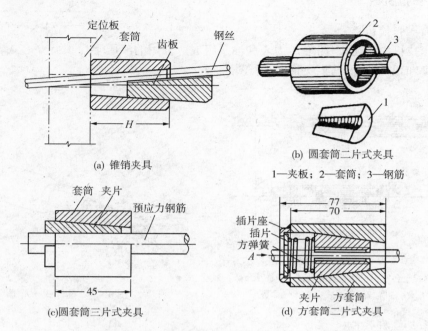

(a) 锥销夹具

(b) 圆套筒二片式夹具

1—夹板；2—套筒；3—钢筋

(c)圆套筒三片式夹具

(d) 方套筒二片式夹具

图6-4 锥形夹具

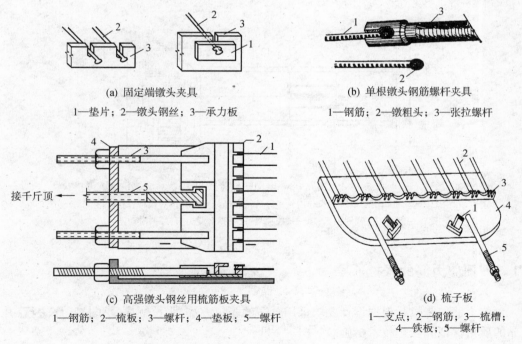

(a) 固定端镦头夹具

1—垫片；2—镦头钢丝；3—承力板

(b) 单根镦头钢筋螺杆夹具

1—钢筋；2—镦粗头；3—张拉螺杆

(c) 高强镦头钢丝用梳筋板夹具

1—钢筋；2—梳板；3—螺杆；4—垫板；5—螺杆

(d) 梳子板

1—支点；2—钢筋；3—梳槽；4—铁板；5—螺杆

图6-5 镦头锚具

6.1.2.3 张拉机械

（1）液压张拉机

液压张拉机由液压千斤顶、压力表和油泵组成。常用的液压千斤顶有穿心式千斤顶、拉杆式千斤顶和顶升式千斤顶，见图 6－6、图 6－7。

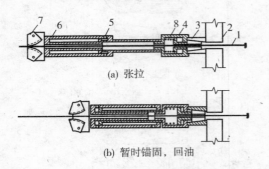

(a) 张拉

(b) 暂时锚固，回油

图 6－6　YC－20 穿心式千斤顶张拉过程示意图
1—钢筋；2—台座；3—穿心式夹具；4—弹性顶压头；
5,6—油嘴；7—偏心式夹具；8—弹簧

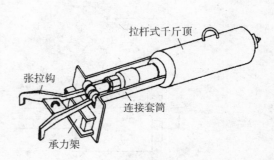

图 6－7　拉杆式千斤顶

（2）电动螺杆张拉机

电动螺杆张拉机适用于钢筋、钢丝的张拉，由张拉螺杆、电动机、变速箱、测力装置、拉力架、承力架和张拉夹具组成，如图 6－8 所示，张拉力为 30～60 t，行程为 800 mm。

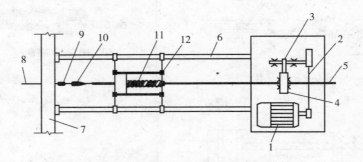

图 6－8　电动螺杆张拉机
1—电动机；2—皮带传动；3—齿轮；4—齿轮螺母；5—螺杆；6—顶杆；7—台座横
梁；8—钢丝；9—锚固夹具；10—张拉夹具；11—弹簧测力器；12—滑动架

6.1.3　预应力筋的张拉

预应力筋的张拉是根据设计要求采用合适的张拉方法、张拉顺序及张拉程序进行，并有可靠的质量保证和安全技术措施。

1. 张拉程序

预应力筋的张拉程序有超张拉和一次张拉两种。所谓超张拉，就是指张拉应力超过规范规定的控制应力值。采用超张拉方法时，预应力筋可按下列两种张拉程序之一进行张拉，即：

$$0 \rightarrow 1.05\sigma_{con}（持荷 2 min）\rightarrow \sigma_{con} 或 0 \rightarrow 1.03\sigma_{con}（\sigma_{con} 为张拉控制应力）$$

一次张拉是指设计中考虑了钢筋的松弛损失，按一次张拉取值，张拉程序由 $0 \rightarrow \sigma_{con}$ 就可以满足要求。

2. 控制应力及最大应力

根据《混凝土结构设计规范》规定，预应力筋的张拉控制应力 σ_{con} 不宜超过表 6-1 的数值，最大张拉控制应力不应超过表 6-2 的数值。

表 6-1　张拉控制应力允许值

预应力筋种类	先张法	后张法
碳素钢丝、刻痕钢丝、钢绞线	$0.75f_{ptk}$	$0.70f_{ptk}$
热处理钢筋、冷拔低碳钢丝	$0.70f_{ptk}$	$0.65f_{ptk}$
冷拉钢筋	$0.90f_{pyk}$	$0.85f_{pyk}$

注：f_{ptk} 为钢丝极限抗拉强度标准；f_{pyk} 为钢筋屈服强度标准值。

表 6-2　最大张拉控制应力允许值

预应力筋种类	先张法	后张法
碳素钢丝、刻痕钢丝、钢绞线	$0.80f_{ptk}$	$0.75f_{ptk}$
热处理钢筋、冷拔低碳钢丝	$0.75f_{ptk}$	$0.70f_{ptk}$
冷拉钢筋	$0.95f_{pyk}$	$0.90f_{pyk}$

注：f_{ptk} 为预应力筋极限抗拉强度标准；f_{pyk} 为预应力筋屈服强度标准值。

3. 张拉要点

预应力筋张拉控制要点如下：

（1）张拉时应校核预应力筋的伸长值。实际伸长值与设计计算值的偏差不得超过 ±6%，否则应停拉。

（2）从台座中间向两侧进行（防偏心损坏台座）。

（3）多根成组张拉，初应力应一致（测力计抽查）。

（4）拉速平稳，锚固松紧一致，设备缓慢放松。

（5）拉完的筋位置偏差不大于 5 mm，且不大于构件截面短边的 4%。

（6）冬季张拉时，温度不低于 -15℃。

（7）注意安全，两端严禁站人，敲击楔块不得过猛。

6.1.4　混凝土浇筑与养护

混凝土浇筑和养护要点如下：

（1）混凝土一次浇完，其强度等级不低于 C30；

（2）为了防止较大徐变和收缩，选收缩变形较小的水泥，水灰比不大于 0.5，级配良好，振捣密实（特别是端部）；

（3）防止碰撞、踩踏钢丝；

（4）为了减少应力损失，采取二次升温养护，开始温差不大于 20℃，达到 10 MPa 后，按正常速度升温养护。

6.1.5 预应力筋放松

当混凝土强度达到设计规定，且不小于 75% 设计强度值后，可以进行预应力筋的放松。放松的方法有锯断、剪断和熔断。

预应力筋的放张顺序应符合设计要求，当无设计要求时，应符合下列规定：

（1）轴心受压构件同时放；

（2）偏心受压构件先放预压应力小的区域，再放大的区域；

（3）其他构件，应分阶段、对称、相互交错放张；

（4）粗筋放张应缓慢（沙箱法、楔块法、千斤顶），如图 6-9 所示。

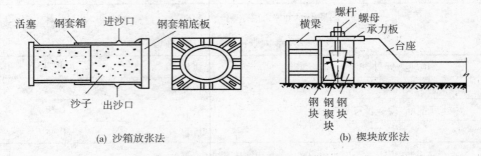

（a）沙箱放张法　　　　　　　　　　（b）楔块放张法

图 6-9　缓慢放张法

6.2 任务二：后张法预应力混凝土构件制作与安装

后张法预应力混凝土构件制作与安装的任务是利用后张法来制作预应力构件，同时完成构件的安装任务。后张法是指在预应力混凝土构件制作时，在放置预应力筋的部位留设孔道，待混凝土达到设计规定的强度后，将预应力筋穿入孔道内，用张拉机具将预应力筋张拉到规定的控制应力，然后借助锚具把预应力筋锚固在构件端部，最后进行孔道灌浆（也有不灌浆的）。

6.2.1 后张法工艺过程

后张法的工艺过程是：浇筑混凝土结构或构件（留孔）→养护拆模→（达 75% 强度后）穿筋张拉→固定→孔道灌浆→（浆达 15 N/mm² ，混凝土达 100% 后）移动、吊装，如图 6-10 所示。后张法施工适于大构件、大结构的现场施工、预制拼装和结构张拉。后张拉的特点是不需台座，但工序多、工艺复杂，锚具不能重复利用。

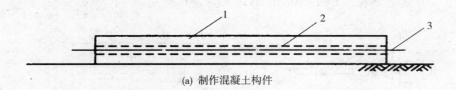

(a) 制作混凝土构件

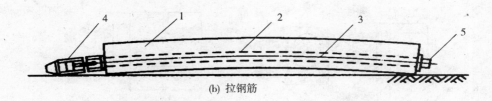

(b) 拉钢筋

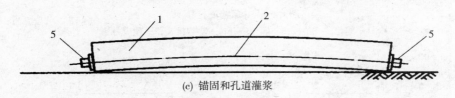

(c) 锚固和孔道灌浆

图6-10 后张法工艺过程图

1—构件;2—预留孔;3—预应力筋;4—千斤顶;5—锚具

6.2.2 锚具、预应力筋和张拉机具

6.2.2.1 锚具

锚具按性能分为两类,即Ⅰ类和Ⅱ类,锚具性能见表6-3。Ⅰ类锚具用于承受动、静载的无粘结、有粘结的预应力混凝土;Ⅱ类锚具用于有粘结、预应力筋的应力变化不大的部位。

表6-3 锚具性能表

锚具性能	Ⅰ类	Ⅱ类
锚具效率系数	$\eta_a \geqslant 0.95$	$\eta_a \geqslant 0.9$
锚具的总应变	$\varepsilon_u \geqslant 2.0\%$	$\varepsilon_u \geqslant 1.7\%$

锚具按用途来分,有螺丝端杆锚具、JM-12型锚具、KT-Z型锚具、单孔夹片式锚具和多孔夹片式锚具等。

(1)螺丝端杆锚具适于直径18~36mm的钢筋,如图6-11所示。

(2)JM-12型锚具可锚3~6根直径为12 mm的光圆、螺纹 HRB500 级筋或钢绞线,如图6-12所示。

(3)KT-Z型锚具可锚3~6根直径为12 mm的 HRB400~500级筋,如图6-13所示。

(4)单孔夹片式锚具有二片式、三夹片(直、斜开缝)。

（5）多孔夹片式锚具有 XM 型、QM 型、OV 型、BS 型等。

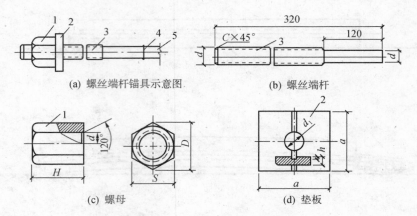

(a) 螺丝端杆锚具示意图   (b) 螺丝端杆

(c) 螺母   (d) 垫板

图 6－11　螺丝端杆锚具

1—螺母；2—垫板；3—螺丝端杆；4—对焊接头；5—预应力筋

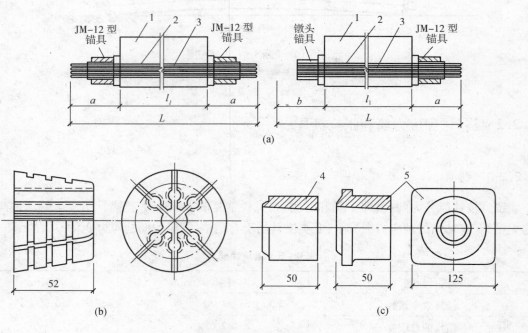

(a)

(b)   (c)

图 6－12　JM－12 型锚具

1—构件；2—预留孔；3—预应力筋；4—锥形夹；5—套筒

6.2.2.2　预应力筋制作

（1）当用两端螺丝端杆锚具时（见图 6－14），下料长度用以下公式计算。

钢筋的下料长度：

$$l = \frac{l_1 + 2l_2 - 2l_5}{1 - \delta_1 + \delta_2} + nd$$

式中　l——钢筋的下料长度，mm；

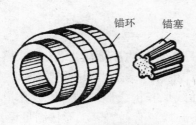　　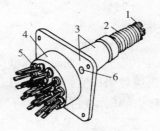

(a) KTX 型锚具　　　　　　　　(b) 多孔夹片体系

图 6 – 13　KT 型锚具

1—钢绞线;2—金属螺旋管;3—带预埋板的喇叭管;4—锚板;5—夹片;6—灌浆孔

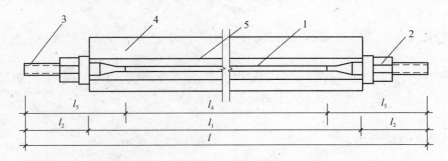

图 6 – 14　两端螺丝端杆锚具示意图

1—钢筋;2—螺帽;3—螺杆;4—构件;5—预留孔

δ_1 ——钢筋的回缩率;

δ_2 —— 钢筋的伸长率;

n—— 钢筋的接头个数;

d ——钢筋的直径,mm。

(2)钢筋束、钢绞线束的下料长度计算

下料长度计算公式如下:

①两端张拉: $l = l_0 + 2a$

②一端张拉: $l = l_0 + a + b$

式中　l——下料长度,mm;

　　　l_0——构件孔长,mm;

　　　a——张拉端留量,600～850 mm,由机具定;

　　　b——非张拉端外露长度,80～100 mm。

6.2.2.3　张拉设备

张拉设备有拉杆式千斤顶(YL – 60 型)、穿心式千斤顶(YC – 60 型、YC – 20 型、YC – 18 型)和 YZ 型锥锚式双作用千斤顶。

6.2.3 孔道留设

穿入孔道中的预应力筋进行张拉时与孔道摩擦会产生摩擦阻力,孔道摩擦阻力带来的应力损失对预应力张拉值影响较大,因此孔道留设是后张法制作构件中的一个关键工序。

穿入预应力筋的预留孔道形状有直线形、曲线形和折线形三种。留设孔道要求位置准确,内壁光滑,端部预埋钢板垂直于孔道轴线(中心线),直径、长度、形状满足设计要求。

孔道留设方法有:

(1)钢管抽芯法,用于直孔,钢管应平直、光滑,用前刷油;每根长不大于 15 m,每端伸出 500 mm;两根接长,中间用木塞及套管连接;用钢筋井字架固定,间距不大于 1 m;浇混凝土后每 10~15 min 转动一次;混凝土初凝后、终凝前抽管;抽管先上后下,边转边拔(灌浆孔间距不大于 12 m)。

(2)胶管抽芯法,用于长孔或曲线孔,有一定刚度或充压;钢筋井字架间距不大于0.5 m;混凝土达一定强度后拔管。

(3)埋管法,即预埋螺旋管。可先穿预应力筋,接头要严密,且有一定刚度,钢筋井字架间距不大于 0.8 m,灌浆孔间距不大于 30 m,波峰处设排气泌水管。

6.2.4 预应力筋张拉

1. 张拉前的准备工作

张拉前的准备工作主要包括对构件强度、几何尺寸和孔道畅通情况进行检查,以及校验张拉设备等。张拉前,构件混凝土强度符合设计要求,如无设计要求,不应低于其强度等级的 75%。

2. 预应力筋的张拉方法

对于配有多根钢筋或多束钢丝的构件,应分批对称张拉,并注意后批对先批产生应力影响;对于叠浇构件应采用自上而下逐层张拉,逐层加大拉应力,但顶底相差不大于 5%(钢丝、钢绞线、热处理筋),对冷拉筋顶底相差不大于 9%。张拉程序同先张法。张拉方式有下列两种情况:

(1)对抽芯法。

长度≤24 m 直孔采用一端张拉(多根筋时,张拉端设在结构两端);

长度>24 m 直孔、曲线孔采用两端张拉(一端锚固后,另一端补足再锚固)。

(2)对埋螺旋管法。

长度≤30 m 直孔采用一端张拉;

长度>30 m 直孔、曲线孔采用两端张拉。

6.2.5 孔道灌浆

预应力筋张拉后,孔道应尽快灌浆,其目的是防止预应力筋生锈和增加结构整体性。对孔道灌浆有如下一些要求:

（1）水泥等级不低于 32.5 级普通硅酸盐水泥。

（2）水泥浆强度不小于 30 MPa。

（3）水灰比在 0.4 左右，不得大于 0.45。

（4）泌水率：拌后 3 小时宜大于 2%，最大不大于 3%。

（5）可掺无腐蚀性外加剂如铝粉（水泥重的 0.5～1/万）、木钙（0.25%）、微膨胀剂。

（6）孔道保持湿润、洁净，灌浆顺序由下层孔到上层孔。

（7）灌满孔道并封闭排气孔后，加压 0.5～0.6 MPa，稍后再封闭灌浆孔。

（8）不掺外加剂时，可用二次灌浆法。

6.3　任务三：无粘结预应力混凝土构件制作与安装

后张无粘结预应力混凝土的施工方法是在预应力筋表面涂防腐油脂并包覆塑料套管后，如同普通钢筋一样先铺设在支好的模板内，然后浇筑混凝土，待混凝土达到设计规定强度后进行张拉锚固。这种预应力工艺的特点是无需留孔与灌浆，施工简便，预应力筋易弯成所需的曲线形状，用于曲线配筋的结构。在双向连续平板和密肋板中应用比较经济合理，在多跨连续梁中也有发展前途。

6.3.1　无粘结预应力筋的制作

无粘结预应力筋由预应力钢材（宜用高强钢丝或钢绞线）、涂料层、外包层和锚具组成。涂料层的作用是使预应力筋与混凝土分离，减少张拉时的摩擦损失，防止预应力筋腐蚀等。规范规定涂料层可用防腐油脂或防腐沥青制作，涂料成分及其配合比应经试验鉴定合格后，才能使用。涂料性能应符合下列要求：

（1）在 -20℃～+70℃ 温度范围内，不开裂变脆，并有一定韧性；

（2）使用期内，化学稳定性好；

（3）对周围材料（如混凝土、钢材和外包材料）无侵蚀作用，不透水，不吸湿，防腐性能好；

（4）润滑性能好，摩阻力小。

无粘结预应力筋的外包层，可采用低压高密度聚乙烯塑料制作，外包层应符合下列要求：

（1）在 -20℃～+70℃ 温度范围内，低温不脆化，高温化学稳定性好；

（2）必须具有足够的韧性，抗破损性强；

（3）对周围材料（如混凝土、钢材）无侵蚀作用；

（4）防水性好。

当采用防腐油脂作涂料层时，一般采用挤压涂层工艺挤塑成型外包层，其外包层壁厚一般为 0.8～1.0 mm。挤压涂层工艺制作无粘结预应力筋的流水工艺如图 6-15 所示。挤压涂层工艺过程是钢丝或钢绞线通过涂油装置涂油，涂油后的钢丝束或钢绞线，通过挤塑机关，在口模处挤成套管，包覆到已涂油的钢丝束或钢绞线上，再经冷却水槽定型。无粘结预应力筋挤压涂层工艺的特点是效率高、质量好、设备性能稳定。

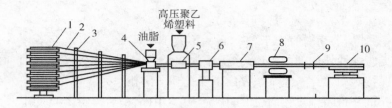

图6-15 挤压涂层流水工艺

1—放线盘；2—钢丝；3—梳子板；4—给油装置；5—塑料挤压机机头；
6—风冷装置；7—水冷装置；8—牵引机；9—定位支架；10—收线盘

成型后的整盘无粘结预应力筋可按工程所需长度、锚固形式下料，进行组装。

无粘结预应力筋的包装、运输、保管应符合下列要求：

（1）对不同规格的无粘结预定筋、应力筋应有明确标记；

（2）当无粘结预应力筋带有镦头锚具时，应有塑料袋包裹；

（3）无粘结预应力筋应堆放在通风干燥处，露天堆放应搁置在板架上，并加以覆盖，以免烈日曝晒造成涂料流淌。

6.3.2 无粘结预应力筋的铺设

无粘结预应力筋铺设前，应仔细检查预应力筋的规格尺寸和端部配件，对有局部轻微破坏的外包层，可用塑料胶粘带重叠缠补好，破坏严重的应予以报废。无粘结预应力筋的铺设应按图纸规定进行，它允许像普通钢筋一样绑扎。铺放曲线筋时，矢高宜采用垫放马凳或撑钢筋控制，马凳高度根据设计要求的无粘结筋曲线水平位置确定，各控制点的矢高允许偏差应控制在 +5 mm 以内。马凳间距不宜大于 2 m，并用铁丝与无粘结筋绑扎牢固。铺放后的无粘结筋纵向位置应顺直。无粘结筋与其他钢筋相交时，两者可直接绑扎。铺放双向配筋的无粘结筋时，应逐根对各交叉点相应的两个标高进行比较，找出交叉点最低的无粘结筋先铺放，再铺交叉点较高的无粘结筋，并应尽量避免两个方向的无粘结筋相互穿插铺放。要尽量避免敷设的各种线管将无粘结筋的矢高抬高或降低。张拉端的无粘结筋应与承压钢板垂直，固定端的挤压锚具应与承压钢板贴紧。当铺设无粘结筋遇到开洞口时，可分两侧绕过开洞处铺设，无粘结筋距洞边的距离不应小于无粘结筋直径的5倍，绕过洞口的弯折处距洞口不宜小于300 mm，弯折坡度超过6:1时，应设V形筋。

6.3.3 无粘结预应力筋的张拉

无粘结预应力筋的张拉宜采取单根张拉。张拉设备宜选用前置内卡式千斤顶，锚固体系选用单孔夹片式锚具，应满足Ⅰ类锚具要求。张拉端锚具和非张拉端锚具如图6-16和图6-17所示。

无粘结预应力筋的张拉程序的要求，基本上与有粘结后张法相同，但应注意以下几点：

（1）成束无粘结筋正式张拉前，宜先用千斤顶往复抽动1～2次，以降低张拉摩擦损失。

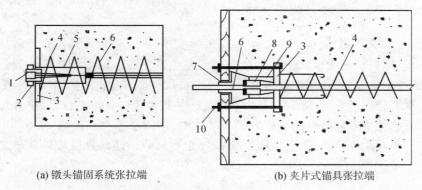

(a) 镦头锚固系统张拉端　　　　　　(b) 夹片式锚具张拉端

图6-16　张拉端锚具

1—锚环;2—螺母;3—承压板;4—螺旋筋;5—塑料保护套;

6—无粘结预应力筋;7—塑料塞;8—夹片;9—锚环;10—钩螺丝

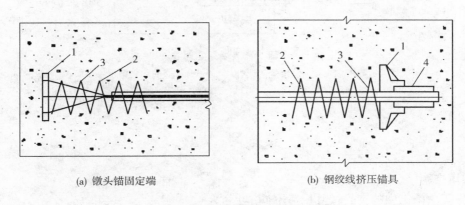

(a) 镦头锚固定端　　　　　　　(b) 钢绞线挤压锚具

图6-17　非张拉端锚具

1—锚板;2—钢丝或钢绞线;3—螺旋筋;4—挤压锚具

无粘结筋的张拉摩擦系数,当采用防腐油脂涂料层时,一般不大于0.12;当采用防腐沥青涂料层时,其摩擦系数一般不大于0.25。

(2)在无粘结筋张拉过程中,当有个别钢丝发生滑脱或断裂时,可相应降低张拉力,以免发生钢丝连接断裂,但滑脱或断裂的数量,不应超过同一构件截面无粘结筋总量的2%(对多跨双向连续板,其同一截面应按每跨计算)且一束钢丝只允许1根。

(3)无粘结筋的张拉顺序应符合设计要求,如设计无要求时,可采用分批、分阶段依次张拉。当无粘结筋长度大于25 m时,宜在两端张拉;长度小于25 m时,可在一端张拉并锚固。当两端张拉时,为了减少预应力损失,宜先在一端张拉锚固,再在另一端补足张拉力后进行锚固。当筋长超过50 m时,宜分段张拉和锚固。

(4)采用应力控制方法张拉时,应校核预应力筋的伸长值,如实际伸长值比计算伸长值大于10%或小于5%时,应暂停张拉,查明原因并采取措施予以调整后再继续张拉。

(5)张拉时,无粘结筋的实际伸长值宜在初应力为张拉控制应力的10%左右时开始测量,分级记录,测量得到的伸长值,必须加上初应力以下的推算伸长值,并扣除混凝土构件在张拉过程中的弹性压缩值。

（6）锚头端部的处理,无粘结筋的锚固区,必须有严格的密封防护措施,严防水蒸汽进入锈蚀预应力筋。

（7）当张拉端采用镦头锚具时,如图 6－18 所示,图中的塑料套筒使张拉时锚杯能从混凝土中拉出,软塑料管是用来保护无粘结筋端部避免因穿锚具而受到损坏。当锚杯被拉出后,塑料套筒产生空隙,必须用油枪通过锚杯的注油孔向套筒内注满防腐油脂,灌油后,须用钢筋混凝土圈梁将端部外露的锚具封闭好。当采用夹片式锚具时,张拉后可先用角向磨光机或液压钢绞线切割器切除外露预应力筋多余长度,切口位于夹片外侧 30 ～ 50 mm。用防水涂料涂刷锚具及承压钢板后,再用微膨胀混凝土或低收缩防水砂浆或环氧砂浆将锚头封闭。

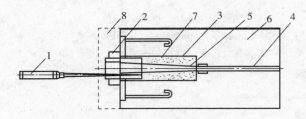

图 6－18 锚头端部处理方法

1—油枪;2—锚具;3—端部孔道;4—有涂层的无粘结预应力筋;
5—无涂层的端部钢丝;6—构件;7—注入孔道的油脂;8—混凝土封闭

复 习 题

一、填空题

1. 先张法施工中的夹具按其用途不同,可分为 ＿＿＿＿＿＿＿＿ 和 ＿＿＿＿＿＿＿＿,其静载锚固性能应满足 ＿＿＿＿＿＿＿＿。

2. 后张法施工采用钢管抽芯法时,其抽管时间应在混凝土 ＿＿＿＿＿＿＿＿＿＿,以手指按压混凝土表面为宜,其抽管顺序是 ＿＿＿＿＿＿＿＿＿＿＿。

3. 预应力混凝土构件孔道灌浆的目的是 ＿＿＿＿＿＿＿＿,其灌浆顺序是 ＿＿＿＿＿＿＿＿＿。

4. 无粘结预应力筋主要由 ＿＿＿＿＿＿、＿＿＿＿＿＿＿、＿＿＿＿＿＿＿＿＿ 和锚具组成。

5. 后张法预应力筋的张拉程序有 ＿＿＿＿＿＿＿＿、＿＿＿＿＿＿＿＿＿。

6. 先张法预应力筋的张拉程序有 ＿＿＿＿＿＿＿＿＿、＿＿＿＿＿＿＿＿＿。

二、选择题

1. 预应力混凝土的强度等级一般不得低于( )。

A. C20　　　　　　B. C25　　　　　　　　C. C30　　　　　　　　　　D. C40

2. 预应力筋为 6 根直径 12mm 的钢筋束,张拉端锚具应采用( )。

A. 螺丝端杆锚具　　　B. JM－12 型锚具　　　C. 绑条锚具　　　　　　D. 镦头锚具

3. 用冷拉钢筋作预应力筋时,其制作工序为( )。

A. 冷拉、配料、对焊　　　　　　　　　　B. 冷拉、对焊、配料

　C.配料、对焊、冷拉　　　　　　　　　　　D.配料、冷拉、对焊

4.预应力筋的张拉控制应力应(　　　)。

　A.大于抗拉强度　　　B.大于屈服强度　　　C.小于屈服强度　　　D.都不对

5.预应力后张法施工中,对孔道灌浆工序的施工不宜采用(　　　)。

　A.压力灌浆　　　　　　　　　　　B.先从最下层孔道开始逐层向上的灌浆顺序

　C.从孔道的两端向中间灌压力法　　　D.每个孔道灌浆一次连续完成

三、判断题

1.为保证张拉时各根钢丝应力均匀,要求钢丝每根长度相等,因此采用在应力状态下切断下料,其控制应力为 500 MPa。　　　　　　　　　　　　　　　　　　　　　(　　)

2.为减少钢筋松弛的预应力损失,对曲线预应力筋和抽芯成孔长度大于 24 m 的直线预应力筋采用两端张拉。　　　　　　　　　　　　　　　　　　　　　　　　　　(　　)

3.后张法张拉预应力筋时混凝土的强度应符合设计要求,如设计无规定时,不应低于设计强度的 70%。　　　　　　　　　　　　　　　　　　　　　　　　　　　　(　　)

四、名词解释

1.先张法

2.后张法

3.超张拉

五、问答题

1.张拉预应力筋的张拉程序是什么? 其超张拉的目的是什么?

2.先张法预应力筋的放张条件和放张顺序是什么?

3.后张法预应力混凝土施工中,可能产生哪些预应力损失? 如何减少这些损失?

六、计算题

1.某预应力混凝土屋架,采用机械张拉后张法施工两端采用螺丝端杆锚具,端杆长度为 320 m,外露长度为 120 mm,孔道尺寸 23.80 m,预应力筋为冷拉Ⅱ级钢筋,直径 25 mm,冷拉率为 4%,弹性回缩率为 0.5%,每根钢筋长 8 m,张拉控制应力 $\sigma_{con} = 0.85f_{pyk}$($f_{pyk}$ = 500 N/mm²),张拉程序为超张拉 3%,试计算钢筋的下料长度和张拉力。

2.预应力混凝土吊车梁,孔道尺寸 6 m,冷拉Ⅲ级钢筋束,6 根φ¹12,采用 YC-60 型穿心千斤顶一端张拉,张拉控制应力 $\sigma_{con} = 0.85f_{pyk}$($f_{pyk}$ = 500 N/mm²),试计算钢筋的下料长度,确定张拉程序和张拉力。

项目7 砌体的施工

砌体工程是指砖砌体、石砌体、配筋砌体和各类砌块砌体。

砖、石砌体工程取材易、造价低、施工简便,是我国的传统建筑,有着悠久的历史。目前仍是建筑施工中主要分项工程之一,其缺点是自重大,用小块组砌手工操作强度大,劳动生产率低,且烧砖占用农田,目前许多地区采用工业废料和天然材料制作中小型砌块代替普通砖,变废为利,少占农田,又可提高机械化程度。与此同时,有些地区,正在研究推广应用空心砖、加气混凝土砌块等轻型环保材料。

砌体的施工是一个综合性施工过程,它包括:材料准备、搭设砌筑用脚手架、材料运输、砌筑施工和施工过程质量控制。

7.1 任务一:砌体工程材料的准备

砌体工程所用的主要材料有砖、石、各种砌块和砂浆。

7.1.1 砌筑砂浆

砌筑砂浆一般采用石灰砂浆、水泥砂浆和混合砂浆。石灰砂浆由石灰、砂和水组成;水泥砂浆由水泥、砂、掺和料(外加剂)和水组成;混合砂浆由水泥、石灰、砂、掺和料(外加剂)和水组成。砌筑砂浆是根据其组成成分按一定的比例配制而成。砂浆的强度等级有 M2.5、M5、M10、M15(M 代表砂浆,数值代表强度值)等。

砌筑砂浆的要求如下:

(1)原材料必须合格,水泥不能过期,且不能混用;生石灰块熟化不少于 7 天,磨细生石灰粉熟化不少于 2 天,严禁用脱水硬化的石灰膏;砂一般采用中砂,要求洁净,经过筛分的,当砌筑砂浆≥M5 砂浆时,砂含泥量不大于 5%,当砌筑砂浆小于 M5 砂浆时,砂含泥量不大于 10%;对水的要求是洁净,不含有害物。

(2)砂浆种类和强度等级符合设计要求。

(3)稠度适中。稠度是指砂浆的流动性,砂浆的稠度是用沉入度来衡量的,对烧结普通砖稠度为 7~9 cm;对空心砖、多孔砖稠度为 6~8 cm;对空斗墙、拱、普通混凝土、加气混凝土砌体稠度为 5~7 cm;对石砌体稠度为 3~5 cm。

(4)保水性好(可适当掺入有机、无机塑化剂)。

(5)配比准确,搅拌要均匀,水泥、有机塑化剂、氯盐等材料的称量误差为 ±2%,其他材料称量误差为 5%;砂浆一般采用砂浆搅拌机搅拌,搅拌时间应符合下列规定:水泥砂浆和水泥混合砂浆不得少于 2 min;水泥粉煤灰砂浆和掺用外加剂的砂浆不得少于 3 min;掺用有机塑化剂的砂浆,应为 3～5 min。

（6）使用时间限制：水泥砂浆、水泥混合砂浆在拌后 3～4 h 内必须使用完毕；当气温高于30℃时,砂浆拌后 2～3 h 内必须使用完毕。

砂浆试块的制作规格为 70.7 mm 的立方体试块。制作数量规定：每一楼层或每 250 m 砌体中各种设计强度等级的砂浆,每台搅拌机至少检查一次,每次至少制作一组试块（每组六块）。如砂浆强度或配合比变更时,还应制作试块。试块是在 20±3℃ 及正常湿度条件下,养护 28 d 测试其强度。

7.1.2 骨架材料

砌体工程骨架材料包括砖、石和砌块等。

1. 砖

砖有以下几种：

①普通粘土砖、灰砂砖、粉煤灰砖,标准尺寸：240 mm×115 mm×53 mm（长×宽×高）,砖的常用强度级别有：MU7.5,MU10,MU15,MU20（MU 代表砖,数值表示强度）,使用前 1～2 d 浇水,普通粘土砖含水率为 10%～15%,灰砂砖、粉煤灰砖含水率为 5%～8%。

②烧结多孔砖,用于承重墙,结构形式有 P 型：240 mm×115 mm×90 mm；M 型：190 mm ×190 mm×90 mm；常用强度等级：MU7.5,MU10,MU15,MU20,使用前 1～2 d 浇水（含水率 10%～15%）。

③烧结空心砖,用于非承重墙,标准尺寸有：240 mm×240 mm×115 mm, 300 mm× 240 mm×115 mm；常用强度等级有 MU2,MU3,MU5。

2. 石材

石材分毛石和料石两种。毛石是指未经加工、形状不规则的块石,其厚度小于 150 mm,体积不大于 0.01 m³。料石是经加工的块石,外观规则,尺寸均≥200 mm,料石分细料石、粗料石和毛料石；石材的强度级别分 MU100,MU80,MU60,MU50,MU40,MU30,MU20,MU15 和 MU10 九级。

3. 中小型砌块

砌块一般是指混凝土空心砌块、加气混凝土砌块及硅酸盐实心砌块。通常把高度为 180～350 mm 的称为小型砌块,把高度为 360～900 mm 的称为中型砌块。混凝土中、小型和粉煤灰中型实心砌块的强度为 MU15,MU10,MU7.5,MU5,MU3.5 五个等级。

7.2 任务二:搭设砌筑用脚手架

脚手架是建筑施工中堆放材料、工人进行操作及进行材料短距离水平运送的一种临时设施。当砌筑到一定高度后,不搭设脚手架就无法进行正常的施工操作。为此,考虑到工作效率和施工组织等因素,每层脚手架的高度以 1.2 m 为宜,称为"一步架高",又叫砌体的可砌高度。

7.2.1　脚手架的分类

脚手架按搭设位置分为外脚手架和里脚手架;按用途分为结构用脚手架、装修用脚手架和支撑用脚手架;按材料分为木、竹和金属脚手架;按构造形式分为:多立杆式、门型框式、桥式、吊篮式、悬挂式、悬挑式、挑架式和工具式(常做成操作平台)脚手架。图7-1所示为悬挑式脚手架。图7-2所示为吊篮式脚手架。

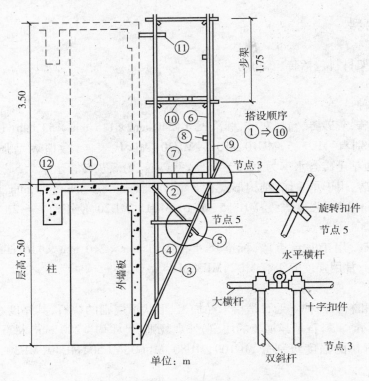

单位: m

图 7-1　悬挑式脚手架构造图

1—水平横杆;2—大横杆;3—双斜杆;4—内立杆;5—加强短杆;6—外立杆;7—竹笆脚手板;
8—栏杆;9—安全网;10—小横杆;11—用短钢管与结构拉结;12—水平横杆与预埋环焊接

7.2.2　脚手架基本要求

脚手架的基本要求如下:

(1)宽度及步高满足使用要求,对于只堆料和操作的脚手架,宽为 1～1.5 m;对于除堆料和操作外,还需运输的脚手架,宽取 2 m 以上。步高取 1.2～1.4 m 即为可砌高度。

(2)有足够的强度、刚度和稳定性。

(3)材料要合格,构造符合规定;连接牢固,当搭设高 $H > 18$ m,需有设计计算;与建筑物要有可靠的连接;使用前和使用中均需进行检查;控制使用荷载,均布荷载 $\leqslant 2.7$ kN/m^2,集中荷载 $\leqslant 1.50$ kN。

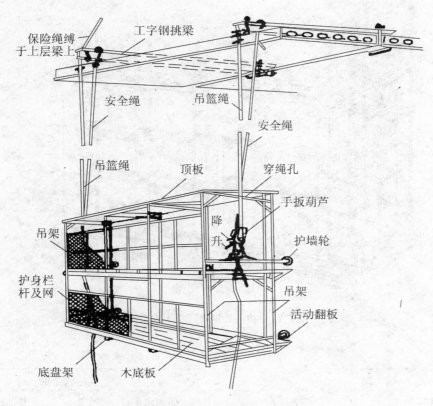

图 7 - 2 吊篮式脚手架图

（4）搭拆简便，能多次周转。

（5）选材用料经济合理。

7.2.3 外脚手架

外脚手架是搭设在建筑物外部（沿周边）的一种脚手架，可用于外墙砌筑，也可用于外墙装饰。常用的有扣件式钢管脚手架、碗扣式钢管脚手架和门架式脚手架。扣件式钢管脚手架（图 7 - 3）目前应用较广泛，其装拆方便，搭设高度大，能适应建筑物平立面的变化。本节着重阐述扣件式钢管脚手架的搭设。

7.2.3.1 扣件式脚手架构配件的要求

（1）脚手架钢管应采用现行国家标准《GB/T 12793 直缝电焊钢管》或《GB/T 3092 低压流体输送用焊接钢管》中规定的 3 号普通钢管，其质量应符合现行国家标准《GB/T 700 碳素结构钢》中 Q235 - A 级钢的规定。

（2）脚手架钢管的尺寸如表 7 - 1 所示。每根钢管的最大质量不应大于 25 kg，宜采用 ϕ 48 × 3.5 钢管。

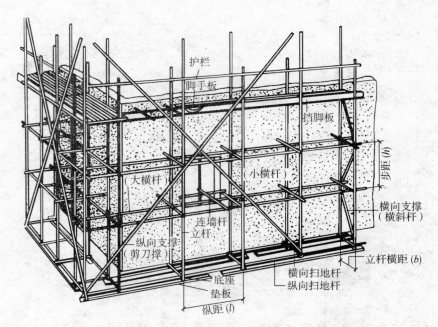

图 7 – 3　扣件式钢管脚手架构造图

表 7 – 1　脚手架钢管尺寸　　　　　　　　　　　　　　mm

截　面　尺　寸		最　大　长　度	
外径 d	壁厚 t	横向水平杆	其他杆
48	3.5	2200	6500
51	3.0		

（3）钢管的尺寸和表面质量应符合下列规定：

① 新、旧钢管的尺寸、表面质量和外形应分别符合规范的规定；

② 钢管上严禁打孔。

（4）扣件式钢管脚手架应采用可锻铸铁制作的扣件，其材质应符合现行国家标准《GB 15831 钢管脚手架扣件》的规定；采用其他材料制作的扣件，应经试验证明其质量符合该标准的规定后方可使用。

（5）脚手架采用的扣件，在螺栓拧紧扭力矩达 65 N·m 时，不得发生破坏。

（6）脚手板可采用钢、木、竹材料制作，每块质量不宜大于 30 kg。

（7）冲压钢脚手板的材质应符合现行国家标准《GB/T 700 碳素结构钢》中 Q235 – A 级钢的规定，其质量与尺寸允许偏差应符合规范规定，并应有防滑措施。

（8）木脚手板应采用杉木或松木制作，其材质应符合现行国家标准《GBJ 5 木结构设计规范》中 Ⅱ 级材质的规定。脚手板厚度不应小于 50 mm，两端应各设直径为 4 mm 的镀锌钢丝箍两道。

（9）竹脚手板宜采用由毛竹或楠竹制作的竹串片板、竹笆板。

7.2.3.2 扣件式钢管脚手架的构造要求

扣件式钢管脚手架由钢管、扣件、脚手板和底座组成。脚手架的布置如图7-4所示,脚手架扣件连接件如图7-5所示,脚手架剪刀撑的布置如图7-6所示,连墙件的设置如图7-7所示。图7-8所示为连墙件的柔性连接,图7-9所示为连墙件的刚性连接。

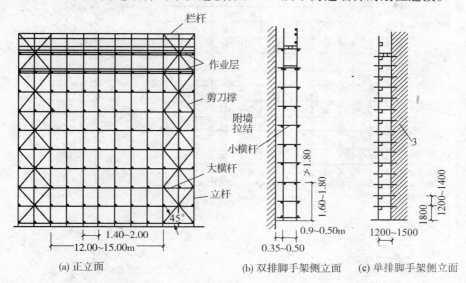

(a) 正立面　　　　　(b) 双排脚手架侧立面　　(c) 单排脚手架侧立面

图7-4　脚手架的布置

(a) 回转扣件　　　　(b) 直角扣件　　　　(c) 双接扣件

图7-5　脚手架扣件连接件

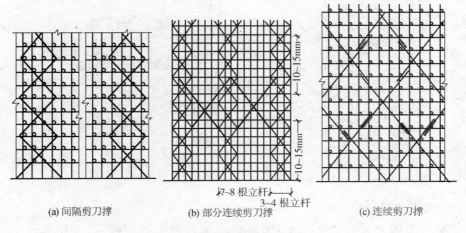

(a) 间隔剪刀撑　　　(b) 部分连续剪刀撑　　　(c) 连续剪刀撑

图7-6　脚手架剪刀撑的布置

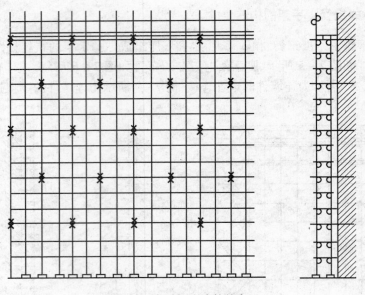

图 7 - 7　脚手架连墙件的布置

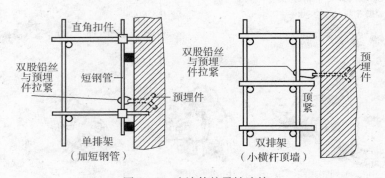

图 7 - 8　连墙件的柔性连接

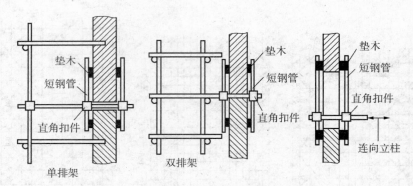

图 7 - 9　连墙件的刚性连接

1. 常用脚手架设计尺寸

常用敞开式单、双排脚手架结构的设计尺寸,宜按表 7 - 2、表 7 - 3 采用。

表 7 – 2　常用敞开式双排脚手架的设计尺寸　　　　　　　　　　m

连墙件设置	立杆横距 l_b	步距 h	下列荷载时的立杆纵距 l_a（m）				脚手架允许搭设高度 H
			$2 + 4 \times 0.35$（kN/m²）	$2 + 2 + 4 \times 0.35$（kN/m²）	$3 + 4 \times 0.35$（kN/m²）	$3 + 2 + 4 \times 0.35$（kN/m²）	
二步三跨	1.05	1.20～1.35	2.0	1.8	1.5	1.5	50
		1.80	2.0	1.8	1.5	1.5	50
	1.30	1.20～1.35	1.8	1.5	1.5	1.5	50
		1.80	1.8	1.5	1.5	1.2	50
	1.55	1.20～1.35	1.8	1.5	1.5	1.5	50
		1.80	1.8	1.5	1.5	1.2	37
三步三跨	1.05	1.20～1.35	2.0	1.8	1.5	1.5	50
		1.80	2.0	1.8	1.5	1.5	34
	1.30	1.20～1.35	1.8	1.5	1.5	1.5	50
		1.80	1.8	1.5	1.5	1.2	30

注：①表中所示 $2 + 2 + 4 \times 0.35$（kN/m²），包括下列荷载：$2 + 2$（kN/m²）是二层装修作业层施工荷载；4×0.35（kN/m²）包括二层作业层脚手板。②作业层横向水平杆间距，应按不大于 $l_a/2$ 设置。

表 7 – 3　常用敞开式单排脚手架的设计尺寸　　　　　　　　　　m

连墙件设置	立杆横距 l_b	步距 h	下列荷载时的立杆纵距 l_a（m）		脚手架允许搭设高度 H
			$2 + 2 \times 0.35$（kN/m²）	$3 + 2 \times 0.35$（kN/m²）	
二步三跨	1.20	1.20～1.35	2.0	1.8	24
		1.80	2.0	1.8	24
三步三跨	1.40	1.20～1.35	1.8	1.5	24
		1.80	1.8	1.5	24

注：①表中所示 $2 + 2 + 4 \times 0.35$（kN/m²），包括下列荷载：$2 + 2$（kN/m²）是二层装修作业层施工荷载；4×0.35（kN/m²）包括二层作业层脚手板。②作业层横向水平杆间距，应按不大于 $l_a/2$ 设置。

2. 纵向水平杆的构造

（1）纵向水平杆宜设置在立杆内侧，其长度不宜小于 3 跨。

（2）纵向水平杆接长宜采用对接扣件连接，也可采用搭接。对接、搭接应符合下列规定：

①纵向水平杆的对接扣件应交错布置：两根相邻纵向水平杆的接头不宜设置在同步或同跨内；不同步或不同跨两个相邻接头在水平方向错开的距离不应小于 500 mm；各接头中心至最近主节点的距离不宜大于纵距的 1/3（图 7 – 10）。

②搭接长度不应小于 1 m,应等间距设置 3 个旋转扣件固定,端部扣件盖板边缘至搭接纵向水平杆杆端的距离不应小于 100 mm。

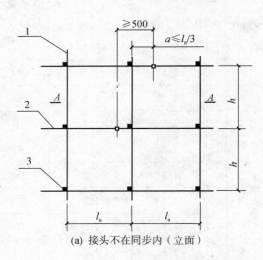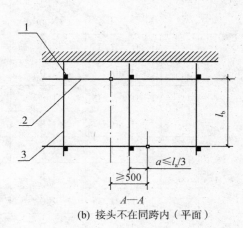

(a) 接头不在同步内（立面）　　(b) 接头不在同跨内（平面）

图 7 – 10　纵向水平杆对接接头布置
1—立杆;2—纵向水平杆;3—横向水平杆

③当使用冲压钢脚手板、木脚手板、竹串片脚手板时,纵向水平杆应作为横向水平杆的支座,用直角扣件固定在立杆上;当使用竹笆脚手板时,纵向水平杆应采用直角扣件固定在横向水平杆上,并应等间距设置,间距不应大于 400 mm(图 7 – 11)。

3.横向水平杆的构造

(1)主节点处必须设置一根横向水平杆,用直角扣件扣接且严禁拆除。主节点处两个直角扣件的中心距不应大于 150 mm。在双排脚手架中,靠墙一端的外伸长度 a(图 7 – 12)不应大于 0.41 mm,且不应大于 500 mm。

(2)作业层上非主节点处的横向水平杆,宜根据支承脚手板的需要等间距设置,最大间距不应大于纵距的 1/2。

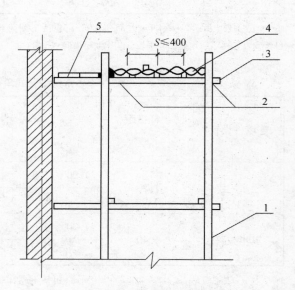

图 7 – 11　铺竹笆脚手板时纵向水平杆的构造
1—立杆;2—纵向水平杆;3—横向水平杆;
4—竹笆脚手板;5—其他脚手板

(3)当使用冲压钢脚手板、木脚手板、竹串片脚手板时,双排脚手架的横向水平杆两端均应采用直角扣件固定在纵向水平杆上;单排脚手架的横向水平杆的一端,应用直角扣件固定在纵向水平杆上,另一端应插入墙内,插入长度不应小于 180 mm。

(4)使用竹笆脚手板时,双排脚手架的横向水平杆两端,应用直角扣件固定在立杆上;单排脚手架的横向水平杆的一端,应用直角扣件固定在立杆上,另一端应插入墙内,插入长度亦不应小于 180 mm。

4. 脚手板的设置

（1）作业层脚手板应铺满、铺稳，离开墙面 120～150 mm。

（2）冲压钢脚手板、木脚手板、竹串片脚手板等，应设置在三根横向水平杆上。当脚手板长度小于 2 m 时，可采用两根横向水平杆支承，但应将脚手板两端与其可靠固定，严防倾翻。此三种脚手板的铺设可采用对接平铺，亦可采用搭接铺设。脚手板对接平铺时，接头处必须设两根横向水平杆，脚手板外伸长应取 130～150 mm，两块脚手板外伸长度的和不应大于 300 mm（图 7-13a）；脚手板搭接铺设时，接头必须支在横向水平杆上，搭接长度应大于 200 mm，其伸出横向水平杆的长度不应小于 100 mm（图 7-13b）。

（3）竹笆脚手板应按其主竹筋垂直于纵向水平杆方向铺设，且采用对接平铺，四个角应用直径 1.2 mm 的镀锌钢丝固定在纵向水平杆上。

（4）作业层端部脚手板探头长度应取 150 mm，其板长两端均应与支承杆可靠地固定。

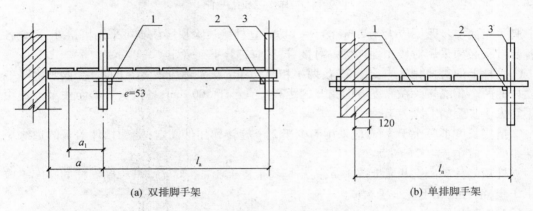

(a) 双排脚手架　　　　　　　　　　　　　　(b) 单排脚手架

图 7-12　横向水平杆计算跨度

1—横向水平杆；2—纵向水平杆；3—立杆

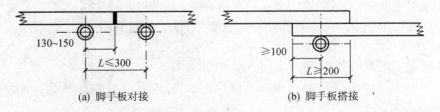

(a) 脚手板对接　　　　　　　　　　　　　　(b) 脚手板搭接

图 7-13　脚手板对接、搭接构造

5. 立杆、连墙件和剪刀撑

（1）立杆

每根立杆底部应设置底座或垫板。脚手架必须设置纵、横向扫地杆。纵向扫地杆应采用直角扣件固定在距底座上皮不大于 200 mm 处的立杆上。横向扫地杆亦应采用直角扣件固定在紧靠纵向扫地杆下方的立杆上。当立杆基础不在同一高度上时，必须将高处的纵向扫地杆向低处延长两跨与立杆固定，高低差不应大于 1 m。靠边坡上方的立杆轴线到边坡的距离不应小于 500 mm(图 7-14)。

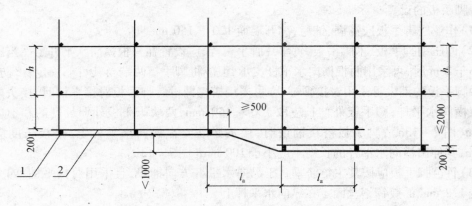

图 7-14　纵、横向扫地杆构造
1—横向扫地杆;2—纵向扫地杆

脚手架底层步距不应大于 2 m(图 7-14)。立杆接长除顶层顶步可采用搭接外,其余各层各步接头必须采用对接扣件连接。对接、搭接应符合下列规定:

①立杆上的对接扣件应交错布置:两根相邻立杆的接头不应设置在同步内,同步内隔一根立杆的两个相隔接头在高度方向错开的距离不宜小于 500 mm;各接头中心至主节点的距离不宜大于步距的 1/3。

②搭接长度不应小于 1 m,应采用不少于 2 个旋转和扣件固定,端部扣件盖板的边缘至杆端距离不应小于 100 mm。

立杆顶端宜高出女儿墙上皮 1 m,高出檐口上皮 1.5 m。双管立杆中副立杆的高度不应低于 3 步,钢管长度不应小于 6 m。

(2)连墙体

立杆必须用连墙件与建筑物可靠连接,连墙件布置间距宜按表 7-4 采用。连墙件的布置应符合下列规定:

① 宜靠近主节点设置,偏离主节点的距离不应大于 300 mm;

② 应从底层第一步纵向水平杆处开始设置,当该处设置有困难时,应采用其他可靠措施固定;

③ 宜优先采用菱形布置,也可采用方形、矩形布置;

④ 一字形、开口形脚手架的两端必须设置连墙件,连墙件的垂直间距不应大于建筑物的层高,并不应大于 4 m(2 步距)。

表 7-4　连墙件布置最大间距

脚手架高度		竖向间距	水平间距	每根连墙件覆盖面积(m^2)
双排	≤50 m	$3h$	$3l_a$	≤40
	>50 m	$2h$	$3l_a$	≤27
单排	≤24 m	$3h$	$3l_a$	≤40

注:h 为步距;l_a 为纵距。

对高度在 24 m 以下的单、双排脚手架,宜采用刚性连墙件与建筑物可靠连接,亦可采用拉筋和顶撑配合使用的附墙连接方式。严禁使用仅有拉筋的柔性连墙件。对高度 24 m 以上的双排脚手架,必须采用刚性连墙件与建筑物可靠连接。连墙件的构造应符合下列规定:

① 连墙件中的连墙杆或拉筋宜呈水平设置,当不能水平设置时,与脚手架连接的一端应下斜连接,不应采用上斜连接。

② 连墙件必须采用可承受拉力和压力的构造。采用拉筋必须配用顶撑,顶撑应可靠地顶在混凝土圈梁、柱等结构部位。拉筋应采用两根以上直径 4 mm 的钢丝拧成一股,使用的不应少于 2 股;亦可采用直径不小于 6 mm 的钢筋。

当脚手架下部暂不能设连墙件时可搭设抛撑。抛撑应采用通长杆件与脚手架可靠连接,与地面的倾角应在 45°～60°之间;连接点中心至主节点的距离不应大于 300 mm。抛撑应在连墙件搭设后方可拆除。架高超过 40 m 且有风涡流作用时,应采取抗上升翻流作用的连墙措施。

(3)剪刀撑

高度在 24 m 以下的单、双排脚手架,均必须在外侧立面的两端各设置一道剪刀撑,并应由底至顶连续设置;中间各道剪刀撑之间的净距不应大于 15 m(图 7 - 15);剪刀撑跨越立杆的最多根数见表 7 - 5。

高度在 24 m 以上的双排脚手架应在外侧立面整个长度和高度上连续设置剪刀撑;剪刀撑斜杆的接长宜采用搭接,搭接应符合规范的规定;剪刀撑斜杆应用旋转扣件固定在与之相交的横向水平杆的伸出端或立杆上,旋转扣件中心线至主节点的距离不宜大于 150 mm。

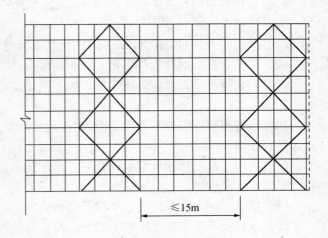

图 7 - 15 剪刀撑布置

表 7 - 5 剪刀撑跨越立杆的最多根数

剪刀撑斜杆与地面的倾角 α	45°	50°	60°
剪刀撑跨越立杆的最多根数 n	7	6	5

横向斜撑的设置应符合下列规定:

① 横向斜撑应在同一节间,由底至顶层呈之字形连续布置;

② 一字形、开口形双排脚手架的两端均必须设置横向斜撑,中间宜每隔 6 跨设置一道;

③ 高度在 24 m 以下的封闭型双排脚手架可不设横向斜撑,高度在 24 m 以上的封闭型脚手架,除拐角应设置横向斜撑外,中间应每隔 6 跨设置一道。

7.2.3.3 扣件式脚手架的搭设

单位工程负责人应按施工组织设计中有关脚手架的要求,向架设和使用人员进行技术交底。

对进场钢管、扣件、脚手板等进行检查验收,不合格产品不得使用。经检验合格的构配件应按品种、规格分类,堆放整齐、平稳,堆放场地不得有积水。搭设场地杂物应清除,并平整搭设场地,使排水畅通。脚手架底座底面标高宜于自然地坪50 mm。脚手架基础经验收合格后,应按施工组织设计的要求放线定位。

脚手架必须配合施工进度搭设,一次搭设高度不应超过相邻连墙件以上两步。每搭完一步脚手架后,应按规范的规定校正步距、纵距、横距及立杆的垂直度。

1. 底座安放
(1)底座、垫板均应准确地放在定位线上;
(2)垫板宜采用长度不少于2跨、厚度不小于50 mm的木垫板,也可采用槽钢。

2. 立杆搭设
(1)严禁将外径48 mm与51 mm的钢管混合使用;
(2)相邻立杆的对接扣件不得在同一高度内,错开距离应符合规范的规定;
(3)开始搭设立杆时应每隔6跨设置一根抛撑,直至连墙件安装稳定后,方可根据情况拆除;
(4)当搭至有连墙件的构造点时,在搭设完该处的立杆、纵向水平杆、横向水平杆后,应立即设置连墙件;
(5)顶层立杆搭接长度与立杆顶端伸出建筑物的高度应符合规范的规定。

3. 横向水平杆搭设
(1)搭设横向水平杆应符合本规范的构造规定;
(2)双排脚手架横向水平杆的靠墙一端至墙装饰面的距离不宜大于100 mm;
(3)单排脚手架的横向水平杆不应设置在下列部位:
①设计上不允许留脚手眼的部位;
②过梁上与过梁两端成60°角的三角形范围内及过梁净跨度1/2的高度范围内;
③宽度小于1 m的窗间墙;
④梁或梁垫下及其两侧各500 mm的范围内;
⑤砖砌体的门窗洞口两侧200 mm和转角处450 mm的范围内;其他砌体的门窗洞口两侧300 mm和转角处600 mm的范围内;
⑥独立或附墙砖柱。

4. 扣件安装
(1)扣件规格必须与钢管外径(ϕ48或ϕ51)相同;
(2)螺栓拧紧扭力矩不应小于40 N·m,且不应大于65 N·m;
(3)在主节点处固定横向水平杆、纵向水平杆、剪刀撑、横向斜撑等用的直角扣件、旋转扣件的中心点的相互距离不应大于150 mm;
(4)对接扣件开口应朝上或朝内;
(5)各杆件端头伸出扣件盖板边缘长度不应小于100 mm。

5. 作业层、斜道的栏杆和挡脚板的搭设

作业层、斜道的栏杆和挡脚板的搭设如图7-16所示。

（1）栏杆和挡脚板均应搭设在外立杆的内侧；

（2）上栏杆上皮高度应为1.2 m；

（3）挡脚板高度不应小于180 mm；

（4）中栏杆应居中设。

7.2.3.4 脚手架拆除

1.拆除脚手架的准备工作

（1）应全面检查脚手架的扣件连接、连墙件、支撑体系等是否符合构造要求；

（2）应根据检查结果补充完善施工组织设计中的拆除顺序和措施，经主管部门批准后方可实施；

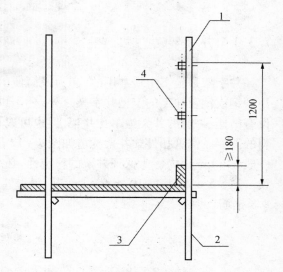

图7-16 栏杆与挡脚板构造
1—上栏杆；2—外立杆；3—挡脚板；4—中栏杆

（3）应由单位工程负责人进行拆除安全技术交底；

（4）应清除脚手架上杂物及地面障碍物。

2.拆除脚手架的规定

（1）拆除作业必须由上而下逐层进行，严禁上下同时作业；

（2）连墙件必须随脚手架逐层拆除，严禁先将连墙件整层或数层拆除后再拆脚手架；分段拆除高差不应大于2步距，如高差大于2步距，应增设连墙件加固；

（3）当脚手架拆至下部最后一根长立杆的高度（约6.5 m）时，应先在适当位置搭设临时抛撑加固后，再拆除连墙件；

（4）当脚手架采取分段、分立面拆除时，对不拆除的脚手架两端，应先按规范的规定设置连墙件和横向斜撑加固。

7.2.4 里脚手架

里脚手脚是搭设在建筑物内部地面或楼面上的脚手架，可以用于奔跑构层内的砌墙、内装饰等。由于要随施工进度频繁装拆、转移，所以里脚手架应轻便灵活、装拆方便。

常用的里脚手架构造形式有折叠式、支柱式和门架式等。

7.3 任务三：砌体工程的材料运输

砌体工程的材料运输包括水平运输和垂直运输，水平运输是指楼层面和地面的运输，常用的运输工具有机动翻斗车和两轮手推车。垂直运输是指从地面至楼面的运输，常用的机械有井字架、龙门架、施工电梯和塔式起重机等。

7.3.1 井字架

井字架是施工中最常用的,亦为最简便的垂直运输设施,它稳定性好,运输量大。除了用型钢或钢管加工的定型井字架之外,还可以用许多种脚手架材料现场搭设而成。井架内设有吊篮,一般的井架为单孔井架,但也可以构成双孔和多孔井架,以满足同时运输多种材料的需要。钢管扣件式井架构造如图 7 – 17 所示。井字架起重一般 0.5 ~ 1.5 t,提升高度一般在 60 m 以内。为保证井架的稳定性,必须设置缆风绳或附墙拉结。缆风绳:15 m 以下设一道,15 m 以上每 10 m 增设一道,每道 4 根,倾角 30°~45°,采用 7 ~ 9 mm 钢丝绳或 Φ 8 钢筋。

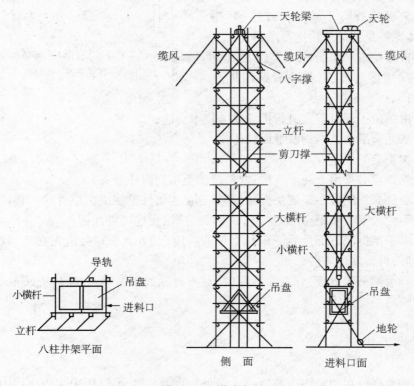

图 7 – 17 井字架

7.3.2 龙门架

龙门架由格构式立柱、缆风绳、天轮梁、导轨、吊盘、卷扬机、绳索组成,分单笼、双笼,起重量为 0.6 ~ 1.2t,门架高度为 20 ~ 30 m。缆风绳:15 m 以下一道,以上每 5 ~ 6 m 增设一道。卷扬机:常用 0.5 ~ 1t,分手制动和电磁制动。龙门架见图 7 – 18。

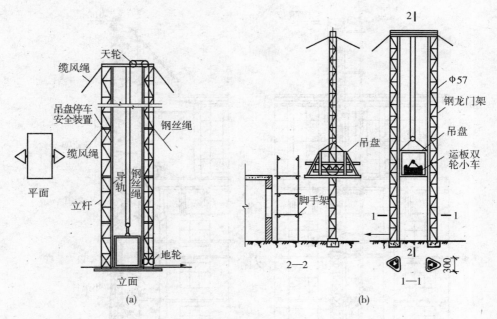

图 7 – 18　龙门架

7.3.3　施工电梯

目前在高层建筑施工中采用人货两用的建筑施工电梯,主要用于施工人员上下楼层及运送材料和小型机具。其吊笼装在机架外侧,沿齿条式轨道升降,附着在外墙或建筑物其他结构上,可载重货物 1.0 ~ 1.2t,亦可乘 12 ~ 15 人。其高随着建筑物主体结构的升高而接高,最高可达 200 m(国外的最高提升高度已达 645 m),如图 7 – 19 所示。

7.3.4　塔式起重机

塔式起重机是目前高层建筑施工的重要垂直运输设备,主要有轨道式起重机、附着式塔式起重机和内爬式塔式起重机(图 7 – 20)。塔式起重机机动灵活,只要在起重杆的回转半径范围内,既可作垂直运输又可作水平运输。

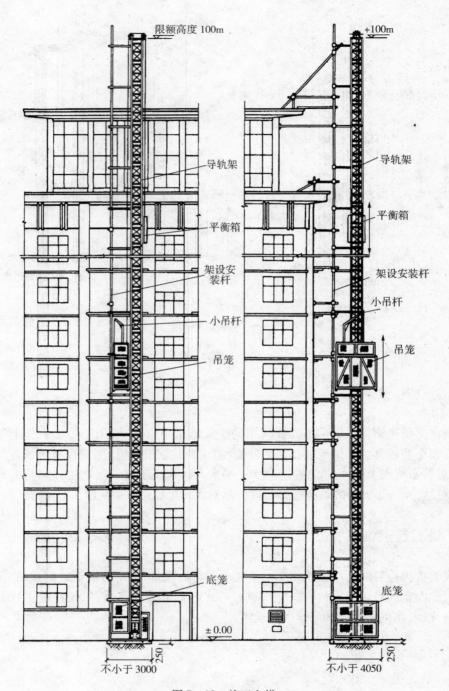

图 7 – 19　施工电梯

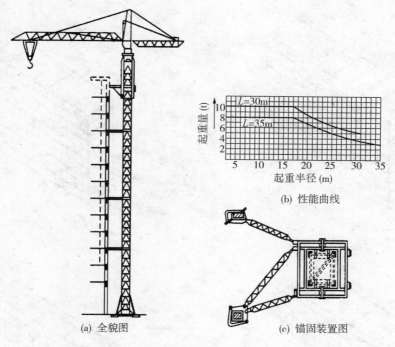

(a) 全貌图   (c) 锚固装置图

图7－20 塔式起重机

7.4 任务四:砌筑施工

砌筑施工包括砖砌体施工和中小型砌块施工。

7.4.1 砖砌体施工

7.4.1.1 砖墙的组砌形式

砖砌体的组砌要求是上下错缝,内外搭接,以保证砌体的整体性,同时组砌要有规律,少砍砖,以提高砌筑效率,节约材料。砖砌体的组砌方式有如下六种形式:

(1)一顺一丁,如图7-21所示。

(2)三顺一丁,如图7-22所示。

(3)梅花丁,如图7-23所示。

(4)二平一侧,如图7-24所示。

(5)全顺,如图7-25所示。

(6)全丁,如图7-26所示。

图 7 – 21　一顺一丁

图 7 – 22　三顺一丁

图 7 – 23　梅花丁

图 7 – 24　二平一侧(18 墙)

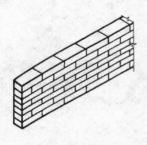

图 7 – 25　全顺

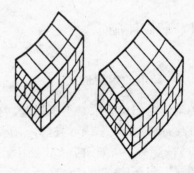

图 7 – 26　全丁

7.4.1.2　砖砌体砌筑工艺

砖砌体砌筑工艺如下：

1. 抄平

在防潮层或楼面上用水泥砂浆或 C10 细石混凝土按标高垫平。

2.放线

按龙门板、外引桩或墙上标志,在基础或砌体表面弹墙轴线、边线、门窗洞口线。

3.排砖摞底

其目的是使搭接错缝合理,灰缝均匀,减少打砖。排砖摞底原则如下。

(1)口角处顺砖顶七分头,丁砖排到头。

(2)条砖出现半块时,用丁砖夹在墙面中间(最好在窗洞口中间)。

(3)条砖出现 1/4 砖时,条行用 1 丁砖 + 1 七分头代 1.25 砖,排在中间;丁行也加七分头与之呼应。

(4)门窗洞口位置可移动不大于 6 cm。

4.立皮数杆

皮数杆是指画有洞口标高、砖行、灰缝厚、插铁埋件、过梁、楼板位置的木杆,见图 7-27。皮数杆绘制要求:灰缝厚 8～12 mm,每层楼为整数行,各道墙一致;楼板下、梁垫下用丁砖。竖立皮数杆应先抄平再竖立;立于外墙转角处及内外墙交界处,间隔 10～12 m。

5.立墙角,挂线砌筑

先砌墙角,以便挂线,然后进行墙身砌筑。立墙角高度不大于 5 皮,留踏步槎,依据皮数杆,勤吊勤靠。挂线是控制墙面平整与垂直,对 12、24 墙进行单面挂线,对较厚的墙采用双面挂线;墙体较长,中间设支线点。砖墙砌筑要点如下:

(1)清水墙面要选砖,做到边角整齐、颜色均匀、规格一致。

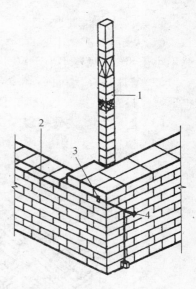

图 7-27　皮数杆与砖砌体
1—皮数杆;2—准线;
3—竹片;4—圆铁钉

(2)采用"三一"砌法,"三一"砌法是指一铲灰,一块砖,一揉压。

(3)构造柱旁"五退五进"留马牙槎。

(4)控制每日砌筑高度:常温不大于 1.8 m,冬季不大于 1.2 m。

(5)限制流水段间高差:不大于一个层高或 4 m(抗震者不大于一步架高)。

(6)及时安放钢筋、埋件、木砖。木砖要求:防腐、小头朝外、年轮不朝外。每侧数量:洞高≤1.2 m,安装 2 个木砖;洞高 1.2～2 m,安装 3 个木砖;洞高 2～3 m,安装 4 个木砖。

(7)各种孔洞要预留(如水暖电、支模、脚手用),脚手眼不得留在以下位置:

①空斗墙、120 墙、独立砖柱;

②过梁上 60°三角形及 0.5 净跨的高度内;

③梁或梁垫下及左右 500 mm 内;

④宽度 <1 m 的窗间墙;

⑤门窗洞口两侧 200 mm 和转角处 450 mm 范围内。

6.安过梁及梁垫

按设计标高坐浆安装过梁和梁垫;过梁和梁垫规格型号及放置方向应正确。

7.勾缝

勾缝清水墙作为最后一道工序,具有保护墙面和使墙面美观的作用。内墙可采用砌筑砂浆随砌随勾,即原浆勾缝;外墙面待砌体砌筑完毕后,再用1:1.5水泥砂浆或加色砂浆勾缝,称为加浆勾缝。

7.4.1.3 砌筑质量要求

砌筑质量要求如下:

(1)灰缝均匀、横平竖直、砂浆饱满;平缝厚度及立缝宽度为10±2 mm,饱满度要求水平缝不小于80%、竖缝不小于60%;饱满度检查方法采用百网格法,取三块砖的平均值。

(2)墙体垂直、墙面平整,要求垂直度不大于5 mm,平整度在5～8 mm,用2 m靠尺和楔形塞尺检查。

(3)上下错缝、内外搭砌,不得出现通缝。

(4)留槎合理、接槎牢固,如图7-28所示,转角处及交接处应同时砌筑。

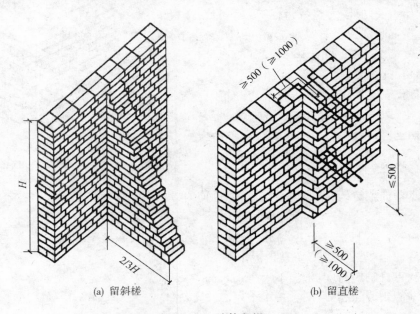

(a) 留斜槎　　　　　　　　(b) 留直槎

图7-28 墙体留槎

7.4.2 中小型砌块墙施工

7.4.2.1 中小型砌块的组砌形式

空心砌块的组砌形式为全顺砌筑,如图7-29所示;多孔砖砌筑形式有一顺一丁和梅花丁,如图7-30所示。

7.4.2.2　砌筑要求

中小型砌块砌筑要求如下：

（1）砌前先绘制排列图：尽量用主规格砌块。

（2）错缝搭砌：搭接长度不小于 1/3 块高，且中型砌块不小于 150 mm、小型砌块不小于 90 mm，不足者设网片筋。

（3）灰缝厚度：水平灰缝厚 8～20 mm，加筋时灰缝厚 20～25 mm，立缝宽 15～20 mm，小砌块灰缝全同砖砌体。

（4）空心砌块应扣砌，对孔错缝，壁肋劈裂者不得使用。

（5）补缝要求：缝宽 >30 mm 时，填 C20 豆石混凝土；缝宽 >150 mm 时，镶砖。

（6）砂浆饱满度：水平缝不小于 90%；竖缝不小于 80%。

（7）浇灌芯柱：砌筑砂浆强度大于 1 MPa 后，才能浇灌芯柱混凝土。

（8）斜槎的留设满足图 7-31 所示要求。

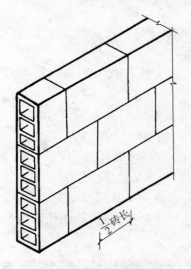

图 7-29　空心砌块砌筑形式

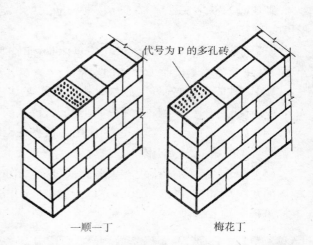

图 7-30　多孔砖砌筑形式

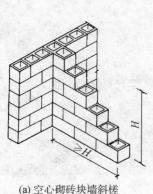

(a) 空心砌砖块墙斜槎

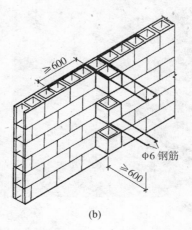

(b)

图 7-31　留斜槎

7.4.2.3 砌筑施工

砌筑施工前,砌块应按不同规格,标号整齐堆放,为便于施工,吊装前应绘制砌块排列图。砌块排列图要求在立面图上绘出纵横墙,标出楼板、大梁、过梁、楼梯、孔洞等位置,在纵横墙上绘出水平灰缝,然后以主规格为主,其他型号为辅,按墙体错缝搭接的原则和竖缝大小进行排列(主规格砌块是指大量使用的主要规格砌块,与之相搭配使用的砌块称为副规格砌块)。若设计无具体规定,尽量使用主规格砌块。

1. 砌块安装方法

(1)用轻型塔吊运输砌块和预制构件,用台灵架安装砌块。此方法适用于工程量大的建筑。

(2)用带起重臂的井架进行砌块和预制构件的垂直运输,用台灵架安装砌块,用砌块车进行水平运输。此方法适用于工程量小的建筑。砌块砌筑时应从转角处或定位砌块处开始,按施工段依次进行,其顺序为先远后近、先下后上、先外后内,在相邻施工段之间留阶梯形斜槎。

2. 砌块砌筑工序

砌块砌筑的主要工序有:铺灰、砌块安装就位、校正、灌浆、镶砖等。砌块砌筑施工图见图7－32。

(1)铺灰:采用稠度良好(5～7 cm)的水泥砂浆,铺3～5m长的水平灰缝,铺灰应平整饱满,炎热季节或寒冷季节应适当缩短。

(2)砌块安装就位:安装砌块采用摩擦式夹具,按砌块排列图将所需砌块安装就位。

(3)校正:用托线板检查砌块的垂直度,拉准线检查水平度,用撬棒、木锤调整偏差。

(4)灌浆:采用砂浆灌竖缝,两侧用夹板夹住砌块,超过3 cm宽的竖缝采用不低于C20的细石混凝土灌缝,收水后用原浆勾缝;此后,一般不允许再撬动砌块,以防损坏砂浆粘结力。

(5)镶砖:当砌块间出现较大竖缝或过梁找平时,应采用不低于MU10的红砖镶,砌镶砖砌体的灰缝应控制在15～30 mm以内,镶砖工作必须在砌块校正后即刻进行,在任何情况下都不得竖砌或斜砌。

(a)   (b)

图7－32 小型砌块砌筑施工图

7.4.2.4 砌块砌筑质量要求

砌块砌筑的基本要求与砖砌体相同,但搭接长度不低于 150 mm,外观要求墙面清洁、勾缝密实、交接平整。砌块砌体的允许偏差和外观质量要求见表 7-6。

表 7-6 砌块砌体的允许偏差和外观质量标准

项　目			允放偏差(mm)	检查方法
轴线位移 基础或楼面标高			10 +15	用经纬仪、水平仪复查或检查施工记录
垂直度表面平整	全高	每层	5	用吊线法检查
		≤10 m	10	用经纬仪或吊线和尺检查
		>10m	20	
	小型砌块清水墙、柱 小型砌块混水墙、柱 中型砌块		5 8 10	用 2 m 直尺和楔形塞尺检查
水平灰缝平直度	清水墙 混水墙		7 10	灰缝上口处用 10 m 线拉直并用尺检查
水平灰缝厚度	小型砌块(五皮累计)		+10	用尺检查
	中型砌块		+10、−5	
垂直灰缝宽度	小型砌块(五皮累计)		+15	用尺检查
	中型砌块		+10、−5 >30(用细石混凝土)	
门窗洞口宽度 (后塞框)	小型砌块		+15	用尺检查
	中型砌块		+10、−5	
清水墙面游丁走缝(中型砌块)			20	用吊线和尺检查

7.4.3 砖砌体施工技术安全交底

施工技术交底由施工单位技术人员向施工班组人员交底,交底内容如表 7-7 所示,交底完成后要履行签字手续。安全交底由施工单位专职安全员向施工班组交底,交底内容如表 7-8 所示。

表7-7 一般砖砌体砌筑工程分项工程质量技术交底卡

施工单位	×××公司				
工程名称		分部工程		主体工程	
交底部位	砖砌工程	日　期		年　月　日	

<table>
<tr><td rowspan="1">交

底

内

容</td><td>
一、施工准备
（一）作业条件
（1）完成室外及房间回填土，安装好沟盖板，或完成楼板结构施工；
（2）办完地基、基础工程隐蔽验收手续；
（3）按标高抹好水泥砂浆防潮层；
（4）弹好轴线、墙身线及检查线，根据进场砖的实际规格尺寸，弹出门窗洞口位置线，经验线符合设计要求，办完验收手续；
（5）按设计标高要求立好皮数杆，皮数杆的间距15～20 m，或每道墙的两端；
（6）有砂浆配合比通知单，准备好砂浆试模（6块为一组）。
（二）材料要求
（1）砖：品种、规格、强度等级必须符合设计要求，并有产品合格证书、产品性能检测报告。承重结构必须做取样复试。要求砖必须有一个条面和丁面边角整齐。
（2）水泥：品种及强度等级应根据砌体的部位及所处的环境条件选择。水泥必须有产品合格证、出厂检测报告和进场复验报告。
（3）砂：用中砂，使用前用5 mm孔径的筛子过筛。
（4）掺和料：白灰熟化时间不少于7 d，或采用粉煤灰等。
（5）其他材料：墙体拉结筋、预埋件、已做防腐处理的木砖等。
（三）施工机具
应备有大铲、托线板、线坠、小白线、卷尺、水平尺、皮数杆、小水桶、灰槽、砖夹子、扫帚等。
二、工艺流程
作业准备→砖浇水→砂浆搅拌→砌砖墙→验收
三、操作工艺
（一）砖浇水
砌体用砖必须在砌筑前一天浇水湿润，一般以水浸入砖四边1.5 cm为宜，含水率为10%～15%，常温施工不得用干砖上墙；雨期不得使用含水率达饱和状态的砖砌墙；冬期不方便浇水，可适当增大砂浆稠度。
（二）砂浆搅拌
砂浆配合比采用重量比，计量精度水泥为±2%，砂、灰膏控制在±5%以内，机械搅拌时，搅拌时间不得少于2 min；加入粉煤灰或外加剂，搅拌不少于3 min；掺用有机塑化剂的砂浆搅拌3～5 min。
（三）砌砖墙
（1）组砌方法：砌体一般采用一顺一丁砌法。砖柱不得采用先砌四周后填心的包心砌法。
（2）排砖撂底：一般外墙第一层砖撂底时，两山墙排丁砖，前后檐纵墙排条砖。根据弹好的门窗口位置线及构造柱的尺寸，认真核对窗间墙、垛尺寸，检查其长度是否符合排砖模数，如不符合模数时，可将门窗口的位置左右移动。若留破活，七分头或丁砖排在窗口中间、附墙垛或其他不明显的部位。移动门窗口位置时，应注意暖卫立管及门窗开启时不受影响。另外，在排砖时还要考虑在门窗口上边的砖墙合拢时也不出现破活，所以排砖时必须全盘考虑。前后檐墙排第一皮砖时，要考虑甩窗口后砌条砖，窗角上必须是七分头才好活。
</td></tr>
</table>

施工单位	×××公司		
工程名称		分部工程	主体工程
交底部位	砖砌工程	日 期	年 月 日

<table>
<tr><td rowspan="30">交

底

内

容</td><td>

（3）选砖：外墙砖要棱角整齐，无弯曲、裂纹，颜色均匀，规格基本一致。敲击时声音响亮，焙烧过火变色，变形的砖可用在基础或不影响外观的内墙上。

（4）盘角：砌砖前应先盘好角，每次盘角不要超过五层，新盘的大角，及时进行吊、靠。如有偏差及时修整。盘角时要仔细对照好皮数杆的砖层和标高，控制好灰缝大小，使水平缝均匀一致。大角盘好后再复查一次，平整和垂直完全符合要求后再挂线砌墙。

（5）挂线：砌筑37墙必须挂双线，如果长墙几个人共使用一根通线，中间应设几个支点，小线要拉紧，每层砖都要穿线看平，使水平缝均匀一致，平直通顺；砌24墙时，可采用挂外手单线（视砖外观质量要求、如果质量好要求高也可挂双线，提高砌砖质量），可照顾砖墙两面平整，为下道工序控制抹灰厚度奠定基础。

（6）砌砖：砌砖采用一铲灰、一块砖、一挤揉的"三一"砌砖法。砌砖时砖要放平。里手高，墙面就要张；里手低，墙面就要背。砌砖一定要跟线，"上跟线，下跟棱，左右相邻要对平"，砌筑砂浆要随搅拌随使用，一般水泥砂浆必须在3 h内用完，混合砂浆必须在4 h内用完。

（7）留槎：砖混结构施工缝一般留在构造柱处。一般情况下，砖墙上不留直槎。如果不能留斜槎时，可留直槎，但必须砌成凸槎，并应加设拉结筋。拉结筋的数量为每120 mm墙厚设一根Φ6的钢筋，间距沿墙高不得超过500 mm。其埋入长度从墙的留槎处算起，一般每边均不小于500 mm，末端加90°弯钩。

（8）预埋木砖和墙体拉结筋：木砖预埋时应小头在外，大头在内，数量按洞口高度决定。洞口高在1.2 m以内，每边放2块；洞口高1.2～2 m，每边放3块；洞口高2～3 m，每边放4块，预埋木砖的部位一般在洞口上边或下边四皮砖，中间均匀分布。木砖要提前做好防腐处理，防腐材料一般用沥青油。预埋木砖的另一种方法：按照砖的大小尺寸制作砂浆块，制作时将木砖预埋好，达到强度后，按部位要求砌在洞口。墙体拉结筋的位置、规格、数量、间距均按设计及施工规范要求留置，不得错放、漏放。

（9）安装过梁、梁垫：安装过梁、梁垫时，其标高、位置及型号必须准确，坐灰饱满，如坐灰厚度超过2 cm时，要用豆石混凝土铺垫，边梁安装时，两端支座长度必须一致。

（10）构造柱做法：在构造柱连接处必须砌成马牙槎。每一个马牙槎高度方向为五皮砖，并且是先退后进。拉结筋按设计要求放置，设计无要求按构造要求放置。

（11）每层承重墙最上一皮砖，在梁或梁垫下面。挑檐应是整砖丁砌层。

四、质量要求

砖砌体工程质量要求符合《GB 50203—2002 砌体工程施工质量验收规范》的规定。

</td></tr>
</table>

施工单位	×××公司				
工程名称			分部工程	主体工程	
交底部位	砖砌工程		日 期	年 月 日	

交底内容	项目	序	检查项目	允许偏差或允许值
	主控项目	1	砖强度等级	按设计要求 MU
		2	砂浆强度等级	按设计要求 M
		3	水平灰缝砂浆饱满度	≥80%
		4	斜搓留置	第5.2.3条
		5	直搓拉结钢筋及接搓处理	第5.2.4条
		6	轴线位移	≤10 mm
		7	垂直度(每层)	≤5 mm
	一般项目	1	组砌方法	第5.3.1条
		2	水平灰缝厚度	8～12 mm
		3	基础顶面、楼面标高	±15 mm
		4	表面平整度	清水:5 mm 混水:8 mm
		5	门窗洞口高、宽	±5 mm
		6	外墙上下窗口偏移	20 mm
		7	水平灰缝平面度	清水:7 mm 混水:10 mm
		8	清水墙游丁走缝	20 mm

五、成品保护

(1)墙体拉结筋,抗震构造柱钢筋及各种预埋件、暖卫、电气管线等,均应注意保护,不得任意拆改或损坏;

(2)砂浆稠度应适宜,砌墙时应防止砂浆溅脏墙面;

(3)搭设脚手架或操作平台时,要认真操作,防止碰撞刚砌好的砖墙;

(4)尚未安装楼板或面层板的墙和柱,当可能遇到大风时,应采取临时支撑等措施,保证施工中墙体的稳定性。

六、应注意的质量问题

(1)舌头灰未刮尽,半头砖集中使用造成通缝;一砖墙非挂线面;砖墙错层造成螺丝墙。半头砖要分散在较大的墙体上,首层或楼层的第一皮砖要查对皮数杆的标高及层高,防止到顶砌成螺丝墙;

(2)构造柱砌筑不符合要求;构造柱砖墙应砌成大马牙搓,设置好拉结筋从柱脚开始两侧都必须是先退后进。

专业技术负责人: 交底人: 接受人:

表 7 - 8　安全交底记录表

工程名称	某住宅楼	建设单位	
监理单位	×××监理公司	施工单位	×××建筑公司
交底部位	底层砖墙体砌筑	交底日期	
交底人签字			

安全交底内容如下：

(1)在操作之前：必须检查操作环境是否符合安全要求,道路是否畅通,机具是否完好牢固,安全设施和防护用品是否齐全,经检查符合要求后才可施工;

(2)墙身砌体高度超过地坪 1.2 m 时,应搭设脚手架;

(3)脚手架上堆料量不得超过规定荷载,堆砖高度不得超过 3 皮侧砖;

(4)不准站在墙顶上做画线、刮缝和清扫墙面或检查大角垂直等工作;

(5)砍砖时虑面向墙内打,注意碎砖跳出伤人;

(6)人工垂直向上传递砖块时,架子上的站人板宽度应不小于 60 cm;

(7)雨天或下班时,要做好防雨准备,以防雨水冲走砂浆,致使砌体倒塌。冬期施工时,脚手架上如有冰霜、积雪,应先消除后才能上架工作。

接受人签字	

注：本表一式四份,建设单位、监理单位、施工单位、城建档案馆各一份。

7.5　任务五：施工过程质量控制

施工过程质量控制包括原材料质量检查、砌筑过程质量检查和质量评定等内容。

7.5.1　砌体工程质量验收标准

砌体工程检验批合格均应符合下列规定：

(1)主控项目的质量经抽样检验全部符合要求;

(2)一般项目的质量经抽样检验应有 80% 及以上符合要求;

(3)具有完整的施工操作依据、质量检查记录。

7.5.2　主控项目

主控项目如下：

（1）砖和砂浆的强度等级必须符合设计要求。抽检数量：每一生产厂家的砖到现场后，按烧结砖 15 万块、多孔砖 5 万块、灰砂砖及粉煤灰砖 10 万块各为一验收批，抽检数量为 1 组。砂浆试块的抽检数量应符合有关规定。

砌筑砂浆试块强度验收时其强度合格标准必须符合以下规定：同一验收批砂浆试块抗压强度平均值必须大于或等于设计强度等级所对应的立方体抗压强度，同一验收批砂浆试块抗压强度的最小一组平均值必须大于或等于设计强度等级所对应的立方体抗压强度的 0.75 倍。

砌筑砂浆的验收批，同一类型、强度等级的砂浆试块应不少于 3 组。当同一验收批只有一组试块时，该组试块抗压强度的平均值必须大于或等于设计强度等级所对应的立方体抗压强度。砂浆强度应以标准养护、龄期为 28 d 的试块抗压试验结果为准。抽查数量：每一检验批（不超过 250 m³ 砌体）的各种类型及强度等级的砌筑砂浆，每台搅拌机应至少抽检一次。检验方法：查砖和砂浆试块试验报告。

（2）砌体水平灰缝的砂浆饱满度不得小于 80%。抽检数量：每检验批抽查不应少于 5 处。检验方法：用百格网检查砖底面与砂浆的粘结痕迹面积。每处检测 3 块砖，取其平均值。

（3）砌体的转角处和交接处应同时砌筑，严禁无可靠措施的内外墙分砌施工。对不能同时砌筑而又必须留置的临时间断处应砌成斜槎，斜槎水平投影长度不应小于高度的 2/3。抽检数量：每检验批抽 20% 接槎，且不应少于 5 处。检验方法：观察检查。

（4）非抗震设防及抗震设防烈度为 6 度、7 度地区的临时间断处，当不能留斜槎时，除转角处外，可留直槎，但直槎必须做成凸槎。留直槎处应加设拉结钢筋，拉结钢筋的数量为每 120 mm 墙厚放置 1 Φ 6 拉结钢筋（120 mm 厚墙放置 2 Φ 6 拉结钢筋），间距沿墙高不应超过 500 mm，埋入长度从留槎处算起每边均不应小于 500 mm，对抗震设防强度 6 度、7 度的地区，不应小于 1000 mm；末端应有 90° 弯钩。抽检数量：每检验批抽 20% 接槎，且不应少于 5 处。检验方法：观察和尺量检查。合格标准：留槎正确，拉结钢筋设置数量、直径正确，竖向间距偏差不超过 100 mm，留置长度基本符合规定。

（5）砖砌体的位置及垂直度允许偏差应符合表 7-9 的规定。抽检数量：轴线查全部承重墙柱；外墙垂直度全高查阳角，不应少于 4 处，每层每 20 m 查一处；内墙按有代表性的自然间抽 10%，但不应少于 3 间，每间不应少于 2 处，柱不少于 5 根。

表 7-9　砖砌体的位置及垂直度允许偏差

项 次	项 目			允许偏差（mm）	检验方法
1	轴线位置偏移			10	用经纬仪和尺检查或用其他测量仪器检查
2	垂直度	每层		5	用 2 m 托线板检查
		全高	≤10 m	10	用经纬仪、吊线和尺检查，或用其他测量仪器检查
			>10 m	20	

7.5.3　一般项目

一般项目要求如下：

（1）砖砌体组砌方法应正确，上、下错缝，内外搭砌，砖柱不得采用包心砌法。抽检数量：外墙每20 m抽查一处，每处3～5 m，且不应少于3处；内墙按有代表性的自然间抽10%，且不应少于3间。

检验方法：观察检查。合格标准：除符合本条要求外，清水墙、窗间墙无通缝，混水墙中长度大于或等于300 mm的通缝每间不超过3处，且不得位于同一面墙体上。

（2）砖砌体的灰缝应横平竖直，厚薄均匀。水平灰缝厚度宜为10 mm，但不应小于8 mm，也不应大于12 mm。抽检数量：每步脚手架施工的砌体，每20 m抽查1处。检验方法：用尺量10皮砖砌体高度折算。

（3）砖砌体的一般尺寸允许偏差应符合表7-10的规定。

表7-10　允许偏差值表

项次	项目		允许偏差（mm）	检查方法	抽检数量
1	基础顶面和楼面标高		±15	用水平仪检查	不应少于5处
2	表面平整度	清水墙、柱	5	用2m靠尺和楔形塞尺检查	有代表性自然间10%，但不应少于3间，每间不应少于2处
		混水墙、柱	8		
3	门窗洞口高、宽（后塞口）		±5	用尺检查	检验批洞口的10%，且不应少于5处
4	外墙上下窗口偏移		20	以底层窗为准，用经纬仪或吊线检查	检验批的10%，且不应少于5处
5	水平灰缝垂直度	清水墙	7	拉10 m线和尺检查	有代表性自然间10%，但不应少于3间，每间不应少于2处
		混水墙	10		
6	清水墙游丁走缝		20	吊线和尺检查，以每层第一皮砖为准	有代表性自然间10%，但不应少于3间，每间不应少于2处

7.5.4　质量控制资料

砌体工程验收前，应提供下列文件和记录：

（1）施工执行的技术标准；

（2）原材料的合格证、产品性能检测报告及复验报告；

（3）混凝土及砂浆配合比通知单；

（4）混凝土及砂浆试块抗压强度试验报告单及评定结果；

（5）施工记录；

（6）各检验批的主控项目、一般项目验收记录；

（7）施工质量控制资料；

（8）重大技术问题的处理或修改设计的技术文件；

（9）其他必须提供的资料。

7.5.5 常见质量问题

7.5.5.1 砂浆强度不稳定

1. 现象

砂浆匀质性差,强度波动大,尤其是 M2.5、M5 砂浆试块强度低于 $f_{m,k}$（抗压强度标准值）的情况较多。

2. 原因分析

砂浆强度不稳定的原因如下：

（1）施工现场拌制砂浆计量不准,有的没有按规定使用重量比,而采用体积比,没有准确地按重量比折算和严格计量,影响砂浆强度。

（2）水泥混合砂浆中的石灰膏、电石膏及粉煤灰等塑化材料质量不好,如石灰膏含有较多的灰渣或已有干燥、结硬等情况,使砂浆中含有较多的软弱颗粒,降低了砂浆强度。

（3）水泥砂浆中掺入的微沫剂或水泥混合砂浆中的塑化材料使用不当,这些湿用料没调成标准稠度,掺量往往超过规定用量,严重地降低了砂浆的强度。

（4）砂浆搅拌时间不足或人工拌和不均匀,影响了砂浆的匀质性和和易性。

（5）砂浆试块的取样制作、养护方法等,没有按规范标准执行,致使测定的砂浆强度缺乏代表性,与实际砂浆强度不符。

7.5.5.2 砌体砂浆不饱满

1. 现象

实心砖砌体水平灰缝的砂浆饱满度低于 80%,砂浆饱满度不合格;竖缝内无砂浆;缩缝深度大于 2 cm 以上。

2. 原因分析

（1）砂浆和易性差,铺灰不匀、不饱满,挤浆不紧,砖与砂浆粘结差。

（2）铺灰过长,砌筑速度慢,砂浆中的水分被底下的砖吸干,使砌上的砖层与砂浆不粘结。

（3）砌清水墙采用 2~3 cm 的大缩口深度,减少了砂浆饱满度。

（4）用干砖砌筑,使砂浆过早脱水、干硬,削弱了砖与砂浆的粘结。

（5）摆砖砌筑没有揉挤或没有放丁头灰,竖缝内无砂浆。

7.5.5.3 墙体裂缝

1. 由于地基不均匀下沉引起的墙体裂缝

（1）斜裂缝

①现象。多发生在较长的纵墙两端,斜裂缝通过窗口的两个对角向沉降量较大的方向

倾斜,由上向下发展,往上逐渐减少,裂缝宽度下大上小,这种缝往往在房屋建成后不久就出现了,其数量及宽度随时间而逐渐发展。

②原因分析。由于地基不均匀下沉,使墙体承受较大的剪切力。当结构刚度差、施工质量低和材料强度不能满足要求时,墙体开裂。

(2)水平裂缝

①现象。一般发生在窗间墙的上下对角处成对出现,沉降量大的一边裂缝在下,沉降小的一边裂缝在上。

②原因分析。在沉降单元上部受阻力,使窗间墙受到较大的水平剪力,造成窗间墙上下对角处的水平裂缝。

(3)竖向裂缝

①现象。发生在纵墙中央的顶部和底层窗台处,裂缝上宽下窄。

②原因分析。由于窗间墙承受荷载后,窗台起着反梁作用,特别是较大的窗台或窗间墙承受较大的集中荷载作用下(如礼堂、厂房等工程),窗台墙因反向变形过大而开裂;地基建在冻土层上,由于冻胀作用也容易造成窗台处发生裂缝。

2. 由于温度变化引起的墙体裂缝

(1)八字形裂缝

①现象。多发生在平屋顶房屋和无保温屋盖的房屋顶层纵墙面的两端,一般长度在1~2开间范围内,严重时可发展至房屋1/3长度,有时在横墙上也可能发生。裂缝宽度一般中间大、两端小,当外纵墙两端有窗时,裂缝沿窗口对角方向裂开。

②原因分析。在夏季,屋顶圈梁、挑檐混凝土浇灌后和保温层未施工前,由于混凝土和砖砌体两种材料的线胀系数不同(前者比后者大一倍),处在较大温差情况下,纵墙因不能自由缩短,而在两端发生八字斜缝。

(2)水平裂缝

①现象。一般发生在平屋顶屋檐下或顶层圈梁2~3皮砖的灰缝位置;裂缝一般沿外墙顶部连续分布,两端较中间严重,在转角处,纵横墙水平裂缝相交而形成包角裂缝(图7－28)。

②原因分析。产生原因与八字形裂缝相同。

3. 由于施工不当引起的墙体裂缝与渗水

(1)现象

裂缝顺砌体灰缝展开;不规则或隐性的裂缝或渗水。

(2)原因分析

①设计要求的洞口、管道、沟槽未在砌筑时留出或留置不准确,造成砌筑后打凿墙体,墙体振动开裂。

②由于支撑模板或振捣混凝土,造成砌体松动开裂。

③单片墙体砌筑的自由高度超过规定,未采取临时支撑措施,当遇到大风或物体撞击后出现裂缝。

④存有裂缝的多孔砖砖石被砌筑到外墙朝向室外的一侧。

⑤伸出外墙的雨篷、阳台、遮阳板、空调搁板等水平构件倒坡积水会造成渗水。由于施工不当引起的墙体裂缝与渗水。

⑥砌筑时头缝做假缝(即空头缝),砂浆干缩后与砖面脱开,或本身留有瞎缝、透亮缝。

⑦封砌外墙井架通道墙面时垃圾未清净,或一次封砌到梁底,或接槎不严密等,易造成墙体裂缝及渗水。

7.5.6　质量验收检查表的填写

砌筑工程完成后,由施工单位质检人员填写质量检查表,报监理工程师验收,评定质量等级。表格及填写说明如表 7 – 11 所示。

表 7 – 11　砖砌体工程检验批质量验收记录

(GB 50203—2002)　　　　　　　　　　　　　　　　　　编号:010701/020301□□□

工程名称			分项工程名称		项目经理	
施工单位			验收部位			
施工执行标准 名称及编号					专业工长 (施工员)	
分包单位			分包项目经理		施工班组长	

质量验收规范的规定			施工单位自检记录	监理(建设)单位验收记录
检　查　项　目		质量要求		
主控项目	(1)　砖强度等级	设计要求 MU		
	(2)　砂浆强度等级	设计要求 M		
	(3)　斜槎留置	第 5.2.3 条		
	(4) 直槎拉结钢筋及接槎处理	第 5.2.4 条		
	(5)　砂浆饱满度	≥80%	％ ％ ％ ％ ％	％ ％ ％ ％ ％
	(6)　轴线位移	≤10 mm		
	(7)　垂直度(每层)	≤5 mm		
一般项目	(1)　组砌方法	第 5.3.1 条		
	(2)　水平灰缝厚度	8 ～ 12 mm		
	(3)　顶(楼)面标高	±15 mm 以内		
	(4)　表面平整度	清水 5 mm		
		混水 8 mm		
	(5)　门窗洞口高、宽	±5 mm 以内		
	(6)　外墙上下窗偏移	20 mm		

质 量 验 收 规 范 的 规 定			施工单位自检记录	监理(建设)单位验收记录
检 查 项 目		质量要求		
一般项目	(7) 水平灰缝平直度	清水 7 mm		
		混水 10 mm		
	(8) 清水墙游丁走缝	20 mm		
施工单位检查结果评定		项目专业质量检查员:	项目专业技术负责人:　　　　年　月　日	
监理(建设)单位验收结论		专业监理工程师:(建设单位项目专业技术负责人)　　　　年　月　日		

表 7 – 11 填写说明:

1. 强制性条文

(1)水泥进场使用前,应分批对其强度、安定性进行复验。检验批应以同一生产厂家、同一编号为一批。当在使用中对水泥质量有怀疑或水泥出厂超过三个月(快硬硅酸盐水泥超过一个月)时,应复查试验,并按其结果决定是否使用。不同品种的水泥,不得混合使用;

(2)凡在砂浆中掺入有机塑化剂、早强剂、缓凝剂、防冻剂等,应经检验和试配符合要求后,方可使用。有机塑化剂应有砌体强度的型式检验报告。

2. 主控项目

(1)砖和砂浆的强度等级必须符合设计要求。抽检数量:每一生产厂家的砖到现场后,按烧结砖 15 万块、多孔砖 5 万块、灰砂砖及粉煤灰砖 10 万块各为一验收批,抽检数量为 1 组。砂浆试块的抽检数量执行 GB 50203—2002 的有关规定。检验方法:查砖和砂浆试块试验报告。

(2)砌体水平灰缝的砂浆饱满度不得小于 80%。抽检数量:每检验批抽查不应少于 5 处。检验方法:用百格网检查砖底面与砂浆的粘结痕迹面积。每处检测 3 块砖,取其平均值。

(3)砖砌体的转角处和交接处应同时砌筑,严禁无可靠措施的内外墙分砌施工。对不能同时砌筑而又必须留置的临时间断处应砌成斜槎,斜槎水平投影长度不应小于高度的 2/3。抽检数量:每检验批抽 20% 接槎,且不应少于 5 处。检验方法:观察检查。

(4)非抗震设防及抗震设防烈度为 6 度、7 度地区的临时间断处,当不能留斜槎时,除转角处外,可留直槎,但直槎必须做成凸槎。留直槎处应加设拉结钢筋,拉结钢筋的数量为每 120 mm 墙厚放置 1 Φ6 拉结钢筋(120 mm 厚墙放置 2 Φ6 拉结钢筋),间距沿墙高不应超过 500 mm;埋入长度从留槎处算起每边均不应小于 500 mm,对抗震设防烈度 6 度、7 度的地区,不应小于 1000 mm;末端应有 90°弯钩。抽检数量:每检验批抽 20% 接槎,且不应少于 5 处。检验方法:观察和尺量检查。合格标准:留槎正确,拉结钢筋设置数量、直径正确,竖向间距偏差不超过 100 mm,留置长度基本符合规定。

(5)砖砌体的位置及垂直度允许偏差应符合表 7 – 12 的规定。

表7－12　砖砌体的位置及垂直度允许偏差

项次	项　目			允许偏差（mm）	检 验 方 法
1	轴线位置偏移			10	用经纬仪和尺检查或用其他测量仪器检查
2	垂直度	每层		5	用2 m托线板检查
		全高	≤10 m	10	用经纬仪、吊线和尺检查，或用其他测量仪器检查
			>10 m	20	

抽检数量：轴线查全部承重墙柱；外墙垂直度全高查阳角，不应少于4处，每层每20 m查一处；内墙按有代表性的自然间抽10%，但不应少于3间，每间不应少于2处，柱不少于5根。

3．一般项目

（1）砖砌体组砌方法应正确，上、下错缝，内外搭砌，砖柱不得采用包心砌法。抽检数量：外墙每20 m抽查一处，每处3～5 m，且不应少于3处；内墙按有代表性的自然间抽10%，且不应少于3间。检验方法：观察检查。合格标准：除符合本条要求外，清水墙、窗间墙无通缝；混水墙中长度大于或等于300 mm的通缝每间不超过3处，且不得位于同一面墙体上。

（2）砖砌体的灰缝应横平竖直，厚薄均匀。水平灰缝厚度宜为10 mm，但不应少于8 mm，也不应大于12 mm。抽检数量：每步脚手架施工的砌体，每20 m抽查1处。检验方法：用尺量10皮砖砌体高度折算。

混凝土小型空心砌块砌体工程检验批质量验收记录如表7－13所示。

表7－13　混凝土小型空心砌块砌体工程检验批质量验收记录

（GB 50203—2002）　　　　　　　　　　　　　　　编号：010702/020302□□□

工程名称				分项工程名称		项目经理							
施工单位				验收部位									
施工执行标准名称及编号						专业工长（施工员）							
分包单位				分包项目经理		施工班组长							
质 量 验 收 规 范 的 规 定					施工单位自检记录					监理（建设）单位验收记录			
主控项目	（1）	小砖块强度等级		设计要求 MU									
	（2）	砂浆强度等级		设计要求 M									
	（3）	砌筑留槎		第6.2.3条									
	（4）	水平灰缝饱满度（第6.2.2条）		≥90%	%	%	%	%	%	%	%	%	%	%
	（5）	竖向灰缝饱满度（第6.2.2条）		≥80%	%	%	%	%	%	%	%	%	%	%

质 量 验 收 规 范 的 规 定				施工单位自检记录	监理(建设)单位验收记录
主控项目	(6)	轴线位移	≤10 mm		
	(7)	垂直度(每层)	≤5 mm		
一般项目	(1)	灰缝厚度宽度	8 ～ 12 mm		
	(2)	顶面标高	±15 mm		
	(3)	表面平整度	清水 5 mm		
			混水 8 mm		
	(4)	门窗洞口	±5 mm 以内		
	(5)	上下窗口偏移	20 mm 以内		
	(6)	水平灰缝平直度	清水 7 mm		
			混水 10 mm		
施工单位检查 结 果 评 定	项目专业 质量检查员:		项目专业 技术负责人:		年　月　日
监理(建设) 单位验收结论	专业监理工程师: (建设单位项目专业技术负责人)				年　月　日

表 7 – 13 填写说明:

1. 强制性条文

(1)施工时所用的小砌块的产品龄期不应小于 28 d;

(2)承重墙体严禁使用断裂小砌块;

(3)小砌块应底面朝上反砌于墙上。

2. 主控项目

(1)小砌块和砂浆的强度等级必须符合设计要求。

(2)砌体水平灰缝的砂浆饱满度,应按净面积计算不得低于 90% ;竖向灰缝饱满度不得小于 80% ,竖缝凹槽部位应用砌筑砂浆填实;不得出现瞎缝、透明缝。抽检数量:每检验批不应少于 3 处。检验方法:用专用百格网检测小砌块与砂浆粘结痕迹,每处检测 3 块小砌块,取其平均值。

(3)墙体转角处和纵横墙交接处应同时砌筑。临时间断处应砌成斜槎,斜槎水平投影长度不应小于高度的 $\frac{2}{3}$。抽检数量:每检验批抽 20% 接槎,且不应少于 5 处。检验方法:观察检查。

(4)砌体的轴线偏移和垂直度偏差应按 GB 50203—2002 第 5.2.5 条的规定执行。

3. 一般项目

(1)墙体的水平灰缝厚度和竖向缝宽度宜为 10 mm,但不应大于 12 mm,也不应小于 8 mm。抽检数量:每层楼的检测点不应少于 3 处。抽检方法:用尺量 5 皮小砌块的高度和

2 m 砌体长度折算。

（2）小砌块墙体的一般尺寸允许偏差应按 GB 50203—2002 第 5.3.3 条有关规定执行。

石砌体工程检验批质量验收记录如表 7 - 14、表 7 - 15 所示。

表 7 - 14　石砌体工程检验批质量验收记录

（GB 50203—2002）　　　　　　　　　　　　　　　　　　　　　　编号:010704/020303

工程名称			分项工程名称			项目经理			
施工单位			验收部位						
施工执行标准名称及编号						专业工长（施工员）			
分包单位			分包项目经理			施工班组长			
质 量 验 收 规 范 的 规 定				施工单位自检记录				监理（建设）单位验收记录	

		质 量 验 收 规 范 的 规 定		施工单位自检记录						监理（建设）单位验收记录				
	（1）	石材强度等级	设计要求 MU											
	（2）	砂浆强度等级	设计要求 M											
	（3）	砂浆饱满度	≥80%	%	%	%	%	%	%	%	%	%	%
主控项目	（4）	轴线位移（第7.2.3条）	毛石砌体 基础20											
			毛石砌体 墙 15											
			料石砌体 毛料石 基础20											
			料石砌体 毛料石 墙 15											
			料石砌体 粗料石 基础15											
			料石砌体 粗料石 墙 10											
			料石砌体 细料石 墙柱10											
	（5）	垂直度（每层）（第7.2.3条）	毛石砌体（墙） 每层20											
			毛石砌体（墙） 全高30											
			料石砌体（墙） 毛料石 每层20											
			料石砌体（墙） 毛料石 全高30											
			料石砌体（墙） 粗料石 每层10											
			料石砌体（墙） 粗料石 全高25											
			料石砌体（墙） 细料石 每层7											
			料石砌体（墙） 细料石 全高20											

质 量 验 收 规 范 的 规 定					施工单位自检记录								监理(建设)单位验收记录							
一般项目	(1)	顶面标高	毛石砌体	基础 ±25																
				墙 ±15																
			料石砌体	毛料石	基础 ±25															
					墙 ±15															
				粗料石	基础 ±15															
					墙 ±15															
				细料石	墙柱 ±10															
	(2)	砌体厚度	毛石砌体	基础 +30																
				墙 +20 −10																
			料石砌体	毛料石	基础 +30															
					墙 +20 −10															
				粗料石	基础 +15															
					墙 +10 −5															
				细料石	墙柱 +10 −5															
	(3)	表面平整度	清水墙柱	毛石砌体	墙20															
				料石砌体 毛料石	墙20															
				料石砌体 粗料石	墙10															
				料石砌体 细料石	墙柱5															
			混水墙柱	毛石砌体	墙20															
				料石砌体 毛料石	墙20															
				料石砌体 粗料石	墙15															
	(4)	清水墙水平灰缝平直度	粗料石	墙10																
			细料石	墙柱5																
	(5)	组砌形式	第7.3.2条																	

施工单位检查结果评定	项目专业质量检查员：	项目专业技术负责人： 年 月 日
监理(建设)单位验收结论	专业监理工程师：(建设单位项目专业技术负责人)	年 月 日

表 7 - 14 填写说明:

1. 强制性条文

(1)水泥进场使用前,应分批对其强度、安定性进行复验。检验批应以同一生产厂家、同一编号为一批。当在使用中对水泥质量有怀疑或水泥出厂超过三个月(快硬硅酸盐水泥超过一个月)时,应复查试验,并按其结果决定是否使用。不同品种的水泥,不得混合使用。

(2)凡在砂浆中掺入有机塑化剂、早强剂、缓凝剂、防冻剂等,应经检验和试配符合要求后,方可使用。有机塑化剂应有砌体强度的型式检验报告。

(3)当设计无规定挡土墙的泄水孔时,施工应符合下列规定:

① 泄水孔应均匀设置,在每 m 高度上间隔 2 m 左右设置一个泄水孔;

② 泄水孔与土体间铺设长宽各为 300 mm、厚为 200 mm 的卵石或碎石作疏水层。

2. 主控项目

(1)石材及砂浆强度等级必须符合设计要求。抽检数量:同一产地的石材至少应抽检一组。砂浆试块的抽检数量执行 GB 50203—2002 有关规定。检验方法:料石检查产品质量证明书,石材、砂浆检查试块试验报告。

(2)砂浆饱满度不应小于 80%。抽检数量:每步架抽查不应少于 1 处。检验方法:观察检查。

(3)石砌体的轴线位置及垂直度允许偏差应符合表 7 - 15 的规定。抽检数量:外墙,按楼层(或 4 m 高以内)每 20 m 抽查 1 处,每处 3 米,但不应少于 3 处内墙,按有代表性的自然间抽查 10%,但不应少于 3 间,每间不应少于 2 处,柱子不应少于 5 根。

表 7 - 15　石砌体的轴线位置及垂直度允许偏差

项次	项目		允许偏差(mm)							检验方法
			毛石砌体		料石砌体					
			基础	墙	毛料石		粗料石		细料石	
					基础	墙	基础	墙	墙、柱	
1	轴线位置		20	15	20	15	15	10	10	用经纬仪和尺检查,或用其他测量仪器检查
2	墙面垂直度	每层		20		20		10	7	用经纬仪、吊线和尺检查,或用其他测量仪器检查
		全高		30		30		25	20	

3. 一般项目

(1)石砌体的一般尺寸允许偏差应符合 GB 50203—2002 第 7.3.1 条有关规定。

抽检数量:外墙,按楼层(或 4 m 高以内)每 20 m 抽查 1 处,每处 3 m,但不应少于 3 处;内墙,按有代表性的自然间抽查 10%,但不应少于 3 间,每间不应少于 2 处,柱子不应少于 5 根。

(2)石砌体的组砌形式应符合下列规定:

① 内外搭砌,上下错缝,拉结石、丁砌石交错设置;

② 毛石墙拉结石每 0.7 m² 墙面不应少于 1 块。

检查数量:外墙,按楼层(或 4 m 高以内)每 20 m 抽查 1 处,每处 3 m,但不应少于 3 处;

内墙,按有代表性的自然间抽查10%,但不应少于3间。检验方法:观察检查。

配筋砌体工程检验批质量验收记录如表7-16所示。

表7-16 配筋砌体工程检验批质量验收记录

(GB 50203—2002)   编号:010703/020305□□□

工程名称				分项工程名称		项目经理	
施工单位				验收部位			
施工执行标准 名称及编号						专业工长 (施工员)	
分包单位				分包项目经理		施工班组长	
质量验收规范的规定					施工单位自检记录	监理(建设)单位验收记录	
主控项目	(1)	钢筋品种规格数量	合格证书、钢筋 性能试验报告				
	(2)	混凝土强度等级	设计要求 C				
	(3)	砂浆强度	设计要求 M				
	(4)	块材强度	设计要求 MU				
	(5)	马牙槎拉结筋	第8.2.3条				
	(6)	芯柱	贯通截面不削弱				
	(7)	柱中心线位置	≤10 mm				
	(8)	柱层间错位	≤8 mm				
	(9)	柱垂直度	每层≤10 mm				
			全高(≤10 m) ≤ 15 mm				
			全高(＞10 m) ≤ 20 mm				
一般项目	(1)	水平灰缝钢筋	第8.3.1条				
	(2)	钢筋防锈	第8.3.2条				
	(3)	网状配筋及位置	第8.3.3条				
	(4)	组合砌体拉结筋	第8.3.4条				
	(5)	砌块砌体钢筋搭接	第8.3.5条				
施工单位检查 结果评定		项目专业 质量检查员:		项目专业 技术负责人:		年　月　日	
监理(建设) 单位验收结论		专业监理工程师: (建设单位项目专业技术负责人)				年　月　日	

表 7 – 16 填写说明：

1. 强制性条文

（1）水泥进场使用前，应分批对其强度、安定性进行复验。检验批应以同一生产厂家、同一编号为一批。当在使用中对水泥质量有怀疑或水泥出厂超过三个月（快硬硅酸盐水泥超过一个月）时，应复查试验，并按其结果决定是否使用。不同品种的水泥，不得混合使用。

（2）凡在砂浆中掺入有机塑化剂、早强剂、缓凝剂、防冻剂等，应经检验和试配符合要求后，方可使用。有机塑化剂应有砌体强度的型式检验报告。

2. 主控项目

（1）钢筋的品种、规格和数量应符合设计要求。检验方法：检查钢筋的合格证书、钢筋性能试验报告、隐蔽工程记录。

（2）构造柱、芯柱、组合砌体构件、配筋砌体剪力墙构件的混凝土或砂浆的强度等级应符合设计要求。抽检数量：各类构件每一检验批砌体至少应做一组试块。检验方法：检查混凝土或砂浆试块试验报告。

（3）构造柱与墙体的连接处应砌成马牙槎，马牙槎应先退后进，预留的拉结钢筋应位置正确，施工中不得任意弯折。抽检数量：每检验批抽 20% 构造柱，且不少于 3 处。检验方法：观察检查。合格标准：钢筋竖向移位不应超过 100 mm，每一马牙槎沿高度方向尺寸不应超过 300 mm。钢筋竖向位移和马牙槎尺寸偏差每一构造柱不应超过 2 处。

（4）构造柱位置及垂直度的允许偏差应符合表 7 – 17 的规定。抽检数量：每检验批抽 10%，且不应少于 5 处。

表 7 – 17　构造柱尺寸允许偏差

项次	项　目			允许偏差（mm）	抽　检　方　法
1	柱中心线位置			10	用经纬仪和尺检查，或用其他测量仪器检查
2	柱层间错位			8	用经纬仪和尺检查，或用其他测量仪器检查
3	柱垂直度	每层		10	用 2 m 托线板检查
		全高	≤10 m	15	用经纬仪、吊线和尺检查，或用其他测量仪器检查
			>10 m	20	

（5）对配筋混凝土小型空心砌块砌体，芯柱混凝土应在装配式楼盖处贯通，不得削弱芯柱截面尺寸。抽检数量：每检验批抽 10%，且不应少于 5 处。检验方法：观察检查。

3. 一般项目

（1）设置在砌体水平灰缝内的钢筋，应居中置于灰缝中。水平灰缝厚度应大于钢筋直径 4 mm 以上。砌体外露面砂浆保护层的厚度不应小于 15 mm。抽检数量：每检验批抽检 3 个构件，每个构件检查 3 处。检验方法：观察检查，辅以钢尺检测。

（2）设置在砌体灰缝内的钢筋的防腐保护应符合 GB 50203—2002 的有关规定。抽验数量：每检验批抽检 10% 的钢筋。检验方法：观察检查。合格标准：防腐涂料无漏刷（喷浸），无起皮脱落现象。

（3）网状配筋砌体中，钢筋网及放置间距应符合设计规定。抽检数量：每检验批抽 10%，且不应少于 5 处。检验方法：钢筋规格检查钢筋网成品，钢筋网放置间距局部剔缝观察,或用探针刺入灰缝内检查,或用钢筋位置测定仪测定。合格标准:钢筋网沿砌体高度位置超过设计规定一皮砖厚不得多于1处。

(4)组合砖砌体构件,竖向受力钢筋保护层应符合设计要求,距砖砌体表面距离不应小于5 mm;拉结筋两端应设弯钩,拉结筋及箍筋的位置应正确。抽检数量:每检验批抽检10%,且不应少于5处。检验方法:支模前观察与尺量检查。合格标准:钢筋保护层符合设计要求;拉结筋位置及弯钩设置80%及以上符合要求,箍筋间距超过规定者,每件不得多于2处,且每处不得超过一皮砖。

(5)配筋砌块砌体剪力墙中,采用搭接接头的受力钢筋搭接长度不应小于35d,且不应少于300 mm。抽检数量:每检验批每类构件抽20%(墙、柱、连梁),且不应少于3件。检验方法:尺量检查。

填充墙砌体工程检验批质量验收记录如表7-18所示。

表7-18 填充墙砌体工程检验批质量验收记录

(GB 50203—2002)　　　　　　　　　　　　　　　　　　　　　　　　　编号:020304□□□

工程名称			分项工程名称			项目经理	
施工单位			验收部位				
施工执行标准名称及编号						专业工长(施工员)	
分包单位			分包项目经理			施工班组长	
质 量 验 收 规 范 的 规 定				施工单位自检记录	监理(建设)单位验收记录
主控项目	(1)	块材强度等级	设计要求 MU		
	(2)	砂浆强度等级	设计要求 M		
一般项目	(1)	轴线位移	≤10 mm		
	(2)	垂直度(每层)	≤3 mm ＝ ≤5 mm		
			>3 mm ＝ ≤10 mm		
	(3)	砂浆饱满度	≥80%	% % % % %	% % % % %
	(4)	表面平整度	≤8 mm		
	(5)	门窗洞口	±5 mm		
	(6)	窗口偏移	20 mm		
	(7)	无混砌现象	第9.3.2条		
	(8)	拉结钢筋	第9.3.4条		
	(9)	搭砌长度	第9.3.5条		
	(10)	灰缝厚度、宽度	小型砌块8～12 mm 加气砌块15～20 mm		
	(11)	梁底砌法	第9.3.7条		

施工单位检查 结 果 评 定	项目专业 质量检查员:	项目专业 技术负责人:	年 月 日
监理(建设) 单位验收结论	专业监理工程师: (建设单位项目专业技术负责人)		年 月 日

表7-18填写说明:

1. 强制性条文

(1)水泥进场使用前,应分批对其强度、安定性进行复验。检验批应以同一生产厂家、同一编号为一批。当在使用中对水泥质量有怀疑或水泥出厂超过三个月(快硬硅酸盐水泥超过一个月)时,应复查试验,并按其结果使用。不同品种的水泥,不得混合使用。

(2)凡在砂浆中掺入有机塑化剂、早强剂、缓凝剂、防冻剂等,应经检验和试配符合要求后,方可使用。有机塑化剂应有砌体强度的型式检验报告。

2. 主控项目

砖、砌块和砌筑砂浆的强度等级应符合设计要求。检验方法:检查砖或砌块的产品合格证书、产品性能检测报告和砂浆试块试验报告。

3. 一般项目

(1)填充墙砌体一般尺寸的允许偏差应符合规范的规定。抽检数量如下:

①对表中1、2项,在检验批的标准间中随机抽查10%,但不应少于3间;大面积房间和楼道按两个轴线或每10m按一标准间计数。每间检验不应少于3处。

②对表中3、4项,在检验批中抽检10%,且不应少于5处。

(2)蒸压加气混凝土砌块砌体和轻骨料混凝土小型空心砌块砌体不应与其他块材混砌。抽检数量:在检验批中抽检20%,且不应少于5处。检验方法:外观检查。

(3)填充墙砌体的砂浆饱满度及检验方法应符合规范的规定。抽检数量:每步架子不少于3处,且每处不应少于3块。

(4)填充墙砌体留置的拉结钢筋或网片的位置应与块体皮数相符合。拉结钢筋或网片应置于灰缝中,埋置长度应符合设计要求,竖向位置偏差不应超过一皮高度。抽检数量:在检验批中抽检20%,且不应少于5处。检验方法:观察和用尺量检查。

(5)填充墙砌筑时应错缝搭砌,蒸压加气混凝土砌块搭砌长度不应小于砌块的砌体长度的1/3;轻骨料混凝土小型空心砌块搭砌长度不应小于90 mm;竖向通缝不应大于2皮。抽检数量:在检验批的标准间中抽查10%,且不应少于3间。检查方法:观察和用尺检查。

(6)填充墙砌体的灰缝厚度和宽度应正确。空心砖、轻骨料混凝土小型空心砌块灰缝应为8～12 mm。蒸压加气混凝土砌块砌体的水平灰缝厚度及竖向灰缝宽度分别宜为15 mm和20 mm。抽检数量:在检验批的标准间中抽查10%,且不应少于3间。检查方法:用尺量5皮空心砖或小砌块的高度和2 m砌体长度折算。

(7)填充墙砌至接近梁、板底时,应留一定空隙,待填充墙砌筑完并应至少间隔7d后,再将其补砌紧。抽检数量:每验收批抽10%填充墙片(每两柱间的填充墙为一墙片),且不应少于3片墙。检验方法:观察检查。

复 习 题

一、填空题

1. 多立杆式脚手架主要由 _____、_____、_____、_____和脚手板等组成。

2. 混合砂浆在施工气温高于 30℃时,应在拌成后 _____ h 内使用完毕。

3. 砌筑工程中任意一组砂浆试块的强度不得低于设计强度的 _____。

4. 砖墙的转角处和交接处若不能同时砌筑而又必须留槎时,应留 _____,且其长度不小于高度的 _____。

5. 砌筑工程的冬期施工方法确有 _____、_____和 _____等。

6. 脚手架的宽度一般为 _____,砌筑用脚手架的每步高度一般为 _____,装饰用脚手架的步架高度为 _____。

7. 砌筑工程的质量要求是:_____、_____、_____、_____、_____、_____。

8. 如果砖墙的临时间断处留斜槎时,其长度应 _____;如果留直槎时,应设置拉结筋,其数量为每 _____ mm 设置一根 _____ 的钢筋,沿墙高间距不大于 _____ mm,埋入长度从 _____ 算起不应小于 _____,末端应作 _____ 度弯钩。

二、选择题

1. 水泥砂浆应在拌成后( )内使用完毕,若施工期间最高气温超过 30℃,应在拌成后( )内使用完毕。

    A. 45 min　　　　　B. 2 h　　　　　C. 3 h　　　　　D. 4 h

2. 毛石基础每天可砌筑高度不应超过( )。

    A. 1.1 m　　　　　B. 1.2 m　　　　　C. 1.6 m　　　　　D. 1.8 m

3. 砖墙每天可砌筑高度不应超过( )。

    A. 1.1 m　　　　　B. 1.2 m　　　　　C. 1.6 m　　　　　D. 1.8 m

4. 砌筑中每块支好的安全网应能承受不小于( )的冲击荷载。

    A. 1.0 kN　　　　　B. 1.6 kN　　　　　C. 1.8 kN　　　　　D. 2.0 kN

5. 除冬期施工期限以外,当日最低气温低于( )时砌筑工程也应按冬期施工的规定执行。

    A. +5℃　　　　　B. +3℃　　　　　C. 0℃　　　　　D. -3℃

三、判断题

1. 在抗震设防地区如留斜槎有困难时,除转角外,也可留直槎。( )

2. 宽度小于 1m 的窗间墙不得留设脚手眼。( )

3. 砌块砌体错缝搭接时,搭接长度不小于砌块高度的 1/3,且不小于 500 mm。( )

4. 砌筑工程中的掺盐砂浆法对于工程的湿度环境无要求。( )

四、名词解释

1. 皮数杆

2. "三一"砌砖法

3. 横平竖直

五、问答题

1. 试述砌筑用脚手架的作用和基本要求。

2. 什么是可砌高度和一步架高？砖砌体日砌高度不宜超过多少？为什么？

3. 砌砖前为什么要对砖洒水湿润？如何控制其含水率？

4. 砌筑工程质量有哪些要求？影响其质量的因素有哪些？

5. 试述砖墙砌筑的施工工艺和施工要点。

6. 皮数杆有何作用？如何布置？

六、计算题

试计算 1 m³ 的半砖墙和一砖墙所需的标准砖的块数及砂浆的用量。（提示：砂浆用量＝理论计算值×抛撒系数 1.07）。

项目8　钢构件的制作

　　钢结构是由钢板、热轧型钢和冷加工成型的薄壁型钢制造而成。与其他材料的结构相比,钢结构具有以下优点:

　　(1)材料强度高,钢材质量轻。

　　(2)韧性、塑性好。

　　(2)材质均匀。

　　(3)制造简单,施工周期短。

　　(4)密封性好。

　　钢结构的缺点有:

　　(1)耐热但不耐火,150℃时强度无变化,600℃时强度约为0。

　　(2)钢材耐腐蚀性能差,维护费用高。

8.1　任务一:钢结构加工制作工艺

8.1.1　加工制作前的准备工作

　　钢结构加工制作前的准备工作如下:

　　(1)加工制作图。

　　(2)加工制作前的施工条件分析。

　　(3)钢卷尺(使用同一把尺)。

　　(4)做好上岗培训、操作考核和技术交底 。

8.1.2　钢结构加工制作的工艺程序

　　钢结构加工制作工艺程序包括放样、号料、切割下料、坡口加工、开孔、钢结构的组装、运输和堆放。

　　1.放样

　　放样是钢结构制作工艺中的第一道工序,其工作的准确与否将直接影响到整个产品的质量,至关重要。为了提高放样和号料的精度和效率,有条件时,应采用计算机辅助设计。

　　(1)放样工作包括如下内容:

　　①核对图纸的安装尺寸和孔距。

　　②以1:1的大样放出节点。

　　③核对各部分的尺寸。

④制作样板和样杆作为下料、弯制、铣、刨、制孔等加工的依据。

（2）放样时以 1:1 的比例在样板台上弹出大样。放样弹出的十字基准线，二线必须垂直。然后据此十字线逐一画出其他各个点及线，并在节点旁注上尺寸，以备复查及检验。

（3）样板（或样杆）上应注明工号、图号、零件号、数量及加工边、坡口部位、弯折线和弯折方向、孔径和滚圆半径等。

（4）样板一般分为四种类型：号孔样板、卡型样板、成型样板及号料样板。号孔样板专用于号孔；卡型样板分为内卡型样板和外卡型样板两种，是用于煨曲或检查构件弯曲形状的样板；成型样板用于煨曲或检查弯曲件平面形状；号料样板是供号料或号料同时号孔的样板。

（5）放样时，铣、刨的工件要所有加工边均考虑加工余量，焊接构件要按工艺要求放出焊接收缩量。

2. 号料

（1）号料（也称画线），即利用样板、样杆或根据图纸，在板料及型钢上画出孔的位置和零件形状的加工界线。

（2）号料的一般工作内容包括：

①检查核对材料。

②在材料上画出切割、铣、刨、弯曲、钻孔等加工位置，打冲孔，标注出零件的编号等。

（3）号料一般先根据料单检查清点样板和样杆、点清号料数量、准备号料的工具、检查号料的钢材规格和质量，然后依据先大后小的原则依次号料，并注明接头处的字母、焊缝代号。号料完毕，应在样板、样杆上注明并记下实际数量。

（4）常采用以下几种号料方法：

①集中号料法。

②套料法。

③统计计算法。

④余料统一号料法。

3. 切割下料

目的就是将放样和号料的零件形状从原材料上进行下料分离。钢材的切割可以通过切削、冲剪、摩擦机械力和热切割来实现。常用的切割方法有：机械剪切、气割和等离子切割三种方法。

（1）气割法是利用氧气与可燃气体混合产生的预热火焰加热金属表面达到燃烧温度并使金属发生剧烈的氧化，放出大量的热促使下层金属也自行燃烧，同时通以高压氧气射流，将氧化物吹除而引起一条狭小而整齐的割缝。随着割缝的移动，使切割过程连续切割出所需的形状。除手工切割外常用的机械有火车式半自动气割机、特型气割机等。这种切割方法设备灵活、费用低廉、精度高，是目前使用最广泛的切割方法，能够切割各种厚度的钢材，特别是带曲线的零件或厚钢板。气割前，应将钢材切割区域表面的铁锈、污物等清除干净；气割后，应清除熔渣和飞溅物。

（2）机械切割法可利用上、下两剪刀的相对运动来切断钢材，或利用锯片的切削运动把钢材分离，或利用锯片与工件间的摩擦发热使金属熔化而被切断。常用的切割机械有剪板机、联合冲剪机、弓锯床、砂轮切割机等。剪切法速度快、效率高，但切口略粗糙；锯割法可以切割角钢、圆钢和各类型钢，切割速度和精度都较好。机械剪切的零件，其钢板厚度不宜大于 12 mm,剪切面应平整。

（3）等离子切割法是利用高温高速的等离子焰流将切口处金属及其氧化物熔化并吹掉来完成切割,所以能切割任何金属,特别是熔点较高的不锈钢及有色金属铝、铜等。

4. 坡口加工

在钢结构加工中一般需要边缘加工,除图纸要求外,在梁翼缘板、支座支承面、焊接坡口及尺寸要求严格的加劲板、隔板、腹板和有孔眼的节点板等部位应进行边缘加工。常用的边缘加工方法有:铲边、刨边、铣边、碳弧气刨、气割和坡口机加工等。

5. 开孔

在钢结构制孔中包括铆钉孔、普通螺栓连接孔、高强度螺栓孔、地脚螺栓孔等,制孔方法通常有钻孔和冲孔两种。

（1）钻孔。

钻孔是钢结构制造中普遍采用的方法,几乎能用于任何规格的钢板、型钢的孔加工。

钻孔的加工方法分为画线钻孔、钻模钻孔和数控钻孔。

画线钻孔在钻孔前先在构件上画出孔的中心和直径,并在孔中心打样冲眼,作为钻孔时钻头定心用;在孔的圆周上（90°位置）打四个冲眼,作钻孔后检查用。画线工具一般用画针和钢尺。

当钻孔批量大、孔距精度要求较高时,应采用钻模钻孔。钻模有通用型、组合式和专用钻模,图8-1是一种节点板的钻模示意图。

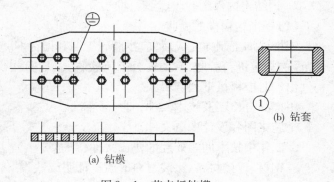

(a) 钻模
(b) 钻套

图 8 - 1 节点板钻模

数控钻孔是近年来发展的新技术,它无需在工件上画线、打样冲眼,加工过程自动化,高速数控定位、钻头行程数字控制。钻孔效率高、精度高,它是今后钢结构加工的发展方向。

（2）冲孔。

冲孔是在冲孔机（冲床）上进行,一般适用于非圆孔,也可用于较薄的钢板和型钢上冲孔,单孔径一般不小于钢材的厚度,此外,还可用于不重要的节点板、垫板和角钢拉撑等小件加工。冲孔生产效率较高,但由于孔的周围产生冷作硬化,孔壁质量较差,有孔口下塌、孔的下方增大的倾向,所以,一般用于对质量要求不高的孔以及预制孔（非成品孔）,在钢结构主构件中较少直接采用。

6. 钢结构的组装

钢结构组装的方法包括地样法、仿形复制装配法、立装法、卧装法、胎模装配法。

地样法:用 1:1 的比例在装配平台上放出构件实样,然后根据零件在实样上的位置,分别组装起来成为构件。此装配方法适用于桁架、构架等小批量结构的组装。

仿形复制装配法:先用地样法组装成单面（单片）的结构,然后定位点焊牢固,将其翻身,作为复制胎模,在其上面装配另一单面结构,往返两次组装。此种装配方法适用于横断面互为对称的桁架结构。

立装法:根据构件的特点及其零件的稳定位置,选择自上而下或自下而上的顺序装配。此装配方法适用于放置平稳、高度不大的结构或者大直径的圆筒。

卧装法:将构件放置于卧的位置进行装配。适用于断面不大但长度较大的细长构件。

胎模装配法:将构件的零件用胎模定位在其装配位置上的组装方法。此种装配方法适用于制造构件批量大、精度高的产品。

拼装必须按工艺要求的次序进行,当有隐蔽焊缝时,必须先予施焊,经检验合格方可覆盖。为减少变形,尽量采用小件组焊,经矫正后再大件组装。

组装的零件、部件应经检查合格,零件、部件连接接触面和沿焊缝边缘为30～50 mm范围内的铁锈、毛刺、污垢、冰雪、油迹等应清除干净。

板材、型材的拼接应在组装前进行;构件的组装应在部件组装、焊接、矫正后进行,以便减少构件的残余应力,保证产品的制作质量。构件的隐蔽部位应提前进行涂装。

钢构件组装的允许偏差见GB50205—2001《钢结构工程施工质量验收规范》有关规定。

7. 钢结构构件的验收、运输、堆放

(1)钢结构构件的验收

钢构件加工制作完成后,应按照施工图和国标GB50205—2008《钢结构工程施工及验收规范》的规定进行验收,有的还分工厂验收、工地验收,因工地验收还增加了运输的因素,钢构件出厂时应提供下列资料:

①产品合格证及技术文件;

②施工图和设计变更文件;

③制作中技术问题处理的协议文件;

④钢材、连接材料、涂装材料的质量证明或试验报告;

⑤焊接工艺评定报告;

⑥高强度螺栓摩擦面抗滑移系数试验报告,焊缝无损检验报告及涂层检测资料;

⑦主要构件检验记录;

⑧预拼装记录,由于受运输、吊装条件的限制,另外设计的复杂性,有时构件要分二段或若干段出厂,为了保证工地安装的顺利进行,在出厂前进行预拼装(需预拼装时);

⑨构件发运和包装清单。

(2)构件的运输

发运的构件,单件超过3t的,宜在易见部位用油漆标上重量及重心位置的标志,以免在装、卸车和起吊过程中损坏构件;节点板、高强度螺栓连接面等重要部分要有适当的保护措施,零星的部件等都要按同一类别用螺栓和铁丝紧固成束或包装发运。

大型或重型构件的运输应根据行车路线、运输车辆的性能、码头状况、运输船只来编制运输方案。在运输方案中要着重考虑吊装工程的堆放条件、工期要求来编制构件的运输顺序。

运输构件时,应根据构件的长度、重量断面形状选用车辆;构件在运输车辆上的支点、两端伸长的长度及绑扎方法均应保证构件不产生永久变形、不损伤涂层。构件起吊必须按设计吊点起吊,不得随意。公路运输装运的高度极限为4.5 m,如需通过隧道时,则高度极限为4 m,构件长出车身不得超过2 m。

(3)构件的堆放

构件一般要堆放在工厂的堆放场和现场的堆放场。构件堆放场地应平整坚实,无水坑、冰层,地面平整干燥,并应排水通畅,有较好的排水设施,同时有车辆进出的回路。

构件应按种类、型号、安装顺序划分区域,插竖标志牌。构件底层垫块要有足够的支承面,不允许垫块有大的沉降量,堆放的高度应有计算依据,以最下面的构件不产生永久变形为准,不得随意堆高。钢结构产品不得直接置于地上,要垫高200 mm。

在堆放中,发现有变形不合格的构件,则应严格检查,进行矫正,然后再堆放。不得把不合格的变形构件堆放在合格的构件中,否则会大大影响安装进度。

对于已堆放好的构件,要派专人汇总资料,建立完善的进出厂的动态管理,严禁乱翻、乱移。同时对已堆放好的构件进行适当保护,避免风吹雨打、日晒夜露。

不同类型的钢构件一般不堆放在一起。同一工程的钢构件应分类堆放在同一区域,便于装车发运。

8.2 任务二:钢结构构件的焊接

8.2.1 钢结构构件常用的焊接方法——手工电弧焊

焊接结构根据对象和用途大致可分为建筑焊接结构、储罐和容器焊接结构、管道焊接结构、导电性焊接结构。主要焊接方法:手工电弧焊、气体保护焊、自保护电弧焊、埋弧焊、螺柱焊、点焊。如图8-2所示为手工电弧焊和自动电弧焊示意图。本节着重阐述手工电弧焊的施工工艺。

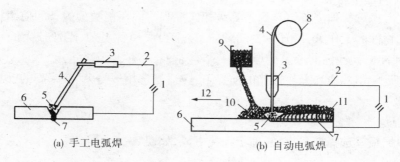

(a) 手工电弧焊　　　　　　　(b) 自动电弧焊

图8-2 电焊示意图

1—电源;2—导线;3—夹具;4—焊条;5—电弧;6—焊件;
7—焊缝;8—转盘;9—漏斗;10—熔剂;11—熔化的熔剂;12—移动方向

1. 焊前准备

(1)根据施焊结构钢材的强度等级,各种接头形式选择相等强度等级牌号和合适的焊条直径。

(2)当施工环境温度低于0℃,或钢材的碳当量大于0.41%及结构刚性过大,构件较厚时应采用焊前预热措施,预热温度为80℃～100℃,预热范围为板厚的5倍,但不小于100 mm。

(3)工件厚度大于6 mm对接焊时,为确保焊透,在板材的对接边沿开切V形或X形坡口,坡口角度α为60°,钝边$p=0～1$ mm,装配间隙$b=0～1$ mm,如图8-3所示。当板厚差≥4 mm 时,应对较厚板材的对接边沿进行削斜处理,如图 8-4 所示。

图 8-3 坡口图

(4)焊条烘焙:酸性药皮类型焊条焊前烘焙 150℃×2 h,保温 2 h;碱性药皮类焊条焊前必须进行 300～350℃×2 h 烘焙,并保温 2 h 才能使用。

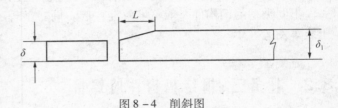

图 8-4 削斜图

(5)焊前接头清洁要求:在坡口或焊接处两侧 30 mm 范围内影响焊缝质量的毛刺、油污、水、铁锈等脏物及氧化皮,必须清除干净。

(6)在板缝两端如余量小于 50 mm 时,焊前两端应加引弧、熄弧板,其规格不小于 50 mm×50 mm。

2. 焊接材料的选用

焊接材料的选用需要考虑以下三点:

(1)首先考虑母材强度等级与焊条等级相匹配和不同药皮类型焊条的使用特性。

(2)考虑物件的工作条件,凡承受动载荷、高应力或形状复杂、刚性较大的钢构件,应选用抗裂性能和冲击韧性好的低氢型焊条。

(3)在满足使用性能和操作性能的前提下,应适当选用规格大、效率高的铁粉焊条,以提高焊接生产效率。

3. 焊接规范

(1)应根据板厚选择焊条直径,确定焊接电流,如表 8-1 所示。

表 8-1 焊接电流表

板厚(mm)	焊条直径(mm)	焊接电流(A)	备 注
3	2.5	80～90	不开口
8	3.2	110～150	开 V 形坡口
16	4.0	160～180	开 X 形坡口
20	4.0	180～200	开 X 形坡口

注:该电流为平焊位置焊接,立、横、仰焊时焊接电流应降低 10%～15%;>16 mm 板厚焊接底层选 ϕ3.2 mm 焊条,角焊焊接电流应比对接焊焊接电流稍大。

(2)为使对接焊缝焊透,其选用的底层焊接焊条直径应比其他层焊接焊条的直径小。

(3)厚件焊接,应严格控制层间温度,各层焊缝不宜过宽,应考虑多道多层焊接。

（4）对接焊缝正面焊接后，反面使用碳气刨扣槽，并进行封底焊接。

4. 焊接程序

（1）焊接板缝：有纵横交叉的焊缝，应先焊端接缝后焊边接缝。

（2）焊缝较长时，应采用分中对称焊法或逐步退焊法。

（3）结构上对接焊缝与角接焊缝同时存在时，应先焊板的对接焊缝，后焊物架的对接焊缝，最后焊物架与板的角焊缝。

（4）凡对称物件，应从中央开始向首尾方向焊接并对称焊接左、右方向。

（5）构件上平、立角焊同时存在时，应先焊立角焊，后焊平角焊，先焊短焊缝后焊长焊缝。

（6）一切吊运"马"都应用低氢焊条，焊后必须及时打渣，认真检查焊脚尺寸要求及四周焊缝包角。

（7）部件焊缝质量不好应在部件上进行返修，使其处理合格，不得留在整体安装焊接时进行。

5. 操作要点

（1）焊接重要结构时，使用低氢焊条，必须经 $300 \sim 350℃$ 2 h 烘干，一次领用不超过 4 h 用量，并装在保温桶内，其他焊条也应放在焊条箱妥善保管。

（2）根据焊条的直径和型号、焊接位置等调试焊接电流和选择极性。

（3）在保证接头不致爆裂的前提下，根部焊道应尽可能薄。

（4）多层焊接时，下一层焊开始前应将上层焊缝的药皮、飞溅等清除干净，多层焊每层焊缝厚度不超过 $3 \sim 4$ mm。

（5）焊前工件有预热要求时，多层多道焊应尽量连续完成，保证层间温度都不低于最低预热温度。

（6）多层焊起弧接头应相互错开 $30 \sim 40$ mm，"T"和"一"字缝交叉处 50 mm 范围内不准起弧和熄弧。

（7）低氢型焊条应采用短弧焊进行焊接，选择直流电源反极性接法。

6. 焊缝质量要求

（1）重要结构对接焊缝按各项设计技术要求进行一定数量的 X 光或超声波焊缝内部检查，并按设计规定级别评定。

（2）外表焊缝检查：所有结构焊缝全部进行检查，其焊缝外表质量要求：

①焊缝直线度：任何部位在 ≤ 100 mm，内直线度应 ≤ 2 mm。

②焊缝过渡光顺：不能突变，过渡角度 $<90°$。

③焊缝高低差：在长度 25 mm，其高低差应 ≤ 1.5 mm。

④角焊缝 K 值公差：当构件厚度 ≤ 1.5 mm 时，$0.9K_0 \leq K \leq K_0 + 1$；当构件厚度 ≤ 4 mm 时，$0.9K_0 \leq K \leq K_0 + 2$（$K_0$ 为设计焊脚尺寸）。

⑤焊缝咬边：当板厚 ≤ 6 mm，$d \leq 0.3$ mm，局部 $d \leq 0.5$ mm；当板厚 >6 mm，$d \leq 0.3$ mm，局部 $d \leq 0.5$ mm（d 为咬边深度）。

⑥焊缝不允许低于工件表面及裂缝，未熔合者为缺陷。

⑦多道焊缝表面堆叠相交处下凹深度应 ≤ 1 mm。

⑧全部焊接缺陷允许进行修补，修补后应打磨光顺。

⑨部件结构材质为铸钢件时，焊后必须经 550℃ 退火处理，以消除应力。

8.2.2 电焊质量检查

为了保证焊接结构的完整性、可靠性、安全性和实用性,除了对焊接技术和焊接工艺的要求以外,焊接质量检测也是焊接结构质量管理的重要一环。焊接检验方法有以下三种:

1. 破坏性检测

(1)力学性能实验,包括拉伸试验、硬度试验、弯曲试验、疲劳试验、冲击试验等。

(2)化学分析试验,包括化学成分分析、腐蚀试验等。

(3)金相检验,包括宏观检验、微观检验等。

2. 非破坏性检测

(1)外观检验,包括尺寸检验、几何形状检测、外表伤痕检测等。

(2)耐压试验,包括水压试验和气压试验等。

(3)密封性试验,包括气密试验、载水试验、氨气试验、沉水试验、煤油渗漏试验、氨检漏试验等。

3. 无损检测

无损检测,包括射线探伤、超声波探伤、磁力探伤、渗透探伤等。

8.3 任务三:紧固件连接工程

螺栓作为钢结构连接紧固件,通常用于构件间的连接、固定、定位等。钢结构中的连接螺栓一般分普通螺栓和高强度螺栓两种。普通螺栓对螺栓不施加紧固力,该连接即为普通螺栓连接;高强度螺栓对螺栓施加紧固力,该连接称高强度螺栓连接。

8.3.1 普通螺栓连接

钢结构普通螺栓连接是将普通螺栓、螺母、垫圈机械地和连接件连接在一起形成的一种连接形式。

1. 连接要求

普通螺栓在连接时应符合下列要求:

①永久螺栓的螺栓头和螺母的下面应放置平垫圈。垫置在螺母下面的垫圈不应多于2个,垫置在螺栓头部下面的垫圈不应多于1个。

②螺栓头和螺母应与结构构件的表面及垫圈密贴。

③对于槽钢和工字钢翼缘之类倾斜面的螺栓连接,则应放置斜垫片垫平,以使螺母和螺栓的头部支承面垂直于螺杆,避免螺栓紧固时螺杆受到弯曲力。

④永久螺栓和锚固螺栓的螺母应根据施工图纸中的设计规定,采用有防松装置的螺母或弹簧垫圈。

⑤对于动荷载或重要部位的螺栓连接,应在螺母的下面按设计要求放置弹簧垫圈。

⑥各种螺栓连接,从螺母一侧伸出螺栓的长度应保持在不小于两个完整螺纹的长度。

2.直径和长度选择

①螺栓直径的确定原则上应由设计人员按等强度原则计算确定,但对某一工程来讲,直径规格应该尽可能少。

②长度指螺栓螺头内侧面到螺杆端头的长度,一般为 5 mm 进制。影响螺栓长度的因素主要有:被连接件厚度、螺母高度、垫圈的数量及厚度。

③螺栓布置:并列排列和交错排列,间距确定既要考虑连接效果又要考虑螺栓的施工。

3.螺栓紧固

普通螺栓连接对螺栓紧固轴力没有要求,因此螺栓的紧固施工以操作者的手感及连接接头的外形控制为准。为了使连接接头中螺栓受力均匀,螺栓的紧固次序应从中间开始,对称向两边进行;对大型接头应采用复拧,即两次紧固方法,保证接头内各个螺栓能均匀受力。

普通螺栓连接螺栓紧固检验比较简单,一般采用锤击法。用质量为 3 kg 的小锤,一手扶螺栓(或螺母)头,另一手用锤敲,要求螺栓头(螺母)不偏移、不颤动、不松动,锤声比较干脆,否则说明螺栓紧固质量不好,需要重新紧固施工。

8.3.2　高强度螺栓连接

高强度螺栓连接已经发展成为与焊接并举的钢结构主要连接形式之一,它具有受力性能好、耐疲劳、抗震性能好、连接刚度高、施工简便等优点,被广泛地应用在建筑钢结构和桥梁钢结构的工地连接中。

高强度螺栓连接按其受力状况,可分为摩擦型连接、摩擦－承压型连接、承压型连接和张拉型连接等几种类型,其中摩擦型连接是目前广泛采用的基本连接形式。

1.施工的机具

(1)手动扭矩扳手。各种高强度螺栓在施工中以手动紧固时,都要使用有示明扭矩值的扳手施拧,使其达到高强度螺栓连接规定的扭矩和剪力值。一般常用的手动扭矩扳手有指针式、音响式和扭剪型三种。

(2)扭剪型手动扳手。这是一种紧固扭剪型高强度螺栓使用的手动力矩扳手。配合扳手紧固螺栓的套筒,设有内套筒弹簧、内套筒和外套筒。这种扳手靠螺栓尾部的卡头得到紧固反力,使紧固的螺栓不会同时转动。内套筒可根据所紧固的扭剪型高强度螺栓直径而更换相适应的规格。紧固完毕后,扭剪型高强度螺栓卡头在颈部被剪断,所施加的扭矩可以视为合格。

(3)电动扳手。钢结构用高强度大六角头螺栓紧固时用的电动扳手有:NR－9000A、NR－12和双重绝缘定扭矩、定转角电动扳手等,是拆卸和安装六角高强度螺栓的机械化工具,可以自动控制扭矩和转角,适用于钢结构桥梁、厂房建设、化工、发电设备安装大六角头高强度螺栓施工的初拧、终拧和扭剪型高强度螺栓的初拧,以及对螺栓紧固件的扭矩或轴力有严格要求的场合。

2.高强度螺栓的施工

(1)大六角头高强度螺栓

①扭矩法施工。在采用扭矩法终拧前,应首先进行初拧,对螺栓多的大接头,还需进行复拧。初拧的目的就是使连接接触面密贴,一般常用规格螺栓(M20、M22、M24)的初拧扭矩

在200～300 N·m,螺栓轴力达到10～50 kN即可。初拧、复拧及终拧一般都应从中间向两边或四周对称进行,初拧和终拧的螺栓都应做不同的标记,避免漏拧、超拧等安全隐患,同时也便于检查人员检查紧固质量。

②转角法施工。转角法就是利用螺母旋转角度以控制螺杆弹性伸长量来控制螺栓轴向力的方法。采用转角法施工可避免较大的误差。

转角法施工分初拧和终拧两步进行(必要时需增加复拧),初拧的要求比扭矩法施工要严,因为起初连接板间隙的影响,螺母的转角大都消耗于板缝,转角与螺栓轴力关系不稳定。初拧的目的是为消除板缝影响,使终拧具有一致的基础。转角法施工在我国已有30多年的历史,但对初拧扭矩尚没有一定的标准,各个工程根据具体情况确定,一般地,对于常用螺栓,初拧扭矩定在200～300 N·m比较合适,初拧以使连接板缝密贴为准。终拧是在初拧的基础上,再将螺母拧转一定的角度,使螺栓轴向力达到施工预拉力。

(2)扭剪型高强度螺栓

扭剪型高强度螺栓连接副紧固施工比大六角头高强度螺栓连接副紧固施工要简便得多,正常情况下采用专用的电动扳手进行终拧,梅花头拧掉标志着螺栓终拧的结束。

8.4 任务四:施工技术和安全交底

施工技术交底是由施工单位技术负责人向施工班组作钢构件制作有关的技术交底。安全交底是由施工单位专职安全员向施工班组作钢构件制作有关的安全交底。钢结构手工电弧焊焊接工程分项工程质量技术交底卡见表8-2,分部(分工种)工程安全技术交底记录表见表8-3。

表8-2 钢结构手工电弧焊焊接工程分项工程质量技术交底卡

GD 2301003□□

施工单位	某某建筑工程公司					
工程名称	某某钢结构厂房	分部工程				
交底部位	手工电弧焊焊接工程	日　期		年　　　月　　　日		
交 底 内 容	一、依据标准 《GB 50300—2001 建筑工程施工质量验收统一标准》 《GB 50205—2001 钢结构工程施工质量验收规范》 二、施工准备 1.材料及主要机具 ①电焊条:其型号按设计要求选用,必须有质量证明书。按要求施焊前经过烘焙。严禁使用药皮脱落、焊芯生锈的焊条。设计无规定时,焊接 Q235 钢时宜选用 E43 系列碳钢结构焊条;焊接 16Mn 钢时宜选用 E50 系列低合金结构钢焊条;焊接重要结构时宜采用低氢型焊条(碱性焊条)。按说明书的要求烘焙后,放入保温桶内,随用随取。酸性焊条与碱性焊条不准混杂使用。					

施工单位	某某建筑工程公司					
工程名称	某某钢结构厂房	分部工程				
交底部位	手工电弧焊焊接工程	日 期	年	月	日	

交底内容

②引弧板:用坡口连接时需用弧板,弧板材质和坡口型式应与焊件相同。

③主要机具:电焊机(交、直流)、焊把线、焊钳、面罩、小锤、焊条烘箱、焊条保温桶、钢丝刷、石棉条、测温计等。

2.作业条件

①熟悉图纸,做焊接工艺技术交底。

②施焊前应检查焊工合格证有效期限,应证明焊工所能承担的焊接工作。

③现场供电应符合焊接用电要求。

④环境温度低于0℃时,对预热、后热温度应根据工艺试验确定。

三、操作工艺

1.工艺流程

作业准备→电弧焊接(平焊、立焊、横焊、仰焊)→焊缝检查。

2.钢结构电弧焊接

(1)平焊。

①选择合格的焊接工艺、焊条直径、焊接电流、焊接速度、焊接电弧长度等,通过焊接工艺试验验证。

②清理焊口:焊前检查坡口、组装间隙是否符合要求,定位焊是否牢固,焊缝周围不得有油污、锈物。

③烘焙焊条应符合规定的温度与时间,从烘箱中取出的焊条应放在焊条保温桶内,随用随取。

④焊接电流:根据焊件厚度、焊接层次、焊条型号、直径、焊工熟练程度等因素,选择适宜的焊接电流。

⑤引弧:角焊缝起落弧点应在焊缝端部,宜大于10 mm,不应随便打弧,打火引弧后应立即将焊条从焊缝区拉开,使焊条与构件间保持2～4 mm间隙以产生电弧。对接焊缝及对接和角接组合焊缝,在焊缝两端设引弧板和引出板,必须在引弧板上引弧后再焊到焊缝区,中途接头则应在焊缝接头前方15～20 mm处打火引弧,将焊件预热后再将焊条退回到焊缝起始处,把熔池填满到要求的厚度后,方可向前施焊。

⑥焊接速度:要求等速焊接,保证焊缝厚度、宽度均匀一致,从面罩内看熔池中铁水与熔渣保持等距离(2～3 mm)为宜。

⑦焊接电弧长度:根据焊条型号不同而确定,一般要求电弧长度稳定不变,酸性焊条一般为3～4 mm,碱性焊条一般为2～3 mm为宜。

⑧焊接角度:根据两焊件的厚度确定,焊接角度有两个方面。一是焊条与焊接前进方向的夹角为60°～75°。二是焊条与焊接左右夹角有两种情况:当焊件厚度相等时,焊条与焊件夹角均为45°;当焊件厚度不等时,焊条与较厚焊件一侧夹角应大于焊条与较薄焊件一侧夹角。

⑨收弧:每条焊缝焊到末尾,应将弧坑填满后,往焊接方向相反的方向带弧,使弧坑甩在焊道里面,以防弧坑咬肉。焊接完毕,应采用气割切除弧板,并修磨平整,不许用锤击落。

⑩清渣:整条焊缝焊完后清除熔渣,经焊工自检(包括外观及焊缝尺寸等)确认无问题后,方可转移地点继续焊接。

(2)立焊:基本操作工艺过程与平焊相同,但应注意下述问题:

①在相同条件下,焊接电源比平焊电流小10%～15%。

②采用短弧焊接,弧长一般为2～3 mm。

③焊条角度根据焊件厚度确定。两焊件厚度相等,焊条与焊条左右方向夹角均为45°;两焊件厚度不等时,焊条与较厚焊件一侧的夹角应大于较薄一侧的夹角。焊条应与垂直面形成60°～80°夹角,使角弧略向上,吹向熔池中心。

施工单位	某某建筑工程公司				
工程名称	某某钢结构厂房		分部工程		
交底部位	手工电弧焊焊接工程		日　期	年　月　日	

交底内容

④收弧：当焊到末尾，采用排弧法将弧坑填满，把电弧移至熔池中央停弧。严禁把弧坑甩在一边。为了防止咬肉，应压低电弧变换焊条角度，使焊条与焊件垂直或由弧稍向下吹。

（3）横焊：基本与平焊相同，焊接电流比同条件平焊的电流小 10%～15%，电弧长 2～4 mm。焊条的角度在横焊时应向下倾斜，为 70°～80°，以防止铁水下坠。根据两焊件的厚度不同，可适当调整焊条角度，焊条与焊接前进方向为 70°～90°。

（4）仰焊：基本与立焊、横焊相同，其焊条与焊件的夹角和焊件厚度有关，焊条与焊接方向成 70°～80°夹角，宜用小电流、短弧焊接。

3. 冬期低温焊接

（1）在环境温度低于 0℃ 条件下进行电弧焊时，除遵守常温焊接的有关规定外，应调整焊接工艺参数，使焊缝和热影响区缓慢冷却。风力超过 4 级，应采取挡风措施；焊后未冷却的接头，应避免碰到冰雪。

（2）钢结构为防止焊接裂纹，应预热以控制层间温度。当工作地点温度在 0℃ 以下时，应进行工艺试验，以确定适当的预热、后热温度。

四、质量标准

钢结构制作（安装）焊接工程质量检验标准

项目	序号	项　目	允许偏差（mm）	检验方法
主控项目	1	焊接材料品种、规格	第4.3.1条	检查产品合格证明文件、中文标志及检验报告（全数检查）
	2	焊接材料复验	第4.3.2条	检查复试报告（全数检查）
	3	材料匹配	第5.2.1条	检查质量证明书和烘焙记录（全数检查）
	4	焊工证书	第5.2.2条	检查焊工合格证及其认可范围、有效期（所有焊工）
	5	焊接工艺评定	第5.2.3条	检查焊接工艺评定报告（全数检查）
	6	内部缺陷	第5.2.4条	检查焊缝探伤记录（全数检查）
	7	组合焊缝尺寸	第5.2.5条	观察检查、焊缝量规抽查测量（资料全数检查，同类焊缝抽查10%，且≥3处）
	8	焊缝表面缺陷	第5.2.6条	观察检查或使用放大镜、焊缝量规和钢尺进行检查，必要时，采用渗透或磁粉探伤检查
一般项目	1	焊接材料外观质量	第4.3.4条	观察检查（按量抽查1%，且≥10包）
	2	预热和后热处理	第5.2.7条	检查试验报告（全数检查）
	3	焊缝外观质量	第5.2.8条	观察检查或使用放大镜、焊缝量规和钢尺进行检查
	4	焊缝尺寸偏差	第5.2.9条	观察检查
	5	凹形角焊缝	第5.2.10条	观察检查（同类构件抽查10%，且≥3件）
	6	焊缝感观	第5.2.11条	观察检查

施工单位	某某建筑工程公司				
工程名称	某某钢结构厂房	分部工程			
交底部位	手工电弧焊焊接工程	日　期	年	月	日

<table>
<tr><td rowspan="1">交

底

内

容</td><td>

五、成品保护

(1)焊后不准撞砸接头,不准往刚焊完的钢材上浇水。低温下应采取缓冷措施。

(2)不准随意在焊缝外母材上引弧。

(3)各种构件校正好之后方可施焊,并不得随意移动垫铁和卡具,以防造成构件尺寸偏差。隐蔽部位的焊缝必须办理完隐蔽验收手续后,方可进行下一道隐蔽工序。

(4)低温焊接不准立即清渣,应等焊缝降温后进行。

六、应注意的质量问题

(1)尺寸超出允许偏差:对焊缝长度、宽度、厚度不足,中心线偏移,弯折等偏差,应严格控制焊接部位的相对位置尺寸,合格后方准焊接,焊接时精心操作。

(2)焊缝裂纹:为防止裂纹产生,应选择适合的焊接工艺参数和施焊程序,避免用大电流,不要突然熄火,焊缝接头应搭接 10～15 mm,焊接中不允许搬动、敲击焊件。

(3)表面气孔:焊条按规定的温度和时间进行烘焙,焊接区域必须清理干净,焊接过程中选择适当的焊接电流,降低焊接速度,使熔池中的气体完全逸出。

(4)焊缝夹渣:多层施焊应层层将焊渣清除干净,操作中应运条正确,弧长适当。注意熔渣的流动方向,采用碱性焊条时,必须使熔渣留在熔池后面。

七、质量记录

(1)焊接材料质量证明书。

(2)焊工合格证及编号。

(3)焊接工艺试验报告。

(4)焊接质量检验报告、探伤报告。

(5)设计变更、洽商记录。

(6)隐蔽工程验收记录。

(7)其他技术文件。

</td></tr>
</table>

专业技术负责人:　　　　　　　　交底人:　　　　　　　　接收人:

表8-3　分部(分工种)工程安全技术交底记录表

单位工程名称		交底时间	
交底部位	焊接加工(电焊机、对焊机)	工种	电焊工

交底内容:

(1)操作人员必须持证上岗,严禁非专业持证人员进行焊接作业;

(2)进行电焊操作时,电焊工必须严格按照焊接操作规程进行焊接操作,不得超规格、超负荷进行焊接,变压器温度不得高于60℃,焊接线缆必须符合负载要求,不得超越要求进行焊接作业,以防发热烧毁焊机引起漏电及火灾;

(3)焊机必须有可靠的接零接地设施,龙头线接头必须紧固好,线缆必须绝缘无破损现象;

(4)对焊机对焊时必须开放冷却水,焊机出水温度不得超过40℃,排水量必须符合要求。天冷时下班前必须放空焊机内存水,以防霜冻;

(5)对焊机闪光区域内必须用白铁皮隔挡,焊接时严禁其他人员停留在闪光区域内,以防火花伤人,焊机闪光区域内严禁堆放易燃物品;

(6)电焊工应正确使用防护挡板及眼罩,不得图方便省事而不用,以防被电弧灼伤;

(7)在焊接过程中,如发现焊机及线缆出现异常情况,应立即停止作业,查明情况并检修正常后方可再进行焊接作业;

(8)高空焊接时,必须按照高空焊接作业的要求进行焊接作业,必须系好安全带、戴好安全帽、搭设好脚手架等防护设施;

(9)必须做好焊接机械的防雨、防火等措施。

交底人签名		被交底人签名	

8.5　任务五:质量检查表格的填写

钢构件制作工程的质量检查表有:钢结构(钢构件焊接)分项工程检验批质量验收记录(表8-4)、钢结构(焊钉焊接)分项工程检验批质量验收记录(表8-6)、钢结构(普通紧固件连接)分项工程检验批质量验收记录(表8-7)、钢结构(高强度螺栓连接)分项工程检验批质量验收记录(表8-8)和钢结构(零件及部件加工)分项工程检验批质量验收记录(表8-9)等。这些表由施工项目专业质量检查员同专业工长共同填写,专业监理工程师(建设单位项目专业技术负责人)组织项目专业质量(技术)负责人等进行验收。

表 8 - 4　钢结构(钢构件焊接)分项工程检验批质量验收记录

（GB 50205—2001）　　　　　　　　　　　　　　　　　　　　　　　编号：010901/020401□□□

工程名称			分项工程名称			项目经理		
施工单位			验收部位					
监理单位			总监理工程师					
施工执行标准名称及编号						专业工长（施工员）		
分包单位			分包项目经理			施工班组长		
质 量 验 收 规 范 的 规 定				施工单位自检记录		监理(建设)单位验收记录		
主控项目	(1)	焊接材料进场	（第4.3.1条）					
	(2)	焊接材料复验	（第4.3.2条）					
	(3)	材料匹配	（第5.2.1条）					
	(4)	焊工证书	（第5.2.2条）					
	(5)	焊接工艺评定	（第5.2.3条）					
	(6)	内部缺陷	（第5.2.4条）					
	(7)	组合焊缝尺寸	（第5.2.5条）					
	(8)	焊缝表面缺陷	（第5.2.6条）					
一般项目	(1)	焊接材料进场	（第4.3.4条）					
	(2)	预热和后热处理	（第5.2.7条）					
	(3)	焊缝外观质量	（第5.2.8条）					
	(4)	焊缝尺寸偏差	（第5.2.9条）					
	(5)	凹形角焊缝	（第5.2.10条）					
	(6)	焊缝感观	（第5.2.11条）					
施 工 操 作 依 据								
质量检查记录(质量证明文件)								
施工单位检查结果评定		项目专业质量检查员：			项目专业技术负责人：			年　月　日
监理(建设)单位验收结论		专业监理工程师：（建设单位项目专业技术负责人）						年　月　日

表 8 - 4 填写说明：

1. 强制性条文

（1）钢材、钢铸件的品种、规格、性能等应符合现行国家产品标准和设计要求。进口钢材产品的质量应符合设计和合同规定标准的要求。检查数量：全数检查。检验方法：检查质量合格证明文件、中文标志及检验报告等。

2. 主控项目

（1）焊接材料的品种、规格、性能等应符合现行国家产品标准和设计要求。检查数量：全数检查。检验方法：检查焊接材料的质量合格证明文件、中文标志及检验报告等。

（2）重要钢结构采用的焊接材料应进行抽样复验，复验结果应符合现行国家产品标准和设计要求。检查数量：全数检查。检验方法：检查复验报告。

（3）焊条、焊丝、焊剂、电渣焊熔嘴等焊接材料与母材的匹配应符合设计要求以及国家现行行业标准《JGJ81 建筑钢结构焊接技术规程》的规定。焊条、焊剂、药芯焊丝、熔嘴等在使用前，应按其产品说明书及焊接工艺文件的规定进行烘焙和存放。检查数量：全数检查。检验方法：检查质量证明书和烘焙记录。

（4）焊工必须考试合格并取得合格证书。持证焊工必须在其考试合格项目及合格证认可范围内施焊。检查数量：全数检查。检验方法：检查焊工合格证及其认可范围、有效期。

（5）施工单位对其首次采用的钢材、焊接材料、焊接方法、焊后热处理等，应进行焊接工艺评定，并应根据评定报告确定焊接工艺。检查数量：全数检查。检验方法：检查焊接工艺评定报告。

（6）设计要求全焊透的一、二级焊缝应采用超声波探伤进行内部缺陷的检验，超声波探伤不能对缺陷作出判断时，应采用射线探伤，其内部缺陷分级及探伤方法应符合现行国家标准《GB 11345 钢焊缝手工超声波探伤方法和探伤结果分级法》或《GB 3323 钢熔化焊对接接头射线照相和质量分级》的规定。焊接球节点网架焊缝、螺栓球节点网架焊缝及圆管 T、K、Y 形节点相关线焊缝，其内部缺陷分级及探伤方法应分别符合国家现行标准《JBJ/T3034.1 焊接球节点钢网架焊缝超声波探伤方法及质量分级法》、《JBJ/T3034.2 螺栓球节点钢网架焊缝超声波探伤方法及质量分级法》、《JGJ81 建筑钢结构焊接技术规程》的规定。一级、二级焊缝质量等级及缺陷分级应符合表 8-5 的规定。检查数量：全数检查。检验方法：检查超声波或射线探伤记录。

表 8-5　一、二级焊缝质量等级及缺陷分级

焊缝质量等级		一级	二级
内部缺陷 超声波探伤	评定等级	Ⅱ	Ⅲ
	检验等级	B 级	B 级
	探伤比例	100%	20%
内部缺陷 射线探伤	评定等级	Ⅱ	Ⅲ
	检验等级	AB 级	AB 级
	探伤比例	100%	20%
注：探伤比例的计数方法应按以下原则确定：（1）对工厂制作焊缝，应按每条焊缝计算百分比，且探伤长度应不小于 200 mm，当焊缝长度不足 200 mm 时，应对整条焊缝进行探伤；（2）对现场安装焊缝，应按同一类型、同一施焊条件的焊缝条数计算百分比，探伤长度应不小于 200 mm，并应不少于 1 条焊缝。			

（7）T 形接头、十字接头、角接接头等要求熔透的对接和角对接组合焊缝，其焊脚尺寸不应小于 $t/4$；设计有疲劳验算要求的吊车梁或类似构件的腹板与上翼缘连接焊缝的焊脚尺

寸为 $t/2$,且不应大于 10 mm。焊脚尺寸的允许偏差为 0 ~ 4 mm。检查数量:资料全数检查;同类焊缝抽查 10% ,且不应少于 3 条。检验方法:观察检查,用焊缝量规抽查测量。

(8)焊缝表面不得有裂纹、焊瘤等缺陷。一级、二级焊缝不得有表面气孔、夹渣、弧坑裂纹、电弧擦伤等缺陷,且一级焊缝不得有咬边、未焊满、根部收缩等缺陷。检查数量:每批同类构件抽查 10% ,且不应少于 3 件;被抽查构件中,每一类型焊缝按条数抽查 5% ,且不应少于 1 条;每条检查 1 处,总抽查数不应少于 10 处。检验方法:观察检查或使用放大镜、焊缝量规和钢尺检查,当存在疑义时,采用渗透或磁粉探伤检查。

3. 一般项目

(1)焊条外观不应有药皮脱落、焊芯生锈等缺陷;焊剂不应受潮结块。检查数量:按量抽查 1% ,且不应少于 10 包。检验方法:观察检查。

(2)对于需要进行焊前预热或焊后热处理的焊缝,其预热温度或后热温度应符合国家现行有关标准的规定或通过工艺试验确定。预热区在焊道两侧,每侧宽度均应大于焊件厚度的 1.5 倍以上,且不应小于 100 mm;后热处理应在焊后立即进行,保温时间应按25 mm板厚1 h 确定。检查数量:全数检查。检验方法:检查预、后热施工记录和工艺试验报告。

(3)二级、三级焊缝外观质量标准应符合 GB 50205—2001 有关规定。三级对接焊缝应按二级焊缝标准进行外观质量检验。检查数量:每批同类构件抽查 10% ,且不应少于 3 件;被抽查构件中,每一类型焊缝按条数抽查 5% ,且不应少于 1 条;每条检查 1 处,总抽查数不应少于 10 处。检验方法:观察检查或使用放大镜、焊缝量规和钢尺检查。

(4)焊缝尺寸允许偏差应符合 GB 50205—2001 有关规定。检查数量:每批同类构件抽查 10% ,且不应少于 3 件;被抽查构件中,每种焊缝按条数各抽查 5% ,但不应少于 1 条;每条检查 1 处,总抽查数不应少于 10 处。检验方法:用焊缝量规检查。

(5)焊成凹形的角焊缝,焊缝金属与母材间应平缓过渡;加工成凹形的角焊缝,不得在其表面留下切痕。检查数量:每批同类构件抽查 10% ,且不应少于 3 件。检验方法:观察检查。

(6)焊缝感观应达到:外形均匀、成型较好,焊道与焊道、焊道与基本金属间过渡较平滑,焊渣和飞溅物基本清除干净。检查数量:每批同类构件抽查 10% ,且不应少于 3 件;被抽查构件中,每种焊缝按数量各抽查 5% ,总抽查处不应少于 5 处。检验方法:观察检查。

钢结构(焊钉焊接)分项工程检验批质量验收记录如表 8 - 6 所示。

表 8 - 6　钢结构(焊钉焊接)分项工程检验批质量验收记录

(GB 50205—2001)　　　　　　　　　　　　　　　　　　编号:010902/020402□□□

工程名称		分项工程名称		项目经理	
施工单位		验收部位			
监理单位		总监理工程师			
施工执行标准 名称及编号				专业工长 (施工员)	
分包单位		分包项目经理		施工班组长	

质 量 验 收 规 范 的 规 定			施工单位自检记录	监理(建设)单位验收记录
主控项目	(1)	焊接材料进场　　　　(第4.3.1条)		
	(2)	焊接材料复验　　　　(第4.3.2条)		
	(3)	焊接工艺评定　　　　(第5.3.1条)		
	(4)	焊后弯曲试验　　　　(第5.3.2条)		
一般项目	(1)	焊钉和瓷环尺寸　　　(第4.3.3条)		
	(2)	焊缝外观质量　　　　(第5.3.3条)		
施 工 操 作 依 据				
质量检查记录(质量证明文件)				
施工单位检查结果评定	项目专业质量检查员:		项目专业技术负责人:　　　　　　年　月　日	
监理(建设)单位验收结论	专业监理工程师:(建设单位项目专业技术负责人)　　　　　　年　　月　　日			

表 8 - 6 填写说明:

1. 主控项目

(1)焊接材料的品种、规格、性能等应符合现行国家产品标准和设计要求。检查数量:全数检查。检验方法:检查焊接材料的质量合格证明文件、中文标志及检验报告等。

(2)重要钢结构采用的焊接材料应进行抽样复验,复验结果应符合现行国家产品标准和设计要求。检查数量:全数检查。检验方法:检查复验报告。

(3)施工单位对其采用的焊钉和钢材焊接应进行焊接工艺评定,其结果应符合设计要求和国家现行有关标准的规定。瓷环应按其产品说明书进行烘焙。检查数量:全数检查。检验方法:检查焊接工艺评定报告和烘焙记录。

(4)焊钉焊接后应进行弯曲试验检查,其焊缝和热影响区不应有肉眼可见的裂纹。检查数量:每批同类构件抽查10%,且不应少于10件;被抽查构件中,每件检查焊钉数量的1%,但不应少于1个。检验方法:焊钉弯曲30°后用角尺检查和观察检查。

2. 一般项目

(1)焊钉及焊接瓷环的规格、尺寸及偏差应符合现行国家标准《GB 10433 圆柱头焊钉》中的规定。检查数量:按量抽查1%,且不应少于10套。检验方法:用钢尺和游标卡尺测量。

(2)焊钉根部焊脚应均匀,焊脚立面的局部未熔合或不足360°的焊脚应进行修补。检查数量:按总焊钉数量抽查1%,且不应少于10个。检验方法:观察检查。

钢结构(普通紧固件连接)分项工程检验批质量验收记录如表 8 - 7 所示。

表8-7 钢结构(普通紧固件连接)分项工程检验批质量验收记录

(GB 50205—2001)   编号:010903/020403□□□

工程名称			分项工程名称		项目经理	
施工单位			验收部位			
监理单位			总监理工程师			
施工执行标准 名称及编号					专业工长 (施工员)	
分包单位			分包项目经理		施工班组长	
质 量 验 收 规 范 的 规 定				施工单位自检记录	监理(建设)单位验收记录	
主 控 项 目	(1)	成品进场	(第4.4.1条)			
	(2)	螺栓实物复验	(第6.2.1条)			
	(3)	匹配及间距	(第6.2.2条)			
一 般 项 目	(1)	螺栓紧固	(第6.2.3条)			
	(2)	外观质量	(第6.2.4条)			
施 工 操 作 依 据						
质量检查记录(质量证明文件)						
施工单位检查 结 果 评 定	项目专业 质量检查员:			项目专业 技术负责人:		年 月 日
监理(建设) 单位验收结论	专业监理工程师: (建设单位项目专业技术负责人)					年 月 日

表8-7填写说明:

1. 主控项目

(1)钢结构连接用高强度大六角头螺栓连接副、扭剪型高强度螺栓连接副、钢网架用高强度螺栓、普通螺栓、铆钉、自攻钉、拉铆钉、射钉、锚栓(机械型和化学试剂型)、地脚锚栓等紧固标准件及螺母、垫圈等标准配件,其品种、规格、性能等应符合现行国家产品标准和设计要求。高强度大六角头螺栓连接副和扭剪型高强度螺栓连接副出厂时应分别随箱带有扭矩系数和坚固轴力(预拉力)的检验报告。检查数量:全数检查。检验方法:检查产品的质量合格证明文件、中文标志及检验报告等。

(2)普通螺栓作为永久性连接螺栓时,当设计有要求或对其质量有疑义时,应进行螺栓实物最小拉力载荷复验,试验方法见GB 50205—2001有关规定,其结果应符合现行国家标准《GB 3098 紧固件机械性能螺栓、螺钉和螺柱》的规定。检查数量:每一规格螺栓抽查8个。检验方法:检查螺栓实物复验报告。

(3)连接薄钢板采用的自攻钉、拉铆钉、射钉等其规格尺寸应与被连接钢板相匹配,其间距、边距等应符合设计要求。检查数量:按连接节点数抽查1%,且不应小于3个。检验方法:观察和尺量检查。

2.一般项目

(1)永久性普通螺栓紧固件应牢固、可靠,外露丝扣不应少于2扣。检查数量:按连接节点数抽查10%,且不应少于3个。检验方法:观察和用小锤敲击检查。

(2)自攻螺钉、钢拉铆钉、射钉等与连接钢板应紧固密贴,外观排列整齐。检查数量:按连接节点数抽查10%,且不应少于3个。检验方法:观察或用小锤敲击检查。

钢结构(高强度螺栓连接)分项工程检验批质量验收记录如表8-8所示。

表8-8 钢结构(高强度螺栓连接)分项工程检验批质量验收记录

(GB 50205—2001)　　　　　　　　　　　　　　　　编号:010904/020404□□□

工程名称		分项工程名称		项目经理	
施工单位			验收部位		
监理单位			总监理工程师		
施工执行标准名称及编号				专业工长(施工员)	
分包单位		分包项目经理		施工班组长	

	质量验收规范的规定		施工单位自检记录	监理(建设)单位验收记录
主控项目	(1) 成品进场 (第4.4.1条)			
	(2) 扭矩系数或预拉力复验 (第4.4.2或第4.4.3条)			
	(3) 抗滑移系数试验 (第6.3.1条)			
	(4) 终拧扭矩 (第6.3.2或第6.3.3条)			
一般项目	(1) 成品包装 (第4.4.4条)			
	(2) 表面硬度试验 (第4.4.5条)			
	(3) 初拧、复拧扭矩 (第6.3.4条)			
	(4) 连接外观质量 (第6.3.5条)			
	(5) 摩擦面外观 (第6.3.6条)			
	(6) 扩孔 (第6.3.7条)			
	(7) 网架螺栓紧固 (第6.3.8条)			
施工操作依据				
质量检查记录(质量证明文件)				
施工单位检查结果评定	项目专业质量检查员:	项目专业技术负责人:		年 月 日
监理(建设)单位验收结论	专业监理工程师:(建设单位项目专业技术负责人)			年 月 日

表8-8填写说明：

1. 主控项目

（1）钢结构连接用高强度大六角头螺栓连接副、扭剪型高强度螺栓连接副、钢网架用高强度螺栓、普通螺栓、铆钉、自攻钉、拉铆钉、射钉、锚栓（机械型和化学试剂型）、地脚锚栓等紧固标准件及螺母、垫圈等标准配件，其品种、规格、性能等应符合现行国家产品标准和设计要求。高强度大六角头螺栓连接副和扭剪型高强度螺栓连接副出厂时应分别随箱带有扭矩系数和坚固轴力（预拉力）的检验报告。检查数量：全数检查。检验方法：检查产品的质量合格证明文件、中文标志及检验报告等。

（2）高强度大六角头螺栓连接副应按GB 50205—2001有关规定检验其扭矩系数，其检验结果应符合GB 50205—2001有关规定。检查数量：见GB 50205—2001有关规定。检验方法：检查复验报告。

（3）扭剪型高强度螺栓连接副应按GB 50205—2001有关规定检验预拉力，其检验结果应符合GB 50205—2001有关规定。检查数量：见GB 50205—2001有关规定。检验方法：检查复验报告。

（4）钢结构制作和安装单位应按GB 50205—2001有关规定分别进行高强度螺栓连接摩擦面的抗滑移系数试验和复验，现场处理的构件摩擦面应单独进行摩擦面抗滑移系数试验，其结果应符合设计要求。检查数量：见GB 50205—2001有关规定。检验方法：检查摩擦面抗滑移系数试验报告和复验报告。

（5）高强度大六角头螺栓连接副终拧完成1 h后、48 h内应进行终拧扭矩检查，检查结果应符合GB 50205—2001有关规定。检查数量：按节点数抽查10%，且不应少于10个；每个被抽查节点按螺栓数据抽查10%，且不应少于2个。检查方法见GB 50205—2001有关规定。

（6）扭剪型高强度螺栓连接副终拧后，除因构造原因无法使用专用扳手终拧掉梅花头者外，未在终拧中拧掉梅花头的螺栓数不应大于该节点螺栓数的5%。对所有梅花头未拧掉的扭剪型高强度螺栓连接副应采用扭矩法或转角法进行终拧并作标记，且按GB 50205—2001有关规定进行终拧扭矩检查。检查数量：按节点数抽查10%，但不应少于10个节点，被抽查节点中梅花头未拧掉的扭剪型高强度螺栓连接副全数进行终拧扭矩检查。检验方法：观察检查及按GB 50205—2001有关规定。

2. 一般项目

（1）高强度螺栓连接副，应按包装箱配套供货，包装箱上应标明批号、规格、数量及生产日期。螺栓、螺母、垫圈外观表面应涂油保护，不应出现生锈和沾染脏物现象，螺纹不应损伤。检查数量：按包装箱数抽查5%，且不应少于3箱。检验方法：观察检查。

（2）对建筑结构安全等级为一级，跨度40 m及以上的螺栓球节点钢网架结构，其连接高强度螺栓应进行表面硬度试验，对8.8级的高强度螺栓其硬度应为HRC21～29；10.9级高强度螺栓其硬度应为HRC32～36，且不得有裂纹或损伤。检查数量：按规格抽查8只。检验方法：用硬度计、10倍放大镜或磁粉探伤检验。

（3）高强度螺栓连接副的施拧顺序和初拧、复拧扭矩应符合设计要求和国家现行行业标准《JGJ82钢结构高强度螺栓连接的设计施工及验收规程》的规定。检查数量：全数检查资料。检验方法：检查扭矩扳手标定记录和螺栓施工记录。

（4）高强度螺栓连接副终拧后，螺栓丝扣外露应为2～3扣，其中允许有10%的螺栓丝扣外露 1 扣或 4 扣。检查数量:按节点数抽查 5%,且不应少于 10 个。检验方法:观察检查。

(5)高强度螺栓连接摩擦面应保持干燥、整洁,不应有飞边、毛刺、焊接飞溅物、焊疤、氧化铁皮、污垢等,除设计要求外摩擦面不应涂漆。检查数量:全数检查。检查方法:观察检查。

(6)高强度螺栓应自由穿入螺栓孔。高强度螺栓孔不应采用气割扩孔,扩孔数量应征得设计同意,扩孔后的孔径不应超过 1.2d(d 为螺栓直径)。检查数量:被扩螺栓孔全数检查。检验方法:观察检查及用卡尺检查。

(7)螺栓球节点网架总拼完成后,高强度螺栓与球节点应紧固连接,高强度螺栓拧入螺栓球内的螺纹长度不应小于 1.0d(d 为螺栓直径),连接处不应出现有间隙、松动等未拧紧情况。检查数量:按节点数抽查 5%,且不应少于 10 个。检验方法:普通扳手及尺量检查。

钢结构(零件及部件加工)分项工程检验批质量验收记录如表 8 - 9 所示。

表 8 - 9　钢结构(零件及部件加工)分项工程检验批质量验收记录

(GB 50205—2001)　　　　　　　　　　　　　　　　编号:010905/020405□□□

工程名称					检验批部位	
施工单位					项目经理	
监理单位					总监理工程师	
施工依据标准					分包单位负责人	
主 控 项 目				合格质量标准 (按本规范)	施工单位自检 记录或结果	监理(建设)单位验收 记录或结果
(1)	材料进场			第 4.2.1 条		
(2)	钢材复验			第 4.2.2 条		
(3)	切面质量			第 7.2.1 条		
(4)	矫正和成型			第 7.3.1 条和 第 7.3.2 条		
(5)	边缘加工			第 7.4.1 条		
(6)	螺栓球、焊接球加工			第 7.5.1 条和 第 7.5.2 条		
(7)	制孔 (A、B级螺栓孔)	螺栓公称直径	10 ～ 18	螺栓直径允许偏差	+0.00 -0.21		
			18 ～ 30		+0.00 -0.21		
			30 ～ 50		+0.00 -0.25		
		螺栓孔直径	10 ～ 18	螺栓孔径允许偏差	+0.18 +0.00		
			18 ～ 30		+0.21 +0.00		
			30 ～ 50		+0.25 +0.00		

	主 控 项 目			合格质量标准 （按本规范）		施工单位自检 记录或结果	监理(建设)单位验收 记录或结果
（7）	制孔 （C级 螺栓 孔）	直　径	允许 偏差 （mm）	+1.0 +0.0			
		圆　度		2.0			
		垂直度		0.03t, 且不应 大于2.0			

	一 般 项 目			合格质量标准 （按本规范）		施工单位自检 记录或结果	监理(建设)单位验 收记录或结果
（1）	材料规格尺寸			第4.2.3条和 第4.2.4条			
（2）	钢材表面质量			第4.2.5条			
（3）	切 割 精 度	气割 允许 偏差	零件宽 度、长度	±3.0			
			切割面 平面度	0.05t,且 不应大于2.0			
			割纹深度	0.3			
			局部缺 口深度	1.0			
		机械 剪切 允许 偏差	零件宽 度、长度	±3.0			
			边缘缺棱	1.0			
			型钢端部 垂直度	2.0			
（4）	矫 正 质 量			第7.3.3条、第7.3.4条和第7.3.5条			

一 般 项 目			合格质量标准（按本规范）	施工单位自检记录或结果	监理（建设）单位验收记录或结果
（5）	边缘加工精度及允许偏差	零件宽度、长度	±1.0		
		加工边直线宽	1/3000，且不应大于2.0		
		相邻两边夹角	±6′		
		加工面垂直度	0.025t，且不应大于0.5		
		加工面表面粗糙度	50		

		项　　目		允许偏差	施工单位自检记录或结果	监理（建设）单位验收记录或结果
（6）	螺栓球加工精度	圆度	$d \leqslant 120$	1.5		
			$d > 120$	2.5		
		同一轴线上两铣平面平行度	$d \leqslant 120$	0.2		
			$d > 120$	0.3		
		铣平面距球中心距离		±0.2		
		相邻两螺栓孔中心线夹角		±30′		
		两铣平面与螺栓孔轴线垂直度		0.05r		
		球毛坯直径	$d \leqslant 120$	+2.0 −1.0		
			$d > 120$	+3.0 −1.5		
	焊接球	直　　径		±0.005d ±2.5		

		项　目	允许偏差	施工单位自检记录或结果	监理(建设)单位验收记录或结果
(6)	加工精度	圆　度	2.5		
		壁厚减薄量	0.13t，且不应大于1.5		
		两半球对口错边	1.0		
(7)	管件加工精度		第7.5.5条		
(8)	制孔精度		第7.6.2条和第7.6.3条		
	施 工 操 作 依 据				
	质量检查记录(质量证明文件)				
施工单位检查结 果 评 定	项目专业质量检查员：		项目专业技术负责人：　　　　　　　年　月　日		
监理(建设)单位验收结论	专业监理工程师：(建设单位项目专业技术负责人)　　　　　　　年　月　日				

表 8-9 填写说明：

1. 主控项目

(1) 钢材、钢铸件的品种、规格、性能等应符合现行国家产品标准和设计要求。进口钢材产品的质量应符合设计和合同规定标准的要求。检查数量：全数检查。检验方法：检查质量合格证明文件、中文标志及检验报告等。

(2) 对属于下列情况之一的钢材，应进行抽样复验，其复验结果应符合现行国家产品标准和设计要求：①国外进口钢材；②钢材混批；③板厚等于或大于 40 mm，且设计有 Z 向性能要求的厚板；④建筑结构安全等级为一级，大跨度钢结构中主要受力构件所采用的钢材；⑤设计有复验要求的钢材；⑥对质量有疑义的钢材。检查数量：全数检查。检验方法：检查复验报告。

(3) 钢材切割面或剪切面应无裂纹、夹渣、分层和大于 1 mm 的缺棱。检查数量：全数检查。检验方法：观察或用放大镜及百分尺检查，有疑义时作渗透、磁粉或超声波探伤检查。

(4) 碳素结构钢在环境温度低于 -16℃、低合金结构钢在环境温度低于 -12℃时，不应进行冷矫正和冷弯曲。碳素结构钢和低合金结构钢在加热矫正时，加热温度不应超过900℃。低合金结构钢在加热矫正后应自然冷却。检查数量：全数检查。检验方法：检查制作工艺报告和施工记录。

(5) 当零件采用热加工成型时，加热温度应控制在 900～1000℃；碳素结构钢和低合金结构钢在温度分别下降到 700℃和 800℃之前，应结束加工；低合金结构钢应自然冷却。检查数量：全数检查。检验方法：检查制作工艺报告和施工记录。

(6) 气割或机械剪切的零件，需要进行边缘加工时，其刨削量不应小于 2.0 mm。检查数量:全数检查。检验方法:检查工艺报告和施工记录。

(7)螺栓球成型后,不应有裂纹、褶皱、过烧。检查数量:每种规格抽查10%,且不应少于5个。检验方法:用10倍放大镜观察或表面探伤检查。

(8)钢板压成半圆球后,表面不应有裂纹、褶皱;焊接球其对接坡口应采用机械加工,对接焊缝表面应打磨平整。检查数量:每种规格抽查10%,且不应少于5个。检验方法:用10倍放大镜观察或表面探伤检查。

(9)A、B级螺栓孔(Ⅰ类孔)应具有H12的精度,孔壁表面粗糙度R_a不应大于12.5 μm。其孔径的允许偏差应符合表8-10的规定。C级螺栓孔(Ⅱ类孔),孔壁表面粗糙度R_a不应大于25 μm,其允许偏差应符合表8-11的规定。检查数量:按钢构件数量检查10%,且不应少于3件。检验方法:用游标卡尺或孔径量规检查。

表8-10 A、B级螺栓孔径的允许偏差   mm

序号	螺栓公称直径、螺栓孔直径	螺栓公称直径允许偏差	螺栓孔直径允许偏差
1	10～18	0.00 -0.21	+0.18 0.00
2	18～30	0.00 -0.21	+0.21 0.00
3	30～50	0.00 -0.25	+0.25 0.00

表8-11 C级螺栓孔的允许偏差   mm

项　目	允　许　偏　差
直　径	+1.0 0.0
圆　度	2.0
垂直度	0.03t,且不应大于2.0

2.一般项目

(1)钢板厚度及允许偏差应符合其产品标准的要求。检查数量:每一品种、规格的钢板抽查5处。检验方法:用游标卡尺量测。

(2)型钢的规格尺寸及允许偏差符合其产品标准的要求。检查数量:每一品种、规格的型钢抽查5处。检验方法:用钢尺和游标卡尺量测。

(3)钢材的表面外观质量除应符合国家现行有关标准的规定外,尚应符合下列规定:①当钢材的表面有锈蚀、麻点或划痕等缺陷时,其深度不得大于该钢材厚度负允许偏差值的1/2;②钢材表面的锈蚀等级应符合现行国家标准《GB 8923 涂装前钢材表面锈蚀等级和除锈等级》规定的C级及C级以上;③钢材端边或断口处不应有分层、夹渣等缺陷。检查数量:全数检查。检验方法:观察检查。

（4）气割的允许偏差应符合表8-12的规定。检查数量:按切割面数抽查10%,且不应少于3个。检验方法:观察检查或用钢尺、塞尺检查。

表8-12　气割的允许偏差　　　　　　　　　　　　　　　mm

项　　目	允　许　偏　差
零件宽度、长度	±3.0
切割面平面度	0.05t,且不应大于2.0
割纹深度	0.3
局部缺口深度	1.0

注:t为切割面厚度。

（5）机械剪切的允许偏差应符合表8-13的规定。检查数量:按切割面数抽查10%,且不应少于3个。检验方法:观察检查或用钢尺、塞尺检查。

表8-13　机械剪切的允许偏差　　　　　　　　　　　　　mm

项　　目	允　许　偏　差
零件宽度、长度	±3.0
边缘缺棱	1.0
型钢端部垂直度	2.0

（6）矫正后的钢材表面,不应有明显的凹面或损伤,划痕深度不得大于0.5 mm,且不应大于该钢材厚度负允许偏差的1/2。检查数量:全数检查。检验方法:观察检查和实测检查。

（7）冷矫正和冷弯曲的最小曲率半径和最大弯曲矢高应符合GB 50205—2001有关规定。检查数量:按冷矫正和冷弯曲的件数抽查10%,且不应少于3个。检验方法:观察检查和实测检查。

（8）钢材矫正后的允许偏差,应符合GB 50205—2001有关规定。检查数量:按矫正件数抽查10%,且不应少于3件。检验方法:观察检查和实测检查。

（9）边缘加工的允许偏差应符合表8-14的规定。检查数量:按加工面数抽查10%,且不应少于3件。检验方法:观察检查和实测检查。

表8-14　边缘加工的允许偏差　　　　　　　　　　　　　mm

项　　目	允　许　偏　差
零件宽度、长度	±1.0
加工边直线度	L/3000,且不应大于2.0
相邻两边夹角	±6′
加工面垂直度	0.025t,且不应大于0.5
加工面表面粗糙度	$\overset{50}{\bigtriangledown}$

（10）螺栓球加工的允许偏差应符合表 8 - 15 的规定。检查数量：每种规格抽查 10%，且不应少于 5 个。检验方法见表 8 - 15。

表 8 - 15　螺栓球加工的允许偏差　　　　　　　　　　mm

项　　目		允许偏差	检 验 方 法
圆　　度	$d \leq 120$	1.5	用卡尺和游标卡尺检查
	$d > 120$	2.5	
同一轴线上两铣平面平行度	$d \leq 120$	0.2	用百分表 V 形块检查
	$d > 120$	0.3	
铣平面距球中心距离		±0.2	用游标卡尺检查
相邻两螺栓孔中心线夹角		±30′	用分度头检查
两铣平面与螺栓孔轴线垂直度		0.005r	用百分表检查
球毛坯直径	$d \leq 120$	+2.0, -1.0	用卡尺和游标卡尺检查
	$d > 120$	+3.0, -1.5	

（11）焊接球加工的允许偏差应符合表 8 - 16 的规定。检查数量：每种规格抽查 10%，且不应少于 5 个。检验方法见表 8 - 16。

表 8 - 16　焊接球加工的允许偏差　　　　　　　　　　mm

项　　目	允许偏差	检 验 方 法
直　　径	±0.005d ±2.5	用卡尺和游标卡尺检查
圆　　度	2.5	用卡尺和游标卡尺检查
壁厚减薄量	0.13t，且不应大于 1.5	用卡尺和测厚仪检查
两半球对口错边	1.0	用套模和游标卡尺检查

（12）钢网架（桁架）用钢管杆件加工的允许偏差应符合表 8 - 17 的规定。检查数量：每种规格抽查 10%，且不应少于 5 根。检验方法见表 8 - 17。

表 8 - 17　钢网架（桁架）用钢管杆件加工的允许偏差　　　　　　　　　　mm

项　　目	允许偏差	检 验 方 法
长　　度	±1.0	用钢尺和百分表检查
端面对管轴的垂直度	0.005r	用百分表 V 形块检查
管 口 曲 线	1.0	用套膜和游标卡尺检查

（13）螺栓孔孔距的允许偏差应符合表 8 - 18 的规定。检查数量：按钢构件数量抽查 10%，且不应少于 3 件。检验方法：用钢尺检查。

表8-18　螺栓孔孔距允许偏差　　　　　　　　　　　　　　　mm

螺栓孔孔距范围	≤500	501～1200	1201～3000	＞3000
同一组内任意两孔间距离	±1.0	±1.5	—	—
相邻两组的端孔间距离	±1.5	±2.0	±2.5	±3.0

注：①在节点中连接板与一根杆件相连的所有螺栓孔为一组；
　　②对接接头在拼接板一侧的螺栓孔为一组；
　　③在两相邻节点或接头间的螺栓孔为一组，但不包括上述两款所规定的螺栓孔；
　　④受弯构件翼缘上的连接螺栓孔，每米长度范围内的螺栓孔为一组。

（14）螺栓孔孔距的允许偏差超过 GB 50205—2001 有关规定的允许偏差时，应采用与母材材质相匹配的焊条补焊后重新制孔。检查数量：全数检查。检验方法：观察检查。

复　习　题

1. 钢结构加工工艺程序是什么？
2. 钢构件的连接方式有哪几种？各有何特点？
3. 钢构件加工技术交底的主要内容有哪些？
4. 钢构件加工质量控制要点是什么？
5. 高强螺栓有何优点？有几种形式？

项目9 钢结构安装

钢结构安装工程,就是在现场把构件组合用起重机在施工现场吊起,并安装在设计要求的位置上,以构成完整的建筑物或构筑物的施工过程。钢结构的安装包括起重设备选择、索具设备选择、单层钢结构安装、多层及高层钢结构安装、钢网架结构安装、钢结构涂装和安全技术交底及质量检查验收等。钢结构安装的关键工作是起重机械的选择。钢结构安装工程是装配式结构施工的重要组成部分,其施工特点如下:

(1)受构件类型和质量影响大。

(2)正确选用起重机是完成吊装任务的主导因素。

(3)构件所处的应力变化多。

(4)高空作业多,容易发生事故,必须提高安全意识,加强安全措施。

9.1 任务一:起重安装机械的选择

起重机械是建筑施工中广泛采用的起重运输设备,它的合理选择与使用,对减轻劳动强度、提高劳动生产率、加速工程进度和降低工程造价等,起着十分重要的作用。钢结构安装工程中常用的起重机械有:桅杆式起重机、自行杆式起重机和塔式起重机三大类。

9.1.1 桅杆式起重机

桅杆式起重机具有制作简单、装拆方便、起重较大、受地形限制小、能用于其他起重机不能安装的一些特殊结构设备等优点;但也有其缺点,主要是服务半径小、移动困难、需要拉设较多的缆风绳等。

桅杆式起重机按其构造不同,可分为独脚拔杆、人字拔杆、悬臂拔杆和牵缆式起重机等。

1. 独脚拔杆

独脚拔杆由起重杆、缆风绳、锚碇、卷扬机、滑轮组组成;起重杆材料有木、钢管和格构柱式,倾角 <10°,如图 9-1、图 9-2 所示。缆风绳数量一般为 6~12 根,与地面夹角为 30°~45°。木独脚拔杆起重高度为 15 m 以内,起重量 100 kN 以下;钢管独脚拔杆,一般起重高度在 30 m 以内,起重量可达 300 kN;格构柱式独角拔杆,起重高度在 60 m 以内,起重量可达 1000 kN 以上。

2. 人字拔杆

人字拔杆由两根圆木、钢管或格构柱式截面的独脚拔杆在顶部相交成 20°~30° 的夹角,以钢丝绳绑扎或铁杆铰接而成(图 9-3)。侧向稳定好,但起吊范围小。

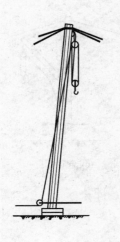

图9-1　木独脚拔杆

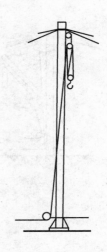

图9-2　钢管独脚拔杆

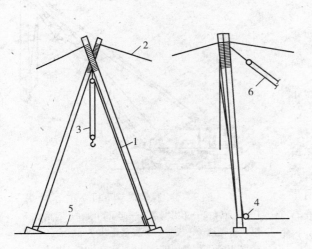

图9-3　人字拔杆
1—圆木或钢管；2—缆风；3—起重滑车组；
4—导向滑车；5—拉索；6—主缆车

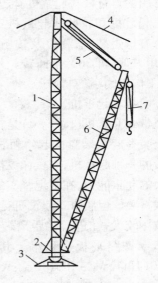

图9-4　牵缆式拔杆
1—桅杆；2—转盘；3—底座；4—缆风；
5—起伏吊杆滑车组；6—吊杆；7—起重滑车组

3. 牵缆式拔杆起重机

牵缆式拔杆起重机是在独脚拔杆下端装上一根可以回转和起伏的起重臂而组成，如图9-4所示。整个机身可以做360°回转，具有较大的起重半径和起重量，并有较好的灵活性。该起重机的起重量一般为150～600 kN，起重高度可达80 m，多用于构件多、重量大且集中的结构安装工程。缺点是缆风绳用量较多。

4. 悬臂拔杆

在独脚拔杆的中部2/3高度处装上一根起重臂，即成悬臂拔杆，如图9-5所示。其特点是有较大的起重高度和相应的起重半径，使用方便，但起重较小，多用于轻型结构的吊装。

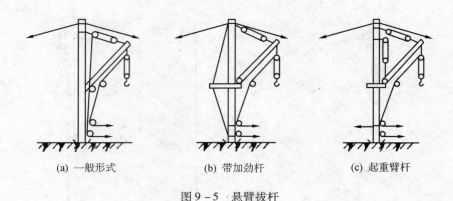

(a) 一般形式　　　　(b) 带加劲杆　　　　(c) 起重臂杆

图 9 – 5　悬臂拔杆

9.1.2　自行杆式起重机

常用的自行杆式起重机有履带式起重机、汽车式起重机和轮胎式起重机三种。其优点是自身有行走装置,移位及转场方便;操作灵活,使用方便,可 360° 全回转。其缺点是稳定性差,工作空间小(斜臂杆)。

1. 履带式起重机

履带式起重机(图 9 – 6)是在行走的履带底盘上装有起重装置的起重机械,是自行式、全回转的一种起重机,它操作灵活,使用方便,有较大的起重能力,在平坦坚实的道路上还可以负载行驶。但履带式起重机行走速度慢,对路面破坏较大,在进行长距离转移时,需用平板拖车或铁路平板车运输。其规格型号有 $W_1 – 50(10t)$、$W_1 – 100(15t)$、$W – 200(50t)$、QU20(20t)、QUY50(50t) 等。

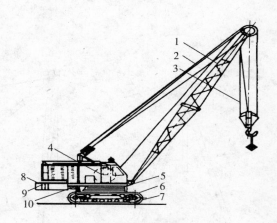

图 9 – 6　履带式起重机

1—起重臂;2—变幅钢索;3—起重钢索;4—起重卷扬机;5—底盘;6—履带;7—支重轮;8—回转台;9—平衡重;10—变幅卷扬机

2. 汽车式起重机

汽车式起重机(图 9 – 7)常用于构件运输、装卸和结构吊装,其特点是转移迅速,对路面损伤小,但吊装时需使用支腿,不能负载行驶,也不能在松软或泥泞的场地工作。

3. 轮胎式起重机

轮胎式起重机在构造上与履带式起重机基本相似,但其行走装置采用轮胎,如图 9 – 8 所示。其优点是轮胎行驶,速度较快;对路面破坏小;起重量小时可负重行驶。其缺点是对路面要求高;起重量大时必须用脚撑。常用的型号有 $QL_2 – 16$、$QL_3 – 25$、$QL_3 – 40$ 等(QL_1 机械以传动为主,QL_2 液压传动,QL_3 直流电动机传动)。

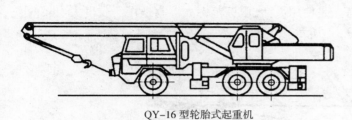

QY-16型轮胎式起重机

图9-7　汽车式起重机

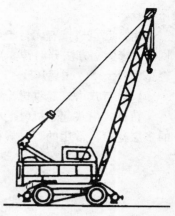

QL$_2$-16型轮胎式起重机

图9-8　轮胎式起重机

9.1.3　塔式起重机

塔式起重机(图9-9)的塔身直立,起重臂安装在塔身顶部可做360°回转。它具有较高的起重高度、工作幅度和起重能力,工作速度快,生产效率高,机械运转安全可靠,操作和装拆方便等优点。在多层和高层房屋结构安装中应用广泛。

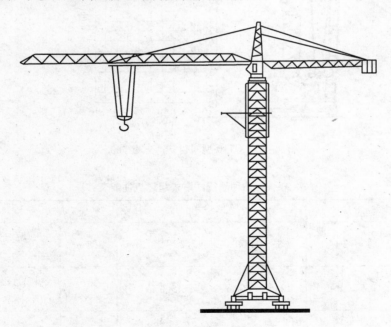

图9-9　塔式起重机

塔式起重机的运行机构有行走机构、变幅机构、起升机构、回转机构、动力及操纵装置、安全装置,塔式起重机机体结构有行走台车、塔身、塔帽、起重臂、平衡臂(平衡重)、驾驶室、压重仓。

塔式起重机按有无行走机构分为固定式、自行式(轨道、轮胎);按回转部位分上回转、下回转;按变幅方法分动臂变幅、小车变幅;按升高方式分内爬式、附着自升式;按起重能力分轻型(0.5~5t)、中型(5~15t)、重型(15~40t)。

1. 轨行式塔式起重机

轨行式塔式起重机(图9-10)特点是使用灵活、服务范围大。它适用于长度大、进深小的多层建筑。常用的型号规格如表9-1所示。

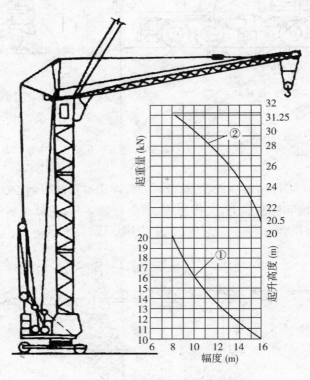

图9-10 QT16型轨行式塔式起重机

表9-1 几种轨行式塔式起重机性能表

型　号	起重量 Q	半径 R	起升高度 H	轨距	备　　注
QT16	1~2 t	8~16 m	17.2~28.3 m	2.8 m	下旋、轻型,可折叠运输
QT80A	1.5~8 t	12.5~50 m	45.5 m	5 m	上回转、小车变幅、可自升,附着时 $H=140$ m
QT60/80	低塔 $M=80(\text{t}\cdot\text{m})$		≤48	4.2 m	臂长 15、20、25、30 m (30 m 为加长臂,限制 $M\leqslant60(\text{t}\cdot\text{m})$)
	中塔 $M=70(\text{t}\cdot\text{m})$		≤58		
	高塔 $M=60(\text{t}\cdot\text{m})$		≤68		

2. 爬升式塔式起重机

爬升式塔式起重机安装于建筑物内(电梯井、框架梁),利用套架、托梁随建筑物升高而爬升。自带爬升系统,二层一爬。爬升过程:固定下支座→提升套架→固定套架→下支座脱空→提升塔身→固定下支座。爬升式塔式起重机的特点是起升高度大、控制范围大、占用场地小,但拆除时较困难。

爬升式塔式起重机由底座、套架、塔身、塔顶、起重臂和平衡臂等组成。常用型号有:$QT_5 - 4/40$型(钢丝绳爬升,$Q = 4t$、$M = 40(t \cdot m)$、$R = 11 \sim 20$ m、$H = 110$ m)、$QT_5 - 4/60$型、$QT_3 - 4$型等。

3. 附着式自升塔式起重机

附着式自升塔式起重机是紧靠拟建的建筑物布置,塔身可借助顶升系统自行向上接高,随建筑物和塔身的升高,每隔 20 m 左右采用附着支架装置,将塔身固定在建筑物上,以保持稳定。其型号有 QT80A,QTZ63,QTZ100,QTZ200,FO/23B,H3/36B 等。

9.2 任务二:索具设备选择

钢结构安装中常用的索具设备有钢丝绳、滑轮组、卷扬机、吊钩、卡环、横吊梁和锚碇等。

9.2.1 卷扬机

结构安装中的卷扬机(图9-11)分手动和电动两类,其中电动卷扬机按速度分快速和慢速卷扬机,快速卷扬机分单筒和双筒卷扬机。常用卷扬机牵引力 $5 \sim 100$ kN。卷扬机安装要求安装位置能利于司机视线、在高处地势;距起吊处不小于 15 m(安全距离);司机视仰角不大于45°;距前面第一个导向滑轮不小于 20 倍卷筒长(防乱绳);钢丝绳尽量不穿越道路;钢丝绳从卷筒下绕入,卷筒上存绳量不少于四圈,见图9-12。卷扬机的固定有四种方法,如图9-13所示。

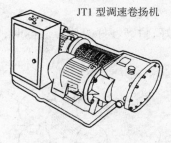

图 9-11 卷扬机

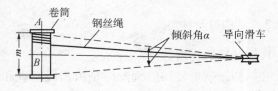

图 9-12 卷扬机安装示意图

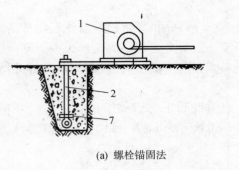

(a) 螺栓锚固法

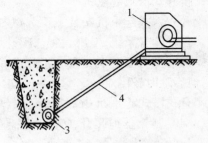

(b) 水平锚固法

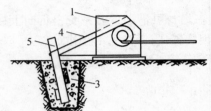

(c) 立桩锚固法

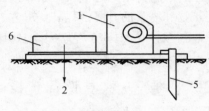

(d) 压重锚固法

图 9-13　卷扬机锚固

1—卷扬机;2—地脚螺栓;3—横木;4—拉索;5—木桩;6—压重;7—压板

9.2.2　滑轮组

滑轮组是由一定数量的定滑轮和动滑轮及绕过它们的绳索（钢丝绳）组成的简单起重工具。它既省力又能改变力的方向。

由于滑轮的起重能力大,同时又便于携带,所以滑轮是吊装工程中常用的工具。

9.2.3　钢丝绳

钢丝绳是吊装工作中的常用绳索,它具有强度高、韧性好、耐磨性好等优点。同时,磨损后外表产生毛刺,容易发现,便于预防事故的发生。

9.2.3.1　构造与种类

1. 钢丝绳的构造

在结构吊装中常用的钢丝绳是由六股钢丝和一股绳芯（一般为麻芯）捻成。每股又由多根直径为 $0.4 \sim 4.0$ mm,强度由 1400,1550,1700,1850,2000 MPa 的高强度钢丝捻成,见图 9-14。

2. 钢丝绳的种类

（1）钢丝绳的种类很多,按钢丝和钢丝绳股的搓捻方向分:

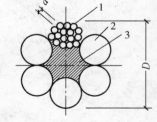

图 9-14　普通钢丝绳的截面
1—钢丝;2—由钢丝绕成的绳股;
3—绳芯

①反捻绳:每股钢丝的搓捻方向与钢丝股的搓捻方向相反。这种钢丝绳较硬,强度较高,不易松散,吊重时不会扭结旋转,多用于吊装工作中。

②顺捻绳:每股钢丝的搓捻方向与钢丝股的搓捻方向相同。这种钢丝绳柔性好,表面较平整,不易磨损,但容易松散和扭结卷曲。吊重物时,易使重物旋转,一般多用于拖拉或牵引装置。

(2)钢丝绳按每股钢丝根数分有:6 股 7 丝、7 股 7 丝、6 股 19 丝、6 股 37 丝和 6 股 61 丝等五种。

(3)在结构安装工作中常用以下几种:

① 6 × 19 + 1　即 6 股,每股由 19 根钢丝组成再加一根绳芯,此种钢丝绳较粗,硬而耐磨,但不易弯曲,一般用作缆风绳。

② 6 × 37 + 1　即 6 股,每股由 37 根钢丝组成再加一根绳芯,此种钢丝绳比较柔软,一般用于穿滑轮组和作吊索。

③ 6 × 61 + 1　即 6 股,每股由 61 根钢丝组成再加一根绳芯,此种钢丝绳质地软,一般用作重型起重机械。

9.2.3.2　钢丝绳的选择计算

1. 钢丝绳的破断拉力

钢丝绳的破断拉力与钢丝绳的直径、构造、钢丝的极限强度有关,可按下式计算:

$$P_m = \varphi \cdot \sigma \cdot n \frac{\pi \cdot d^2}{4}$$

式中　P_m——钢丝绳的破断拉力,N;

　　　d——钢丝直径,mm;

　　　n——钢丝绳的钢丝总根数;

　　　σ——钢丝的抗拉极限强度,MPa;

　　　φ——考虑钢丝之间受力不均匀系数,6 × 19 + 1 时的钢丝绳 $\varphi = 0.85$;6 × 37 + 1 时的钢丝绳 $\varphi = 0.82$;6 × 61 + 1 时的钢丝绳 $\varphi = 0.79$。

钢丝绳的破断拉力,计算时可直接查材料特性表。

2. 钢丝绳的允许拉力

$$S_g = \frac{P_m}{k} = \alpha \frac{P_g}{k}$$

式中　S_g——钢丝绳的允许拉力,kN;

　　　P_m——钢丝绳的破断拉力,kN;

　　　P_g——钢丝绳的破断拉力总和;

　　　k——钢丝绳的安全系数,见表 9 - 2;

　　　α——钢丝绳的破断拉力折算系数,6 × 19 + 1 时 $\alpha = 0.85$;6 × 37 + 1 时 $\alpha = 0.82$;6 × 61 + 1 时 $\alpha = 0.80$。

表 9 - 2　钢丝绳的安全系数

用　　途	安全系数 k
做缆风绳	3.5
用于手动起重设备	4.5
用于电动起重设备	5～6
做吊索(无弯曲)	6～7
做捆绑吊索	8～10
用于载人的升降机	14

例 9 - 1　用一根直径为 24 mm、钢丝极限强度为 1 550 MPa 的 $6 \times 37 + 1$ 钢丝绳作吊索用,它的允许拉力为多大?

解　从材料特性表中查得 $P_m = 326\ 500$ N,从表 9 - 2 中查得 $k = 8$,则:

$$S_g = \frac{P_m}{k} = \alpha \frac{P_g}{k}$$

$$= 0.82 \times 326\ 500/8 = 33\ 466 \text{ N}$$

如果用的是旧钢丝绳,则求得的允许拉力应根据绳的新旧程度乘以 0.4～0.75 的系数之后方可使用。

9.2.3.3　钢丝绳的安全检查和使用注意事项

1. 钢丝绳的安全检查

钢丝绳使用一定时间后,就会产生断丝、腐蚀和磨损现象,其承载能力就降低了。钢丝绳经检查有下列情况之一者,应予以报废。

①钢丝绳磨损或锈蚀达直径的 40% 以上;

②钢丝绳整股破断;

③使用时断丝数目增加得很快;

④钢丝绳每一节距长度范围内,断丝根数超过规定允许的数值,一个节距系指某一股钢丝搓绕绳一周的长度,约为钢丝绳直径的 8 倍。

钢丝绳节距的量法见图 9 - 15,钢丝绳直径的正确量法见图 9 - 16 所示。

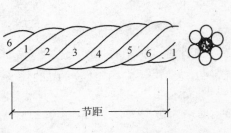

图 9 - 15　钢丝绳节距的量法

1～6—钢丝绳绳股的编号

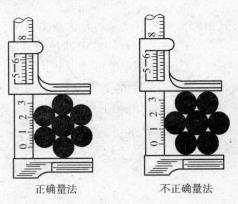

正确量法　　　　不正确量法

图 9 - 16　钢丝绳直径的量法

2. 钢丝绳的使用注意事项

①使用中不准超载。当在吊重的情况下,绳股间有大量的油挤出时,说明荷载过大,必须立即检查。

②钢丝绳穿过滑轮时,滑轮槽的直径应比绳的直径大 1 ~ 2.5 mm。

③为了减少钢丝绳的腐蚀和磨损,应定期加润滑油(一般以工作时间四个月左右加一次)。存放时,应保持干燥,并成卷排列,不得堆压。

④使用旧钢丝绳应事先进行检查。

9.2.4　吊具

在构件安装过程中,常要使用一些吊装工具,如吊索、卡环、花篮螺丝、横吊梁等。

9.2.4.1　吊索

吊索主要用来绑扎构件以便起吊,可分为环状吊索,又称万能用索(图 9 – 17a)和开式吊索,又称轻便吊索或 8 被头吊索(图 9 – 17b)两种。

吊索是用钢丝绳制成的,因此,钢丝绳的允许拉力即为吊索的允许拉力。在吊装中,吊索的拉力不应超过其允许拉力。吊索拉力取决于所吊构件的重量及吊索的水平夹角,水平夹角应不小于 30°,一般为 45° ~ 60°。两根吊索的拉力按下式计算(图 9 – 18a):

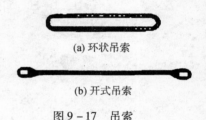

(a) 环状吊索

(b) 开式吊索

图 9 – 17　吊索

$$P = \frac{Q}{2\sin\alpha}$$

式中　P——每根吊索的拉力,kN;

　　　Q——吊装构件的重量,kN;

　　　α——吊索与水平线的夹角。

四根吊索的拉力按下式计算(图 9 – 18b):

$$P = \frac{Q}{2(\sin\alpha + \sin\beta)}$$

式中　P——每根吊索的拉力,kN;

　　　α、β——分别为吊索与水平线的夹角。

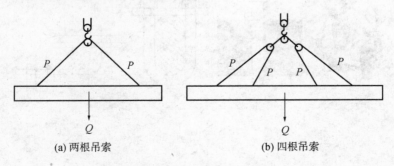

(a) 两根吊索　　　　　　　(b) 四根吊索

图 9 – 18　吊索拉力计算简图

9.2.4.2 卡环

用于吊索与吊索或吊索与构件吊环之间的连接。它由弯环和销子两部分组成,按销子与弯环的连接形式分为螺栓卡环和活络卡环,见图9-19a、b。活络卡环的销子端头和弯环孔眼无螺纹,可直接抽出,常用于柱子吊装,见图9-19c。它的优点是在柱子就位后,在地面用系在销子尾部的绳子将销子拉出,解开吊索,避免了高空作业。

使用活络卡吊装柱子时应注意以下几点:

①绑扎时应使柱子起吊后销子尾部朝下,如图9-19c所示,以便拉出销子。同时要注意,吊索在受力后要压紧销子,销子因受力,在弯环销孔中产生摩擦力,这样销子才不会掉下来。若吊索没有压紧销子,滑到边上去,形成弯环受力,销子很可能会自动掉下来,这是很危险的。

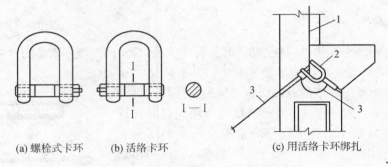

(a) 螺栓式卡环 (b) 活络卡环 (c) 用活络卡环绑扎

图9-19 卡环及使用示意图
1—吊索;2—活络卡环;3—白棕绳

②在构件起吊前要用白棕绳(直径10 mm)将销子与吊索的8股头(吊索末端的圆圈)连在一起,用铅丝将弯环与8股头捆在一起。

③拉绳人应选择适当位置和起重机落钩中的有利时机(即当吊索松弛不受力且使白棕绳与销子轴线基本成一直线时)拉出销子。

9.2.4.3 钢丝绳夹头(卡扣)

轧头(卡子)是用来连接两根钢丝绳的,所以,又叫钢丝绳卡扣,如图9-20所示。

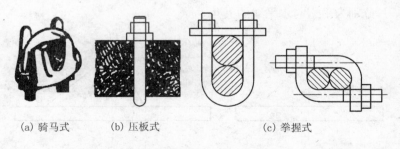

(a) 骑马式 (b) 压板式 (c) 拳握式

图9-20 卡扣

钢丝绳卡扣连接方法和要求如下。

（1）钢丝绳卡扣连接法一般常用夹头固定法。通常用的钢丝绳夹头，有骑马式、压板式和拳握式三种，其中骑马式连接力最强，应用也最广；压板式其次；拳握式由于没有底座，容易损坏钢丝绳，连接力也差，因此，只用于次要的地方，如图 9 - 20 所示。

（2）钢丝绳夹头在使用时应注意以下几点：

①选用夹头时，应使其 U 形环的内侧净距比钢丝绳直径大 1 ~ 3 mm，太大了卡扣连接卡不紧，容易发生事故。

②上夹头时一定要将螺栓拧紧，直到绳被压扁 1/3 ~ 1/4 直径时为止，并在绳受力后，再将夹头螺栓拧紧一次，以保证接头牢固可靠。

③夹头要一顺排列，U 形部分与绳头接触，不能与主绳接触，如图 9 - 21a 所示。如果 U 形部分与主绳接触，则主绳被压扁后，受力时容易断丝。

④为了便于检查接头是否可靠和发现钢丝绳是否滑动，可在最后一个夹头后面大约 500 mm 处再安一个夹头，并将绳头放出一个"安全弯"，如图 9 - 21b 所示。这样，当接头的钢丝绳发生滑动时，"安全弯"首先被拉直，这时就应该立即采取措施处理。

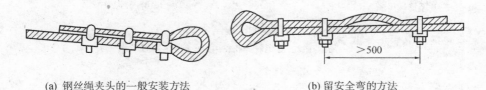

(a) 钢丝绳夹头的一般安装方法　　　　　　(b) 留安全弯的方法

图 9 - 21　钢丝绳夹头的安装方法

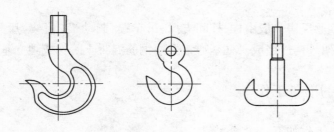

图 9 - 22　吊钩

9.2.4.4　吊钩

吊钩有单钩和双钩两种，如图 9 - 22 所示。在吊装施工中常用的是单钩，双钩多用于桥式和塔式起重机上。

9.2.4.5　横吊梁

横吊梁（又称铁扁担）。前面讲过吊索与水平面的夹角越小，吊索受力越大。吊索受力越大，则其水平分力也就越大，对构件的轴向压力也就越大。当吊装水平长度大的构件时，为使构件的轴向压力不致过大，吊索与水平面的夹角应不小于 45°。但是吊索要占用较大的空间高度，增加了对起重设备起重高度的要求，降低了起重设备的使用价值。为了提高机械的利用程度，必须缩小吊索与水平面的夹角，因此而加大的轴向压力，由一金属支杆来代替构件承受,这一金属支杆就是横吊梁。

横吊梁的作用有二:一是减少吊索高度;二是减少吊索对构件的横向压力。

横吊梁的形式很多,可以根据构件特点和安装方法自行设计和制造,但需作强度和稳定性验算,验算的方法详见钢构件计算部分。

横吊梁常用形式有钢板横吊梁(图 9 – 23a)和钢管横吊梁(图 9 – 23b)。柱吊装采用直吊法时,用钢板横吊梁,使柱保持垂直;吊屋架时,用钢管横吊梁,可减小索具高度。

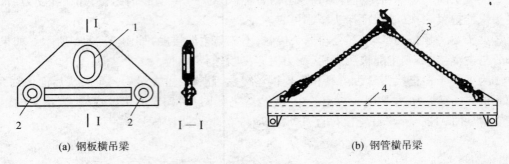

(a) 钢板横吊梁   (b) 钢管横吊梁

图 9 – 23　横吊梁

1—吊钩孔;2—穿钢丝绳孔;3—钢丝绳;4—横梁

9.3　任务三:单层钢结构安装工程

钢结构单层工业厂房一般由柱、柱间支撑、吊车梁、制动梁(桁架)屋架、天窗架、上下支撑、檩条及墙体骨架等构件组成。柱基通常采用钢筋混凝土阶梯或独立基础。

9.3.1　安装前的准备工作

安装前的准备工作如下:

(1)核对进场资料、质量证明、设计变更、图纸等技术资料。

(2)落实深化施工组织设计,做好起吊前的准备工作。

(3)掌握安装前后的外界环境,如风力、温度、雨雪、日照等。

(4)图纸的会审和自审。

(5)基础验收。

(6)垫板设置。

(7)灌筑砂浆采用无收缩微膨胀砂浆,且比基础砼高一个等级。

9.3.2　钢柱子安装

钢柱子安装要点如下:

(1)设置标高观测点和中心线标志,标高观测点的设置应以牛腿支承面为基准,且便于观察,无牛腿柱时应以柱顶端与桁架连接的最后一个安装孔中心为基准。

(2)中心线标志应符合相应规定。

(3)多节柱安装时,宜将柱组装后再整体吊装。

(4)钢柱吊装后应进行调整,如温差、阳光侧面照射等引起的偏差。

(5)柱子安装后允许偏差应符合相应规定。

(6)屋架、吊车梁安装后,进行总体调整,然后再进行固定连接。

(7)长细比较大的柱子,吊装后应增加临时固定措施。

(8)柱间支撑应在柱子找正后再进行安装。

9.3.3 吊车梁的安装

吊车梁的安装要点如下:

(1)应在柱子第一次校正的柱间支撑安装后进行,安装顺序从有柱间支撑的跨间开始,吊装后的吊车梁应进行临时固定。

(2)吊车梁的校正应在屋面系统构件安装并永久连接后进行,其允许偏差应符合相应规定。

(3)其标高的校正可通过调整柱底板下垫板厚度进行。

(4)吊车梁下翼缘与柱牛腿的连接应符合相应规定。

(5)吊车梁与辅助桁架的安装宜采用拼装后整体吊装,其侧向弯曲、扭曲和垂直度应符合规定。

9.3.4 吊车轨道安装

吊车轨道安装要点如下:

(1)吊车轨道的安装应在吊车梁安装符合规定后进行。

(2)吊车轨道的规格和技术条件应符合设计要求和国家有关标准的规定。

(3)在吊车梁顶面上弹放墨线的安装基准线。

(4)轨道接头采用鱼尾板连接时要符合相关要求。

(5)轨道端头与车挡之间的间隙应符合要求。

9.3.5 屋面系统结构安装

屋面系统安装应在柱子校正符合规定后进行。钢屋架的翻身和扶直,由于吊升时侧向刚度较差,必要时应绑扎几道杉木杆作为临时加固措施。

屋架吊装可采用自行式起重机、塔式起重机或桅杆式起重机等。根据屋架的跨度、重量和安装高度不同,选用不同的起重机和吊装方法。

屋架的临时固定可采用临时螺栓固定。钢屋架的侧向稳定性差,如果起重机的起重量和起重臂的长度允许时,应先拼装两榀屋架及其上部的天窗架、檩条、支撑等成为整体,然后再一次吊装。这样可以保证吊装的稳定性和提高吊装效率。

钢屋架的校正内容主要有垂直度和弦杆的正直度。垂直度用垂球来检验,弦杆的正直度用拉紧的测绳来检验。屋架的最后固定,用电焊或高强螺栓来固定。

9.4 任务四:多层及高层钢结构安装工程

用于钢结构高层建筑的体系有:框架结构、框架－剪力墙结构、框筒结构、组合筒体系及交错钢桁架体系等。钢结构具有强度高、抗震性能好、施工速度快的优点,所以在高层建筑中得到广泛应用,但同时用钢量大、造价高、防火要求高。

9.4.1 安装前的准备工作

安装前的准备工作如下:
(1)检查并标注定位轴线及标高的位置。
(2)检查钢柱基础,包括基础的中心线、标高、地角螺栓等。
(3)确定流水方向,划分施工段。
(4)安排钢构件在现场的堆放位置。
(5)选择起重机械。
(6)选择吊装方法:分件吊装、综合吊装等。
(7)轴线、标高、螺栓允许偏差应符合相应规定。

9.4.2 安装与校正

1. 钢柱的吊装与校正
(1)钢柱吊装:选用双机抬吊(递送法)或单机抬吊(旋转法),并做好保护。
(2)钢柱校正:对垂直度、轴线、牛腿面标高进行初验,柱间间距用液压千斤顶与钢楔或倒链与钢丝绳校正。
(3)柱底灌浆:先在柱脚四周立模板,将基础上表面清除干净,用高强聚合砂浆从一侧自由灌入至密实。

2. 钢梁的吊装与校正
钢梁吊装前,应于柱子牛腿处检查标高和柱子间距,并在梁上装好扶手和扶手绳,以便待主梁吊装就位后,将扶手绳与钢柱系牢,以保证施工人员的安全。钢梁一般可在钢梁的翼缘处开孔为吊点,其位置取决于钢梁的跨度。

为减少高空作业,保证质量,并加快吊装进度,可将梁、柱在地面组装成排架后进行整体吊装。要反复校正,符合要求。

9.4.3 构件间的连接

钢柱间的连接常采用坡口焊连接,主梁与钢柱的连接一般上、下翼缘用坡口焊连接,而腹板用高强螺栓连接。次梁与主梁的连接基本上是在腹板处用高强螺栓连接,少量再在上、下翼缘处用坡口焊连接。柱与梁的焊接顺序：先焊接顶部柱、梁节点，再焊接底部柱、梁结点，最后焊接中间部分的柱、梁节点。

高强螺栓连接两个连接构件的紧固顺序是：先主要构件，后次要构件。工字形构件的紧固顺序是：上翼缘、下翼缘、腹板。同一节柱上各梁柱节点的紧固顺序：柱子上部的梁柱节点、柱子下部的梁柱节点、柱子中部的梁柱节点。

9.5　任务五：钢网架结构安装工程

网架结构是由多根杆件按照一定的规律布置，通过结点连接而成的网格状杆系结构，具有空间受力特点。网架结构的整体性好，能有效地承受各种非对称荷载、集中荷载、动力荷载。其构件和节点可定型化，适用于工厂成批生产，现场拼装。

网架结构安装方法：高空拼装法、整体安装法、高空滑移法。

1. 高空拼装法

先在地面上搭设拼装支架，然后用起重机把网架构件分件或分块吊至空中的设计位置，在支架上进行拼装的方法。

网架的总的拼装顺序是从建筑物的一端开始向另一端以两个三角形同时推进，待两个三角形相反后，则按人字形逐渐向前推进，最后在另一端的正中闭合。每榀块体的安装顺序，在开始的两个三角形部分是由屋脊部分开始分别向两边拼装，两个三角形相交后，则由交点开始同时向两边推进。

2. 整体安装法

（1）多机抬吊法。多机抬吊法的准备工作简单，安装快速方便，适用于跨度在 40 m 左右、高度在 25 m 左右的中小型网架屋盖吊装。

（2）提升机提升法。提升机提升法是在结构柱上安装升板工程用的电动穿心式提升机，将地面正位拼装的网架直接整体提升到柱顶横梁就位。本方法不需大型吊装设备、机具，且安装工艺简单，提升平稳，劳动强度低，工效高，施工安全，但准备工作量大，适用于跨度在 50～70 m、高度在 40 m 以上、重量较大的大、中型周边支承网架屋盖吊装。

（3）桅杆提升法。桅杆提升法是把网架放在地面错位拼装，用多根独脚桅杆将其整体提升到柱顶以上，然后进行空中旋转和移位，落下就位安装，本法起重量大，可达 1000～2000 kN，桅杆高度可达 50～60 m，但所需设备数量大，准备工作的操作较复杂，适用于安装高、重、大（跨度 80～100 m）的大型网架屋盖吊装。

（4）千斤顶顶升法。千斤顶顶升法是利用支承结构和千斤顶将网架整体顶升到设计位置。其设备简单，不需用大型吊装设备；顶升支承结构可利用永久性支承，拼装网架不需要搭设拼装支架，可节省费用，降低施工成本，操作简便安全。但顶升速度较慢，且对结构顶升的误差控制要求严格，以防失稳。适用于安装多支点支承的各种四角锥网架屋盖。

3. 高空滑移法

高空滑移法不需大型设备；可与室内其他工种作业平行进行，缩短总工期；用工量省，减少高空作业量；施工速度快。适用于场地狭小或跨越其他结构、起重机无法进入网架安装区域的中小型网架。

9.6 任务六:结构安装工程的安全技术交底

结构安装工程安全问题比较突出,因为大多数工作是高空作业,多工种上下交叉作业,机械化程度高,起吊构件质量重,结构尺寸大,在结构安装过程中极易发生安全事故,因此在组织施工时要特别注意,并采用相应的安全措施。

1. 防止起重机倾翻的措施

(1)起重机的行驶道路必须坚实,对松软土层要进行处理。

(2)应尽量避免超载吊装。

(3)禁止斜吊。

(4)尽量避免满负荷行驶。

(5)双机抬吊时要合理分配负荷,密切合作。

(6)不吊重量不明的重大构件设备。

(7)禁止在六级风的情况下进行吊装作业。

(8)操作人员应使用统一操作信号。

2. 防止高空坠落的措施

(1)正确使用安全带。

(2)在高空使用撬杠时,人要立稳。

(3)工人如需在高空作业时,应尽可能搭设临时作业台。

(4)如需在悬空的屋架上行走时,应在其上设置安全栏杆。

(5)在雨季或冬期里,必须采取防滑措施。

(6)登高使用的梯子必须牢固。

(7)操作人员在脚手板上行走时,应精力集中,防止踩上挑头板。

(8)安装有预留孔的楼板或屋面板时应及时用木板盖严。

(9)操作人员不得穿硬底皮鞋上高空作业。

3. 防止高空落物伤人的措施

(1)地面操作人员必须戴安全帽。

(2)高空操作人员的工具不得随意向下丢掷。

(3)在高空气割或点焊切割时,应采取措施,防止火花落下伤人。

(4)地面操作人员尽量避免在危险地带停留或通过。

(5)构件安装后,必须检查连接质量,只有确保连接安全可靠时才能松钩或拆除临时固定工具。

(6)构件现场周围应设置临时栏杆,禁止非工作人员入内。

9.7 任务七:结构安装工程的质量检查与验收

结构安装工程施工完毕,由施工项目专业质量检查员同专业工长共同填写表9-3内容,由专业监理工程师(建设单位项目专业技术负责人)组织项目专业质量(技术)负责人等进行验收,并填写验收记录。

表9-3　钢结构(预拼装)分项工程检验批质量验收记录

(GB 50205—2001) 　　　　　　　　　　　　　　　　　　　　　　编号:020407□□□

工程名称		分项工程名称		项目经理	
施工单位		检验批部位			
监理单位		总监理工程师			
施工依据标准				专业工长(施工员)	
分包单位		分包单位负责人		施工班组长	
质 量 验 收 规 范 的 规 定			施工单位自检记录	监理(建设)单位验收记录或结果	
主控项目	多层板叠螺栓孔　(第9.2.1条)				
一般项目	预拼装精度　(第9.2.2条)				
施 工 操 作 依 据					
质量检查记录(质量证明文件)					
施工单位检查结 果 评 定	项目专业质量检查员:	项目专业技术负责人:		年　月　日	
监理(建设)单位验收结论	专业监理工程师:(建设单位项目专业技术负责人)			年　月　日	

注:本表由施工项目专业质量检查员同专业工长共同填写,专业监理工程师(建设单位项目专业技术负责人)组织项目专业质量(技术)负责人等进行验收。

表9-3填写说明:

1.主控项目

高强度螺栓和普通螺栓连接的多层板叠,应采用试孔器进行检查,并应符合下列规定:

①当采用比孔公称直径小1.0 mm的试孔器检查时,每组孔的通过率不应小于85%;

②当采用比螺栓公称直径大0.3 mm的试孔器检查时,通过率应为100%。检查数量:按预拼装单元全数检查。检验方法:采用试孔器检查。

2.一般项目

预拼装的允许偏差应符合规范的规定。检查数量:按预拼装单元全数检查。检验方法见 GB 50205—2001。

表 9－4　钢结构（单层结构安装）分项工程检验批质量验收记录

（GB 50205—2001）　　　　　　　　　　　　　　　　　　编号：020408□□□

工程名称					检验批部位		
施工单位					项目经理		
监理单位					总监理工程师		
施工依据标准					分包单位负责人		

主 控 项 目				合格质量标准 （按本规范）	施工单位自检 记录或结果	监理（建设）单位验收 记录或结果
（1）	基础验收及允许偏差（mm）	支承面、地脚螺栓（锚栓）位置		第 10.2.1 条		
			支承面　标高	±3.0		
			支承面　水平度	L/1000		
			地脚螺栓（锚栓）　螺栓中心偏移	5.0		
			预留孔中心偏移	10.0		
		坐浆垫板	顶面标高	0.0 −3.0		
			水 平 度	L/1000		
			位 置	20.0		
		杯口尺寸	底面标高	0.0 −5.0		
			杯口深度 H	±5.0		
			杯口垂直度	H/100,且不应大于 10.0		
			位 置	10.0		
（2）	构件验收			第 10.3.1 条		
（3）	顶紧接触面			第 10.3.2 条		
（4）	垂直度和侧弯曲			第 10.3.3 条		
（5）	主体结构尺寸			第 10.3.4 条		

一 般 项 目			合格质量标准 （按本规范）	施工单位自检 记录或结果	监理（建设）单位验收 记录或结果
（1）	地脚螺栓精度及允许偏差	螺栓（锚栓）露出长度	+30.0 0.0		
		螺纹长度	+30.0 0.0		
（2）	标记		第 10.3.5 条		

一 般 项 目		合格质量标准 （按本规范）		施工单位自检 记录或结果	监理（建设）单位验收 记录或结果
（3）		桁架、梁安装精度		第 10.3.6 条	
（4）		钢柱安装精度		第 10.3.7 条	
（5）		吊车梁安装精度		第 10.3.8 条	
（6）		檩条等安装精度		第 10.3.9 条	
（7）		平台等安装精度		第 10.3.10 条	
（8）	现场焊缝组 对间隙允许偏差	无垫板间隙	+3.0 0.0		
		有垫板间隙	+3.0 -2.0		
（9）		结构表面	第 10.3.12 条		
施 工 操 作 依 据					
质量检查记录（质量证明文件）					
施工单位检查 结 果 评 定		项目专业 质量检查员：		项目专业 技术负责人：　　年　月　日	
监理（建设） 单位验收结论		专业监理工程师： （建设单位项目专业技术负责人）		年　月　日	

注：本表由施工项目专业质量检查员同专业工长共同填写，专业监理工程师（建设单位项目专业技术负责人）组织项目专业质量（技术）负责人等进行验收。

钢结构（单层结构安装）分项工程检验批质量验收记录见表 9－4，钢结构（多层及高层结构安装）分项工程检验批质量验收记录见表 9－10，钢结构（网架结构安装）分项工程检验批质量验收记录见表 9－11，钢结构（压型金属板）分项工程检验批质量验收记录见表 9－16，钢结构（防腐涂料涂装）分项工程检验批质量验收记录见表 9－21，钢结构（防火涂料涂装）分项工程检验批质量验收记录见表 9－23。

表 9－4 填写说明：

1. 主控项目

（1）建筑物的定位轴线、基础轴线和标高、地脚螺栓的规格及其紧固应符合设计要求。检查数量：按柱基数抽查 10%，且不应少于 3 个。检验方法：用经纬仪、水准仪、全站仪和钢尺现场实测。

（2）基础顶面直接作为柱的支承面和基础顶面预埋钢板或支座作为柱的支承面时，其支承面、地脚螺栓（锚栓）位置的允许偏差应符合表 9－5 的规定。检查数量：按柱基数抽查 10%，且不应少于 3 个。检验方法：用经纬仪、水准仪、全站仪、水平尺和钢尺实测。

表9-5 支承面、地脚螺栓(锚栓)位置的允许偏差   mm

项 目		允许偏差
支 承 面	标 高	±3.0
	水平度	$L/1000$
地脚螺栓(锚栓)	螺栓中心偏移	5.0
预留孔中心偏移		10.0

(3)采用坐浆垫板时,坐浆垫板的允许偏差应符合表9-6的规定。检查数量:资料全数检查;按柱基数抽查10%,且不应少于3个。检验方法:用水准仪、全站仪、水平尺和钢尺现场实测。

表9-6 坐浆垫板的允许偏差   mm

项 目	允许偏差
顶面标高	0.0 −3.0
水平度	$L/1000$
位 置	20.0

(4)采用杯口基础时,杯口尺寸的允许偏差应符合表9-7的规定。检查数量:按基础数抽查10%,且不应少于4处。检验方法:观察及尺量检查。

表9-7 杯口尺寸的允许偏差   mm

项 目	允许偏差
底面标高	0.0 −5.0
杯口深度 H	±5.0
杯口垂直度	$H/100$,且不应大于10.0
位 置	10.0

(5)钢构件应符合设计要求和本规范的规定。运输、堆放和吊装等造成的钢构件变形及涂层脱落,应进行矫正和修补。检查数量:按构件数抽查10%,且不应少于3个。检验方法:用拉线、钢尺现场实测或观察。

(6)设计要求顶紧的节点,接触面不应少于70%紧贴,且边缘最大间隙不应大于0.8 mm。检查数量:按节点数抽查10%,且不应少于3个。检验方法:用钢尺及0.3 mm和0.8 mm厚的塞尺现场实测。

(7)钢屋(托)架、桁架、梁及受压杆件的垂直度和侧向弯曲矢高的允许偏差应符合GB 50205—2001有关规定。检查数量:按同类构件数抽查10%,且不应少于3个。检验方法:用吊线、拉线、经纬仪和钢尺现场实测。

(8)单层钢结构主体结构的整体垂直度和整体平面弯曲的允许偏差应符合GB 50205—2001有关规定。检查数量:对主要立面全部检查;对每个检查的立面,除两列角柱外,尚应至少选取一列中间柱。检验方法:采用经纬仪、全站仪等测量。

2.一般项目

(1)地脚螺栓(锚栓)尺寸的偏差应符合表9-8的规定。地脚螺栓(锚栓)的螺纹应受到保护。检查数量:按柱基数抽查10%,且不应少于3个。检验方法:用钢尺现场实测。

表9-8 地脚螺栓(锚栓)尺寸的允许偏差   mm

项　　　目	允许偏差
螺栓(锚栓)露出长度	+30.0 0.0
螺纹长度	+30.0 0.0

(2)钢柱等主要构件的中心线及标高基准点等标记应齐全。检查数量:按同类构件数抽查10%,且不应少于3件。检验方法:观察检查。

(3)当钢桁架(或梁)安装在混凝土柱上时,其支座中心对定位轴线的偏差不应大于10 mm;当采用大型混凝土屋面板时,钢桁架(或梁)间距的偏差不应大于10 mm。检查数量:按同类构件数抽查10%,且不应少于3榀。检验方法:用拉线和钢尺现场实测。

(4)钢柱安装的允许偏差应符合GB 50205—2001有关规定。检查数量:按钢柱数抽查10%,且不应少于3件。检验方法:见GB 50205—2001有关规定。

(5)钢吊车梁或直接承受动力荷载的类似构件,其安装的允许偏差应符合GB 50205—2001有关规定。检查数量:按钢吊车梁数抽查10%,且不应少于3榀。检验方法:见GB 50205—2001有关规定。

(6)檩条、墙架等次要构件安装的允许偏差应符合GB 50205—2001有关规定。检查数量:按同类构件数抽查10%,且不应少于3件。检验方法:见GB 50205—2001有关规定。

(7)平台、钢梯、栏杆安装应符合现行国家标准《GB 4053.1 固定式钢直梯》、《GB 4053.2 固定式钢斜梯》、《GB 4053.3 固定式防护栏杆》和《GB 4053.4 固定式钢平台》的规定。钢平台、钢梯和防护栏杆安装的允许偏差应符合GB 50205—2001有关规定。检查数量:按钢平台总数抽查10%,栏杆、钢梯按总长度各抽查10%,但钢平台不应少于1个,栏杆不应少于5 m,钢梯不应少于1跑。检验方法:见GB 50205—2001有关规定。

(8)现场焊缝组对间隙的允许偏差应符合表9-9的规定。检查数量:按同类节点数抽查10%,且不应少于3个。检验方法:尺量检查。

表9-9 现场焊缝组对间隙的允许偏差   mm

项　　　目	允许偏差
无垫板间隙	+3.0 0.0
有垫板间隙	+3.0 -2.0

(9)钢结构表面应干净,结构主要表面不应有疤痕、泥沙等污垢。检查数量:按同类构件数抽查10%,且不应少于3件。检验方法:观察检查。

表9-10 钢结构(多层及高层结构安装)分项工程检验批质量验收记录

(GB 50205—2001) 编号:020409□□□

工程名称				检验批部位		
施工单位				项目经理		
监理单位				总监理工程师		
施工依据标准				分包单位负责人		
主 控 项 目		合格质量标准 (按本规范)		施工单位自检 记录或结果		监理(建设)单位验收 记录或结果
(1)	基础验收	第11.2.1条 第11.2.2条 第11.2.3条 第11.2.4条				
(2)	构件验收	第11.3.1条				
(3)	钢柱安装精度	第11.3.2条				
(4)	顶紧接触面	第11.3.3条				
(5)	垂直度和侧弯曲	第11.3.4条				
(6)	主体结构尺寸	第11.3.5条				
一 般 项 目		合格质量标准 (按本规范)		施工单位自检 记录或结果		监理(建设)单位验收 记录或结果
(1)	地脚螺栓精度	第11.2.5条				
(2)	标记	第11.3.7条				
(3)	构件安装精度	第11.3.8条 第11.3.10条				
(4)	主体结构高度	第11.3.9条				
(5)	吊车梁安装精度	第11.3.11条				
(6)	檩条等安装精度	第11.3.12条				
(7)	平台等安装精度	第11.3.13条				
(8)	现场组对精度	第11.3.14条				
(9)	结构表面	第11.3.6条				
施 工 操 作 依 据						
质量检查记录(质量证明文件)						
施工单位检查 结 果 评 定	项目专业 质量检查员:			项目专业 技术负责人: 年 月 日		
监理(建设) 单位验收结论	专业监理工程师: (建设单位项目专业技术负责人)			年 月 日		

注:本表由施工项目专业质量检查员同专业工长共同填写,专业监理工程师(建设单位项目技术负责人)组织项目专业质量(技术)负责人等进行验收。

表 9 – 10 填写说明：

1. 主控项目

（1）建筑物的定位轴线、基础上柱的定位轴线和标高、地脚螺栓（锚栓）的规格和位置、地脚螺栓（锚栓）紧固应符合设计要求。检查数量：按柱基数抽查 10%，且不应少于 3 个。检验方法：采用经纬仪、水准仪、全站仪和钢尺实测。

（2）多层建筑以基础顶面直接作为柱的支承面，或以基础顶面预埋钢板或支座作为柱的支承面时，其支承面、地脚螺栓（锚栓）位置的允许偏差应符合规范的规定。检查数量：按柱基数抽查 10%，且不应少于 3 个。检验方法：用经纬仪、水准仪、全站仪、水平尺和钢尺实测。

（3）多层建筑采用坐浆垫板时，坐浆垫板的允许偏差应符合规范的规定。检查数量：资料全数检查；按柱基数抽查 10%，且不应少于 3 个。检验方法：用水准仪、全站仪、水平尺和钢尺实测。

（4）当采用杯口基础时，杯口尺寸的允许偏差应符合规范的规定。检查数量：按基础数抽查 10%，且不应少于 4 处。检验方法：观察及尺量检查。

（5）钢构件应符合设计要求和本规范的规定。运输、堆放和吊装等造成的钢构件变形及涂层脱落，应进行矫正和修补。检查数量：按构件数抽查 10%，且不应少于 3 个。检验方法：用拉线、钢尺现场实测或观察。

（6）柱子安装的允许偏差应符合规范的规定。检查数量：标准柱全部检查；非标准柱抽查 10%，且不应少于 3 根。检验方法：用全站仪或激光经纬仪和钢尺实测。

（7）设计要求顶紧的节点，接触面不应少于 70% 紧贴，且边缘最大间隙不应大于 0.8 mm。检查数量：按节点数抽查 10%，且不应少于 3 个。检验方法：用钢尺及 0.3 mm 和 0.8 mm 厚的塞尺现场实测。

（8）钢主梁、次梁及受压杆件的垂直度和侧向弯曲矢高的允许偏差应符合规范中有关钢屋（托）架允许偏差的规定。检查数量：按同类构件数抽查 10%，且不应少于 3 个。检验方法：用吊线、拉线、经纬仪和钢尺现场实测。

（9）多层及高层钢结构主体结构的整体垂直度和整体平面弯曲的允许偏差应符合规范的规定。检查数量：对主要立面全部检查。对所检查的立面，除两列角柱外，尚应至少选取一列中间柱。检验方法：对于整体垂直度，可采用激光经纬仪、全站仪测量，也可根据各节柱的垂直度允许偏差累计（代数和）计算。对于整体平面弯曲，可按产生的允许偏差累计（代数和）计算。

2. 一般项目

（1）地脚螺栓（锚栓）尺寸的允许偏差应符合规范的规定。地脚螺栓（锚栓）的螺纹应受到保护。检查数量：按柱基数抽查 10%，且不应少于 3 个。检验方法：用钢尺现场实测。

（2）钢结构表面应干净，结构主要表面不应有疤痕、泥沙等污垢。检查数量：按同类构件数抽查 10%，且不应少于 3 件。检验方法：观察检查。

（3）钢柱等主要构件的中心线及标高基准点等标记应齐全。检查数量：按同类构件数抽查 10%，且不应少于 3 件。检验方法：观察检查。

（4）钢构件安装的允许偏差应符合 GB 50205—2001 有关规定。检查数量：按同类构件或节点数抽查 10%。其中柱和梁各不应少于 3 件，主梁与次梁连接节点不应少于 3 个，支承压型金属板的钢梁长度不应少于 5 m。检验方法：见 GB 50205—2001 有关规定。

（5）主体结构总高度的允许偏差应符合 GB 50205—2001 有关规定。检查数量：按标准柱列数抽查 10%，且不应少于 4 列。检验方法：采用全站仪、水准仪和钢尺实测。

（6）当钢构件安装在混凝土柱上时，其支座中心对定位轴线的偏差不应大于 10 mm；当采用大型混凝土屋面板时，钢梁（或桁架）间距的偏差不应大于 10 mm。检查数量：按同类构件数抽查 10%，且不应少于 3 榀。检验方法：用拉线和钢尺现场实测。

（7）多层及高层钢结构中钢吊车梁或直接承受动力荷载的类似构件，其安装的允许偏差应符合 GB 50205—2001 有关规定。检查数量：按钢吊车梁数抽查 10%，且不应少于 3 榀。检验方法：见 GB 50205—2001 有关规定。

（8）多层及高层钢结构中檩条、墙架等次要构件安装的允许偏差应符合 GB 50205—2001 有关规定。检查数量：按同类构件数抽查 10%，且不应少于 3 件。检验方法：见 GB 50205—2001 有关规定。

（9）多层及高层钢结构中钢平台、钢梯、栏杆安装应符合现行标准《GB 4053.1 固定式钢直梯》、《GB 4053.2 固定式钢斜梯》、《GB 4053.3 固定式防护栏杆》和《GB 4053.4 固定式钢平台》的规定。钢平台、钢梯和防护栏杆安装的允许偏差应符合 GB 50205—2001 有关规定。检查数量：按钢平台总数抽查 10%，栏杆、钢梯按总长度各抽查 10%，但钢平台不应少于 1 个，栏杆不应少于 5 m，钢梯不应少于 1 跑。检验方法：见 GB 50205—2001 有关规定。

（10）多层及高层钢结构中现场焊缝组对间隙的允许偏差应符合 GB 50205—2001 有关规定。检查数量：按同类节点数抽查 10%，且不应少于 3 个。检验方法：尺量检查。

表 9 - 11　钢结构（网架结构安装）分项工程检验批质量验收记录

（GB 50205—2001）　　　　　　　　　　　　　　　　　　　编号：020410□□□

工程名称					检验批部位		
施工单位					项目经理		
监理单位					总监理工程师		
施工依据标准					分包单位负责人		
主控项目		合格质量标准（按本规范）			施工单位自检记录或结果	监理（建设）单位验收记录或结果	
（1）	焊接球	第4.5.1条　第4.5.2条					
（2）	螺栓球	第4.6.1条　第4.6.2条					
（3）	封板、锥头、套筒	第4.7.1条　第4.7.2条					
（4）	橡胶垫	第4.10.1条					
（5）	基础验收及允许偏差（mm）	第12.2.1条					
		支承面顶板、支座螺栓位置	支承面顶板	位置	15.0		
				顶面标高	+0 −3.0		
				顶面水平度	$L/1000$		
			支座锚栓	中心偏移	±5.0		

主 控 项 目			合格质量标准 （按本规范）		施工单位自检 记录或结果	监理（建设）单位 验收记录或结果
（6）	支 座		第 12.2.3 条　　第 12.2.4 条			
（7）	拼装精度及允许偏差（mm） 注：L_1为杆件长度；L为跨长	小拼单元	节点中心偏移	2.0		
			焊接球节点与钢管中心的偏移	1.0		
			杆件轴线的弯曲矢高	$L_1/1000$，且不应大于 5.0		
		锥体型小拼单元	弦杆长度	±2.0		
			锥体高度	±2.0		
			上弦杆对角线长度	±3.0		
		平面桁架型小拼单元	跨长　≤24 m	+3.0 −7.0		
			跨长　>24 m	+5.0 −10.0		
			跨中高度	±3.0		
			跨中拱度　设计要求起拱	±$L/5000$		
			跨中拱度　设计未要求起拱	+10.0		
		中拼单元	单元长度≤20 m,拼接长度　单　跨	±10.0		
			单元长度≤20 m,拼接长度　多跨连接	±5.0		
			单元长度>20 m,拼接长度　单　跨	±20.0		
			单元长度>20 m,拼接长度　多跨连接	±10.0		
（8）	节点承载力试验		第 12.3.3 条			
（9）	结构挠度		第 12.3.4 条			

一 般 项 目			合格质量标准 （按本规范）		施工单位自检 记录或结果	监理（建设）单位 验收记录或结果
（1）	焊接球精度		第 4.5.3 条 第 4.5.4 条			
（2）	螺栓球精度		第 4.6.4 条			
（3）	螺栓球螺纹 精度		第 4.6.3 条			
（4）	锚栓精度		第 12.2.5 条			
（5）	结构表面		第 12.3.5 条			
（6）	安装精度 及允许偏 差（mm） 注：L 为 纵向、横 向长度； L_1 为相 邻支座 间距	钢网架结构安装	纵向、横向长度	$L/2000$， 且不应大于 30.0 $-L/2000$ 且不应小于 -30.0	用钢尺 实测	
			支座中心偏移	$L/3000$， 且不应大于 30.0	用钢尺 和经纬 仪实测	
			周边支承 网架相邻 支座高差	$L/400$，且 不应大于 15.0	用钢尺 和水准 仪实测	
			支座最 大高差	30.0		
			多点支承 网架相邻 支座高差	$L_1/800$，且 不应大于 30.0		
施 工 操 作 依 据						
质量检查记录（质量证明文件）						
施工单位检查 结 果 评 定		项目专业 质量检查员：		项目专业 技术负责人：　　　年　月　日		
监理（建设） 单位验收结论		专业监理工程师： （建设单位项目专业技术负责人） 　　　　　　　　　　年　月　日				

表 9 – 11 填写说明：

1. 主控项目

（1）焊接球及制造焊接球所采用的原材料，其品种、规格、性能等应符合现行国家产品标准和设计要求。检查数量:全数检查。检验方法:检查产品的质量合格证明文件、中文标志及检验报告等。

(2)焊接球焊缝应进行无损检验,其质量应符合设计要求,当设计无要求时应符合本规范中规定的二级质量标准。检查数量:每一规格按数量抽查5%,且不应少于3个。检验方法:超声波探伤或检查检验报告。

(3)螺栓球及制造螺栓球节点所采用的原材料,其品种、规格、性能等应符合现行国家产品标准和设计要求。检查数量:全数检查。检验方法:检查产品的质量合格证明文件、中文标志及检验报告等。

(4)螺栓球不得有过烧、裂纹及褶皱。检查数量:每种规格抽查5%,且不应少于5只。检验方法:用10倍放大镜观察和表面探伤检查。

(5)封板、锥头和套筒及制造封板、锥头和套筒所采用的原材料,其品种、规格、性能等应符合现行国家产品标准和设计要求。检查数量:全数检查。检验方法:检查产品的质量合格证明文件、中文标志及检验报告等。

(6)封板、锥头、套筒外观不得有裂纹、过烧及氧化皮。检查数量:每种抽查5%,且不应少于10只。检验方法:用放大镜观察检查和表面探伤检查。

(7)钢结构用橡胶垫的品种、规格、性能等应符合现行国家产品标准和设计要求。检查数量:全数检查。检验方法:检查产品的质量合格证明文件、中文标志及检验报告等。

(8)钢网架结构支座定位轴线的位置、支座锚栓的规格应符合设计要求。检查数量:按支座数抽查10%,且不应少于4处。检验方法:用经纬仪和钢尺实测。

(9)支承面顶板的位置、标高、顶面水平度以及支座锚栓位置的允许偏差应符合表9 – 12的规定。

表 9 – 12　支承面顶板、支座锚栓位置的允许偏差　　　　　　　　　　　　mm

项　　　　目		允 许 偏 差
支承面顶板	位　　置	15.0
	顶面标高	0, – 3.0
	顶面水平度	$L/1000$
支座锚栓	中心偏移	±5.0

检查数量:按支座数抽查10%,且不应少于4处。检验方法:用经纬仪、水准仪、水平尺和钢尺实测。

(10)支承垫块的种类、规格、摆放位置和朝向,必须符合设计要求和国家现行有关标准的规定。橡胶垫块与刚性垫块之间或不同类型刚性垫块之间不得互换使用。检查数量:按支座数抽查10%,且不应少于4处。检验方法:观察和用钢尺实测。

(11)网架支座锚栓的紧固应符合设计要求。检查数量:按支座数抽查10%,且不应少于4处。检验方法:观察检查。

(12)小拼单元的允许偏差应符合表9 – 13的规定。检查数量:按单元数抽查5%,且不应少于 5 个。检验方法:用钢尺和拉线等辅助量具实测。

表 9 - 13　小拼单元的允许偏差　　　　　　　　　　　mm

项　　　目			允许偏差
节点中心偏移			2.0
焊接球节点与钢管中心的偏移			1.0
杆件轴线的弯曲矢高			$L_1/1000$,且不应大于 5.0
锥体型小拼单元	弦杆长度		±2.0
	锥体高度		±2.0
	上弦杆对角线长度		±3.0
平面桁架型小拼单元	跨长	≤24 m	+3.0, -7.0
		>24 m	+5.0, -10.0
	跨中高度		±3.0
	跨中拱度	设计要求起拱	$±L/5000$
		设计未要求起拱	+10.0

注:①L_1 为杆件长度;②L 为跨长。

(13)中拼单元的允许偏差应符合表 9 - 14 的规定。检查数量:全数检查。检验方法:用钢尺和辅助量具实测。

表 9 - 14　中拼单元的允许偏差　　　　　　　　　　　mm

项　　　目		允许偏差
单元长度≤20 m,拼接长度	单跨	±10.0
	多跨连续	±5.0
单元长度 >20 m,拼接长度	单跨	±20.0
	多跨连续	±10.0

(14)对建筑结构安全等级为一级、跨度 40m 及以上的公共建筑钢网架结构,当设计有要求时,应按下列项目进行节点承载力试验,其结果应符合以下规定:

①焊接球节点应按设计指定规格的球及其匹配的钢管焊接成试件,进行轴心拉、压承载力试验,其试验破坏荷载值大于或等于 1.6 倍设计承载力为合格。

②螺栓球节点应按设计指定规格的球最大螺栓孔螺纹进行抗拉强度保证荷载试验,当达到螺栓的设计承载力时,螺孔、螺纹及封板仍完好无损为合格。检查数量:每项试验做 3 个试件。检验方法:在万能试验机上进行检验,检查试验报告。

(15)钢网架结构总拼完成后及屋面工程完成后应分别测量其挠度值,且所测的挠度值不应超过相应设计值的 1.15 倍。检查数量:跨度 24 m 及以下钢网架结构测量下弦中央一点;跨度 24 m 以上钢网架结构测量下弦中央一点及各向下弦跨度的四等分点。检验方法:用钢尺和水准仪实测。

2. 一般项目

(1)焊接球直径、圆度、壁厚减薄量等尺寸及允许偏差应符合 GB 50205—2001 有关规定。检查数量:每一规格按数量抽查 5%,且不应少于 3 个。检验方法:用卡尺和测厚仪检查。

(2)焊接球表面应无明显波纹及局部凹凸不平不大于 1.5 mm。检查数量:每一规格按数量抽查 5%,且不应少于 3 个。检验方法:用弧形套模、卡尺观察检查。

(3)螺栓球螺纹尺寸应符合现行国家标准《GB196 普通螺纹基本尺寸》中粗牙螺纹的规定,螺纹公差必须符合现行国家标准《GB197 普通螺纹公差与配合》中 6H 级精度的规定。检查数量:每种规格抽查 5%,且不应少于 5 只。检验方法:用标准螺纹规检查。

(4)螺栓球直径、圆度、相邻两螺栓孔中心线夹角等尺寸及允许偏差应符合本规范的规定。检查数量:每一规格按数量抽查 5%,且不应少于 3 个。检验方法:用卡尺和分度头仪检查。

(5)支座锚栓尺寸的允许偏差应符合本规范的规定。支座锚栓的螺纹应受到保护。检查数量:按支座数抽查 10%,且不应少于 4 处。检验方法:用钢尺实测。

(6)钢网架结构安装完成后,其节点及杆件表面应干净,不应有明显的疤痕、泥沙和污垢。螺栓球节点应将所有接缝用油腻子填嵌严密,并应将多余螺孔封口。检查数量:按节点及杆件数量抽查 5%,且不应少于 10 个节点。检验方法:观察检查。

(7)钢网架结构安装完成后,其安装的允许偏差应符合表 9-15 的规定。检查数量:除杆件弯曲矢高按杆件数抽查 5% 外,其余全数检查。检验方法见表 9-15。

表 9-15 钢网架结构安装的允许偏差   mm

项　目	允许偏差	检验方法
纵向、横向长度	$L/2000$,且不应大于 30.0 $-L/2000$,且不应小于 -30.0	用钢尺实测
支座中心偏移	$L/3000$,且不应大于 30.0	用钢尺和经纬仪实测
周边支承网架相邻支座高差	$L/400$,且不应大于 15.0	用钢尺和水准仪实测
支座最大高差	30.0	
多点支承网架相邻支座高差	$L_1/800$,且不应大于 30.0	

注:①L 为纵向、横向长度;②L_1 为相邻支座间距。

表 9-16 钢结构(压型金属板)分项工程检验批质量验收记录

(GB 50205—2001)   编号:020411□□□

工程名称		检验批部位	
施工单位		项目经理	
监理单位		总监理工程师	
施工依据标准		分包单位负责人	

主控项目		合格质量标准 （按本规范）	施工单位自检评定 记录或结果	监理（建设）单位验收 记录或结果
（1）	压型金属板进场	第4.8.1条 第4.8.2条		
（2）	基板裂纹	第13.2.1条		
（3）	涂层缺陷	第13.2.2条		
（4）	现场安装	第13.3.1条		
（5）	搭　　接	第13.3.2条		
（6）	端部锚固	第13.3.3条		
一般项目		合格质量标准 （按本规范）	施工单位自检评定 记录或结果	监理（建设）单位 验收记录或结果
（1）	压型金属 板精度	第4.8.3条		

一般项目			合格质量标准 （按本规范）		施工单位自检 评定记录或结果	监理（建设）单位 验收记录或结果
（2） 轧制精度及允许偏差（mm）	压型金属板的尺寸	波距		±2.0		
		波高	压型钢板	截面高度≤70	±1.5		
				截面高度＞70	±2.0		
		侧向弯曲	在测量长度 L_1 的范围内	20.0		
	压型金属板的施工现场制作	压型金属板的覆盖宽度	截面高度≤70	+10.0 -2.0		
			截面高度＞70	+6.0 -2.0		
		板　　长		±9.0		
		横向剪切偏差		6.0		
		泛水板、包角板尺寸	板　　长	±6.0		
			折弯面宽度	±3.0		
			折弯面夹角	2°		

一 般 项 目			合格质量标准 （按本规范）	施工单位自检 评定记录或结果	监理（建设）单位 验收记录或结果
（3）	表面质量		第 13.2.4 条		
（4）	安装质量		第 13.3.4 条		
（5） 压型 金属 板安 装精 度及 允许 偏差 （mm）	屋 面	檐口与屋脊的平行度	12.0		
		压型金属板波纹纸 对屋脊的垂直度	$H/800$，且不 应大于 25.0		
		檐口相邻两块压型 金属板端部错位	6.0		
		压型金属板卷边 板件最大浪高	4.0		
	墙 面	墙板波纹纸的垂直度	$H/800$，且不 应大于 25.0		
		墙板包角板的垂直度	$H/800$，且不 应大于 25.0		
		相邻两块压型 金属板的下端错位	6.0		
施 工 操 作 依 据					
质量检查记录（质量证明文件）					
施工单位检查 结 果 评 定		项目专业 质量检查员：		项目专业 技术负责人： 年 月 日	
监理（建设） 单位验收结论		专业监理工程师： （建设单位项目专业技术负责人）		年 月 日	

注：H 为墙面高度。

表 9－16 填写说明：

1. 主控项目

（1）金属压型板及制造金属压型板所采用的原材料,其品种、规格、性能等应符合现行国家产品标准和设计要求。检查数量：全数检查。检验方法：检查产品的质量合格证明文件、中文标志及检验报告等。

（2）压型金属泛水板、包角板和零配件的品种、规格以及防水密封材料的性能应符合现行国家产品标准和设计要求。检查数量：全数检查。检验方法：检查产品的质量合格证明文件、中文标志及检验报告等。

（3）压型金属板成型后,其基板不应有裂纹。检验数量：按计件数抽查 5％,且不应少于

10 件。检验方法：观察和用 10 倍放大镜检查。

（4）有涂层、镀层压型金属板成型后，涂、镀层不应有肉眼可见的裂纹、剥落和擦痕等缺陷。检验数量：按件数抽查 5%，且不应少于 10 件。检验方法：观察检查。

（5）压型金属板、泛水板和包角板等应固定可靠、牢固，防腐涂料涂刷和密封材料敷设应完好，连接件数量、间距应符合设计要求和国家现行有关标准规定。检查数量：全数检查。检验方法：观察检查及尺量。

（6）压型金属板应在支承构件上可靠搭接，搭接长度应符合设计要求，且不应小于表 9-17 所规定的数值。检查数量：按搭接部位长度抽查 10%，且不应少于 10 m。检验方法：观察和用钢尺检查。

表 9-17　压型金属板在支承构件上的搭接长度　　　　　　　　mm

项　　　　目		搭接长度
截面高度 >70		375
截面高度 ≤70	屋面坡度 <1/10	250
	屋面坡度 ≥1/10	200
墙　　面		120

（7）组合楼板中压型钢板与主体结构（梁）的锚固支承长度应符合设计要求，且不应小于 50 mm，端部锚固件连接应可靠，设置位置应符合设计要求。检查数量：沿连接纵向长度抽查 10%，且不应少于 10 m。检验方法：观察和用钢尺检查。

2. 一般项目

（1）压型金属板的规格尺寸及允许偏差、表面质量、涂层质量等应符合设计要求和 GB 50205—2001 的规定。检查数量：每种规格抽查 5%，且不应少于 3 件。检验方法：观察和用 10 倍放大镜检查及尺量。

（2）压型金属板的尺寸允许偏差应符合表 9-18 的规定。检查数量：按计件数抽查 5%，且不应少于 10 件。检验方法：用拉线和钢尺检查。

（3）压型金属板成型后，表面应干净，不应有明显凹凸和皱褶。检查数量：按计件数抽查 5%，且不应少于 10 件。检验方法：观察检查。

表 9-18　压型金属板的尺寸允许偏差　　　　　　　　mm

项　　　　目		允许偏差
波　　距		±2.0
波　高	压型钢板 截面高度 ≤70	±1.5
	压型钢板 截面高度 >70	±2.0
侧向弯曲	在测量长度 L_1 的范围内	20.0

注：L_1 为测量长度，指板长扣除两端各 0.5 m 后的实际长度（小于 10 m）或扣除后任选的 10 m 长度。

（4）压型金属板施工现场制作的允许偏差应符合表 9-19 的规定。检查数量：按计件数抽查 5%,且不应少于 10 件。检验方法:用钢尺、角尺检查。

表 9－19 压型金属板施工现场制作的允许偏差　　　　mm

项 目		允许偏差
压型金属板的覆盖宽度	截面高度≤70	＋10.0,－2.0
	截面高度＞70	＋6.0,－2.0
板 长		±9.0
横向剪切偏差		6.0
泛水板、包角板尺寸	板 长	±6.0
	折弯面宽度	±3.0
	折弯面夹角	2°

（5）压型金属板安装应平整、顺直,板面不应有施工残留物和污物。檐口和墙在下端应呈直线,不应有未经处理的错钻孔洞。检查数量:按面积抽查 10%,且不应少于 10 m²。检验方法:观察检查。

（6）压型金属板安装的允许偏差应符合表 9－20 的规定。检查数量:按长度抽查 10%,且不应少于 10 m。其他项目:每 20 m 长度应抽查 1 处,不应少于 2 处。检验方法:用拉线、吊线和钢尺检查。

表 9－20 压型金属板安装的允许偏差　　　　mm

项 目		允许偏差
屋 面	檐口与屋脊的平行度	12.0
	压型金属板波纹线对屋脊的垂直度	$L/800$,且不应大于 25.0
	檐口相邻两块压型金属板端部错位	6.0
	压型金属板卷边板件最大波浪高	4.0
墙 面	墙板波纹线的垂直度	$H/800$,且不应大于 25.0
	墙板包角板的垂直度	$H/800$,且不应大于 25.0
	相邻两块压型金属板的下端错位	6.0

注:①L 为屋面半坡或单坡长度;②H 为墙面高度。

表 9－21 钢结构(防腐涂料涂装)分项工程检验批质量验收记录

（GB 50205—2001）　　　　　　　　　　　　　　　　　　编号:020412□□□

工程名称		检验批部位	
施工单位		项目经理	
监理单位		总监理工程师	
施工依据标准		分包单位负责人	

主控项目		合格质量标准 （按本规范）	施工单位自检 评定记录或结果	监理（建设）单位 验收记录或结果
（1）	产品进场	第4.9.1条		
（2）	表面处理	第14.2.1条		
（3）	涂层厚度	第14.2.2条		
一般项目		合格质量标准 （按本规范）	施工单位自检 评定记录或结果	监理（建设）单位 验收记录或结果
（1）	产品进场	第4.9.3条		
（2）	表面质量	第14.2.3条		
（3）	附着力测试	第14.2.4条		
（4）	标　志	第14.2.5条		
施 工 操 作 依 据				
质量检查记录（质量证明文件）				
施工单位检查 结 果 评 定	项目专业 质量检查员：		项目专业 技术负责人：　　　年　月　日	
监理（建设） 单位验收结论	专业监理工程师： （建设单位项目专业技术负责人）　　　年　月　日			

注：本表由施工项目专业质量检查员同专业工长共同填写，专业监理工程师（建设单位项目技术负责人）组织项目专业质量（技术）负责人等进行验收。

表 9 – 21 填写说明：

1. 主控项目

（1）钢结构防腐涂料、稀释剂和固化剂等材料的品种、规格、性能等应符合现行国家产品标准和设计要求。检查数量：全数检查。检验方法：检查产品的质量合格证明文件、中文标志及检验报告等。

（2）涂装前钢材表面除锈应符合设计要求和国家现行有关标准的规定。处理后的钢材表面不应有焊渣、焊疤、灰尘、油污、水和毛刺等。当设计无要求时，钢材表面除锈等级应符合表 9 – 22 的规定。检查数量：按构件数抽查 10%，且同类构件不应少于 3 件。检验方法：用铲刀检查和用现行国家标准《GB 8923 涂装前钢材表面锈蚀等级和除锈等级》规定的图片对照观察检查。

表 9 –22　各种底漆或防锈漆要求最低的除锈等级

涂 料 品 种	除锈等级
油性酚醛、醇酸等底漆或防锈漆	St2
高氯化聚乙烯、氯化橡胶、氯磺化聚乙烯、环氧树脂、聚氨酯等底漆或防锈漆	Sa2
无机富锌、有机硅、过氯乙烯等底漆	Sa 2 $\frac{1}{2}$

（3）涂料、涂装遍数、涂层厚度均应符合设计要求。当设计对涂层厚度无要求时，涂层干漆膜总厚度：室外应为 150 μm，室内应为 125 μm，允许偏差为 −25 μm。每遍涂层干漆膜厚度的允许偏差为 −5 μm。检查数量：按构件数抽查 10%，且同类构件不应少于 3 件。检验方法：用干漆膜测厚仪检查。每个构件检测 5 处，每处的数值为 3 个相距 50 mm 测点涂层干漆膜厚度的平均值。

2. 一般项目

（1）防腐涂料和防火涂料的型号、名称、颜色及有效期应与其质量证明文件相符。开启后，不应存在结皮、结块、凝胶等现象。检查数量：按桶数抽查 5%，且不应少于 3 桶。检验方法：观察检查。

（2）构件表面不应误涂、漏涂，涂层不应脱皮和返锈等。涂层应均匀，无明显皱皮、流坠、针眼和气泡等。检查数量：全数检查。检验方法：观察检查。

（3）当钢结构处在有腐蚀介质环境或外露且设计有要求时，应进行涂层附着力测试，在检测处范围内，当涂层完整程度达到 70% 以上时，涂层附着力达到合格质量标准的要求。检查数量：按构件数抽查 1%，且不应少于 3 件，每件测 3 处。检验方法：按照现行国家标准《GB1720 漆膜附着力测定法》或《GB 9286 色漆和清漆、漆膜的画格试验》执行。

（4）涂装完成后，构件的标志、标记和编号应清晰完整。检查数量：全数检查。检验方法：观察检查。

表 9 – 23　钢结构（防火涂料涂装）分项工程检验批质量验收记录

（GB 50205—2001）

编号：020413□□□

工程名称		检验批部位	
施工单位		项目经理	
监理单位		总监理工程师	
施工依据标准		分包单位负责人	
主控项目	合格质量标准（按本规范）	施工单位自检评定记录或结果	监理（建设）单位验收记录或结果
（1）　产品进场	第 4.9.2 条		
（2）　涂装基层验收	第 14.3.1 条		
（3）　强度试验	第 14.3.2 条		
（4）　涂层厚度	第 14.3.3 条		
（5）　表面裂纹	第 14.3.4 条		
一般项目	合格质量标准（按本规范）	施工单位自检评定记录或结果	监理（建设）单位验收记录或结果
（1）　产品进场	第 4.9.3 条		
（2）　基层表面	第 14.3.5 条		
（3）　涂层表面质量	第 14.3.6 条		
施 工 操 作 依 据			
质量检查记录（质量证明文件）			

施工单位检查结果评定	项目专业质量检查员：	项目专业技术负责人：	年 月 日
监理（建设）单位验收结论	专业监理工程师： （建设单位项目专业技术负责人）		年 月 日

注：本表由施工项目专业质量检查员同专业工长共同填写，专业监理工程师（建设单位项目技术负责人）组织项目专业质量（技术）负责人等进行验收。

表 9 - 23 填写说明：

1. 主控项目

（1）钢结构防火涂料的品种和技术性能应符合设计要求，并应经过具有资质的检测机构检测，符合国家现行有关标准的规定。检查数量：全数检查。检验方法：检查产品的质量合格证明文件、中文标志及检验报告等。

（2）防腐涂料和防火涂料的型号、名称、颜色及有效期应与其质量证明文件相符。开启后，不应存在结皮、结块、凝胶等现象。检查数量：按桶数抽查 5%，且不应少于 3 桶。检验方法：观察检查。

2. 一般项目

（1）防火涂料涂装前钢材表面除锈及防锈底漆涂装应符合设计要求和国家现行有关标准的规定。检查数量：按构件数抽查 10%，且同类构件不应少于 3 件。检验方法：表面除锈用铲刀检查和用现行国家标准《GB 8923 涂装前钢材表面锈蚀等级和除锈等级》规定的图片对照观察检查。底漆涂装用干漆膜测厚仪检查，每个构件检测 5 处，每处的数值为 3 个相距 50 mm 测点涂层干漆膜厚度的平均值。

（2）钢结构防火涂料的粘结强度、抗压强度应符合国家现行标准《CECS 24:90 钢结构防火涂料应用技术规程》的规定。检验方法应符合现行国家标准《GB 9978 建筑构件防火喷涂材料性能试验方法》的规定。检查数量：每使用 100 t 或不足 100 t 薄涂型防火涂料应抽检一次粘结强度；每使用 500 t 或不足 500 t 厚涂型防火涂料应抽检一次粘结强度和抗压强度。检验方法：检查复检报告。

（3）薄涂型防火涂料的涂层厚度应符合有关耐火极限的设计要求。厚涂型防火涂料涂层的厚度，80% 及以上面积应符合有关耐火极限的设计要求，且最薄处厚度不应低于设计要求的 85%。检查数量：按同类构件数抽查 10%，且均不应少于 3 件。检验方法：用涂层厚度测量仪、测针和钢尺检查。测量方法应符合国家现行标准《CECS 24:90 钢结构防火涂料应用技术规程》的规定及 GB 50205—2001 有关规定。

（4）薄涂型防火涂料涂层表面裂纹宽度不应大于 0.5 mm；厚涂型防火涂料涂层表面裂纹宽度不应大于 1 mm。检查数量：按同类构件数抽查 10%，且均不应少于 3 件。检验方法：观察和尺量检查。

（5）防火涂料涂装基层不应有油污、灰尘和泥砂等污垢。检查数量：全数检查。检验方法：观察检查。

（6）防火涂料不应有误涂、漏涂，涂层应闭合无脱层、空鼓、明显凹陷、粉化松散和浮浆等外观缺陷,乳突已剔除。检查数量:全数检查。检验方法:观察检查。

复 习 题

一、填空题

1. 履带式起重机当起重臂长度一定时,随仰角的增大,起重量_____,起重高度_____,起重半径_____。

2. 杯形基础的准备工作有_____和_____。

3. 吊车梁的校正内容主要包括_____和_____。

4. 多层装配式框架结构柱的接头形式有_____和_____、_____。

5. 柱旋转法起吊时,应按_____、_____、_____同在以_____为圆心,以_____为半径的圆弧上。

6. 预制屋架扶直的方法有_____、_____,一般情况下应尽量采用_____。

二、选择题

1. 吊装大跨度钢筋混凝土屋架时,屋架的混凝土强度应达到设计强度的(　　)。

　　A. 70%　　　　　　B. 80%　　　　　　C. 90%　　　　　　D. 100%

2. 缆风绳用的钢丝绳一般宜选用(　　)。

　　A. 6×19+1　　　　　　　　　　　B. 6×37+1

　　C. 6×61+1　　　　　　　　　　　D. 6×89+1

3. 吊装钢筋混凝土柱时,其校正工作的内容是(　　)。

　　A. 平面位置　　　　　　　　　　　B. 垂直度

　　C. 柱顶标高　　　　　　　　　　　D. 牛腿标高

4. 当柱平放起吊的抗弯能力不足时,柱的绑扎起吊应采用(　　)。

　　A. 斜吊法　　　　　　　　　　　　B. 直吊法

　　C. 旋转法　　　　　　　　　　　　D. 滑行法

5. 屋架的扶直应优先选用(　　)。

　　A. 反向扶直　　　　B. 正向扶直　　　　C. 正、反向扶直均可

三、判断题

1. 钢丝绳中顺捻绳柔性好,表面平整不易磨损,故广泛用于吊装。　　　　　　(　　)

2. 屋架吊装时,为避免对屋架弦杆产生过大压力,吊索与水平面夹角不小于45度。

　　　　　　　　　　　　　　　　　　　　　　　　　　　　　　　　(　　)

3. 规范规定屋架上弦中部对通过两支座中心的垂直面偏差不大于屋架高度的1/250。

　　　　　　　　　　　　　　　　　　　　　　　　　　　　　　　　(　　)

四、名词解释

1. 单机吊柱旋转法

2. 单机吊柱滑行法

3. 分件安装法

4. 正向扶直

5. 综合安装法

五、问答题

1. 试说明柱的旋转法和滑行法吊装的特点及适用范围。

2. 试述柱按三点共弧进行斜向布置的方法及其特点。

3. 柱如何进行校正和固定？

4. 试述分件安装法和综合安装法的概念,并比较其特点。

六、计算题

跨度为 18 m 的钢筋混凝土屋架,重 45 kN,安装到标高 +14.50 m 处的柱顶,停机面标高 +0.7 m,屋架的绑扎方法如图 9 - 24 所示,索具重 0.3 t,试确定起重机的起重量和起重高度。

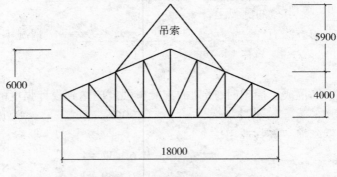

图 9 - 24   钢筋混凝土屋架

附录:建筑结构工程检验批质量验收记录表

附表1 现浇结构模板安装工程检验批质量验收记录表

GD 24020101 ⟨0⟩ ⟨1⟩

单位(子单位)工程名称		游泳场工程1幢(自编B-10)、食堂工程1幢(自编B-1)B-1											
分项工程名称		现浇结构模板安装(Ⅰ)(混凝土结构)											
验收部位		1-5×A-H轴二层梁板											
总承包施工单位		×××					项目负责人		×××				
专业承包施工单位		—					项目负责人		—				
施工执行的技术标准名称及编号		《混凝土结构工程施工质量验收规范》(GB 50204—2002)											

施工质量验收规范的规定				施工单位检查评定记录										监理(建设)单位验收记录
主控项目	(1)	模板支撑、立柱位置和垫板		第4.2.1条	符合设计及规范要求									符合要求
	(2)	避免弄脏隔离剂		第4.2.2条	符合设计及规范要求									
一般项目	(1)	模板安装的一般要求		第4.2.3条	符合设计及规范要求									符合要求
	(2)	用作模板的地坪、胎膜质量		第4.2.4条	—									
	(3)	模板起拱高度		第4.2.5条	—									
	(4) 预埋件、预留孔洞允许偏差	预埋钢板中心线位置		3mm										
		预埋管、预留孔中心线位置		3mm										
		预埋筋	中心线位置	5mm										
			外露长度	+10,0mm										
		预埋螺栓	中心线位置	2mm										
			外露长度	+10,0mm										
		预留洞	中心线位置	10mm										
			尺寸	+10,0mm										
	(5) 模板安装允许偏差	轴线位置		5mm	1	3	5	5	4	3	2	2	2	5
		底模上表面标高		±5mm	2	3	4	5	3	-2	3	2	5	3
		截面尺寸	基础	±10mm										
			柱、墙、梁	+4,-5mm										
		层高垂直度	不大于5m	6mm										
			大于5m	8mm										
		相邻两板表面高低差		2mm	1	1	2	1	2	2	1	1	2	1
		表面平整度		5mm	4	2	3	3	2	1	6	5	1	5

专业承包施工单位检查评定结果	专业工长(施工员)(签名)		施工班组长(签名)	
	主控项目全部符合要求,一般项目满足规范要求,本检验批符合要求。			
	项目专业质量检查员(签名):			年 月 日
监理(建设)单位验收结论	主控项目全部符合要求,一般项目满足规范要求,本检验批符合要求。			
	专业监理工程师(签名):			
	(建设单位项目专业技术负责人签名):			年 月 日

附表2 钢筋加工工程检验批质量验收记录表

GD 24020104 | 0 | 1 |

单位(子单位)工程名称	游泳场工程1幢(自编B-10)、食堂工程1幢(自编B-1)B-1		
分项工程名称	钢筋加工(Ⅰ)(混凝土基础)		
验收部位	1-5×A-H轴二层梁板		
总承包施工单位	×××	项目负责人	×××
专业承包施工单位	—	项目负责人	—
施工执行的技术标准名称及编号	《混凝土结构工程施工质量验收规范》(GB 50204—2002)		

	施工质量验收规范的规定			施工单位检查评定记录	监理(建设)单位验收记录
主控项目	(1) 力学性能检验		第5.2.1条	符合设计及规范要求	符合要求
	(2) 抗震用钢筋强度实测值		第5.2.2条	—	
	(3) 化学成分等专项检验		第5.2.3条	—	
	(4) 受力钢筋的弯钩和弯折		第5.3.1条	符合设计及规范要求	
	(5) 箍筋弯钩形式		第5.3.2条	符合设计及规范要求	
一般项目	(1)	外观质量	第5.2.4条	符合设计及规范要求	符合要求
	(2)	钢筋调直	第5.3.3条	符合设计及规范要求	
	(3) 钢筋加工允许偏差	受力钢筋顺长度方向全长的净尺寸	±10mm	9 2 6 5 8 9 6 11 -5 4	
		弯起钢筋的弯折位置	±20mm	18 18 21 6 9 4 -20 -2 -8 8	
		箍筋内净尺寸	±5mm	3 3 3 4 5 3 3 -2 3 5	

专业承包施工单位检查评定结果	专业工长(施工员)(签名)　　　　　　施工班组长(签名)
	主控项目全部符合要求,一般项目满足规范要求,本检验批符合要求。
	项目专业质量检查员(签名):　　　　　　　　　年　月　日

监理(建设)单位验收结论	主控项目全部合格,一般项目满足规范要求,本检验批合格。
	专业监理工程师(签名):
	(建设单位项目专业技术负责人签名):　　　　　　年　月　日

附表 3　钢筋安装工程检验批质量验收记录表

GD 24020105 ⓪ ①

单位(子单位)工程名称	游泳场工程 1 幢(自编 B-10)、食堂工程 1 幢(自编 B-1)B-1		
分项工程名称	钢筋加工(Ⅱ)(混凝土结构)		
验收部位	1-5×A-H轴二层梁板		
总承包施工单位	×××	项目负责人	×××
专业承包施工单位	—	项目负责人	—
施工执行的技术标准名称及编号	《混凝土结构工程施工质量验收规范》(GB 50204—2002)		

	施工质量验收规范的规定			施工单位检查评定记录	监理(建设)单位验收记录
主控项目	(1) 纵向受力钢筋的连接方式		第5.4.1条	—	符合要求
	(2) 机械连接和焊接接头的力学性能		第5.4.2条	—	
	(3) 受力钢筋的品种、级别、规格和数量		第5.5.1条	符合设计及规范要求	
一般项目	(1) 接头位置和数量		第5.4.3条	符合设计及规范要求	符合要求
	(2) 机械连接、焊接的外观质量		第5.4.4条		
	(3) 机械连接、焊接的接头面积百分率		第5.4.5条		
	(4) 绑扎搭接接头面积百分率和搭接长度		第5.4.6条 附录B		
	(5) 搭接长度范围内的箍筋		第5.4.7条	符合设计及规范要求	
	(6) 钢筋安装允许偏差	绑扎钢筋网	长、宽	±10mm	
			网眼尺寸	±20mm	
		绑扎钢筋骨架	长	±10mm	
			宽、高	±5mm	
		受力钢筋	间距	±10mm	3 2 4 5 6 9 8 10 6 5
			排距	±5mm	
			保护层厚度 基础	±10mm	4 5 6 8 -2 5 6 3 6 5
			保护层厚度 柱、梁	±5mm	
			保护层厚度 板、墙、壳	±3mm	
		绑扎箍筋、横向钢筋间距		±20mm	
		钢筋弯起点位置		20mm	
		预埋件	中心线位置	5mm	
			水平高差	+3,0mm	

专业承包施工单位检查评定结果	专业工长(施工员)(签名)　　　　　　　　　　施工班组长(签名)	
	主控项目全部符合要求，一般项目满足规范要求，本检验批符合要求。	
	项目专业质量检查员(签名)：　　　　　　　　　　　年　月　日	
监理(建设)单位验收结论	主控项目全部合格，一般项目满足规范要求，本检验批合格。	
	专业监理工程师(签名)：　　　　　　　　　　　　　　年　月　日 (建设单位项目专业技术负责人签名)：	

附表 4　混凝土施工工程检验批质量验收记录表

GD 24020107 ⓪ ①

单位(子单位)工程名称	游泳场工程 1 幢(自编 B−10)、食堂工程 1 幢(自编 B−1)B−1			
分项工程名称	混凝土施工(Ⅱ)(混凝土结构)			
验收部位	1−5×A−H 轴二层梁板			
总承包施工单位	×××		项目负责人	×××
专业承包施工单位	—		项目负责人	—
施工执行的技术标准名称及编号	《混凝土结构工程施工质量验收规范》(GB 50204—2002)			

		施工质量验收规范的规定		施工单位检查评定记录	监理(建设)单位验收记录
主控项目	(1)	混凝土强度等级及试件的取样和留置	第 7.4.1 条	符合要求	符合要求
	(2)	混凝土抗渗及试件取样和留置	第 7.4.2 条	—	
	(3)	原材料每盘称量的偏差	第 7.4.3 条	—	
	(4)	初凝时间控制	第 7.4.4 条	符合要求	
一般项目	(1)	施工缝的位置和处理	第 7.4.5 条	—	符合要求
	(2)	后浇带的位置和浇筑	第 7.4.6 条	—	
	(3)	混凝土养护	第 7.4.7 条	符合要求	

专业承包施工单位检查评定结果	专业工长(施工员)(签名)　　　　　施工班组长(签名)
	主控项目全部符合要求,一般项目满足规范要求,本检验批符合要求。 项目专业质量检查员(签名):　　　　　　　　　　　　　　年　月　日
监理(建设)单位验收结论	主控项目全部合格,一般项目满足规范要求,本检验批合格。 专业监理工程师(签名): (建设单位项目专业技术负责人签名): 　　　　　　　　　　　　　　　　　　　　　　　　　年　月　日

附表5　模板拆除工程检验批质量验收记录表

GD 24020103 ｜0｜ ｜1｜

单位(子单位)工程名称	游泳场工程1幢(自编B-10)、食堂工程1幢(自编B-1)B-1		
分项工程名称	模板拆除(Ⅲ)(混凝土结构)		
验收部位	1-5×A-H轴二层梁板		
总承包施工单位	×××	项目负责人	×××
专业承包施工单位	—	项目负责人	—
施工执行的技术标准名称及编号	《混凝土结构工程施工质量验收规范》(GB 50204—2002)		

施工质量验收规范的规定			施工单位检查评定记录	监理(建设)单位验收记录
主控项目	(1)	底模及其支架拆除时的混凝土强度	第4.3.1条	符合设计及规范要求	符合要求
	(2)	后张法预应力构件侧模和底模拆除时间	第4.3.2条	符合设计及规范要求	
	(3)	后浇带拆模和支顶	第4.3.3条	—	
一般项目	(1)	避免拆模损伤	第4.3.4条	符合设计及规范要求	符合要求
	(2)	模板拆除、堆放和清运	第4.3.5条	符合设计及规范要求	

专业承包施工单位检查评定结果	专业工长(施工员)(签名)		施工班组长(签名)	
	主控项目全部符合要求,一般项目满足规范要求,本检验批符合要求。 项目专业质量检查员(签名)：			年　月　日

监理(建设)单位验收结论	主控项目全部合格,一般项目满足规范要求,本检验批合格。 专业监理工程师(签名)： (建设单位项目专业技术负责人签名)： 　　　　　　　　　　　　　　　　　　　　　　年　月　日

附表6 现浇混凝土结构观感质量及尺寸偏差检验批验收记录表

GD 24020112 | 0 | 1 |

单位(子单位)工程名称		游泳场工程1幢(自编B-10)、食堂工程1幢(自编B-1)B-1												
分项工程名称		现浇混凝土结构观感质量及尺寸偏差(Ⅰ)(混凝土结构)												
验收部位		1-5×A-H轴二层梁板												
总承包施工单位		×××							项目负责人		×××			
专业承包施工单位		—							项目负责人		—			
施工执行的技术标准名称及编号		《混凝土结构工程施工质量验收规范》(GB 50204—2002)												

		施工质量验收规范的规定		施工单位检查评定记录										监理(建设)单位验收记录
主控项目	(1)	外观质量不应有严重缺陷	第8.2.1条	符合设计及规范要求										符合要求
	(2)	不应有影响结构性能和使用功能的尺寸偏差	第8.3.1条	符合设计及规范要求										
一般项目	(1)	外观质量一般缺陷	第8.2.2条	符合设计及规范要求										符合要求
	(2)	轴线位置	基础	15mm										
			独立基础	10mm										
			墙、柱、梁	8mm	4	5	6	6	5	6	3	8	6	8
			剪力墙	5mm										
	(3)	垂直度	层高 ≤5m	8mm										
			层高 >5m	10mm	4	3	5	8	7	9	9	8	6	8
	(4)	标高	层高	±10mm	-2	4	8	6	9	-6	8	5	6	4
			全高	±30mm										
	(5)	截面尺寸		+8mm,-5mm										
	(6)	电梯井	井筒长、宽对定位中心线	+25mm,0mm										
	(7)	表面平整度		8mm	4	6	6	8	5	3	6	8	6	5
	(8)	预埋设施中心线位置	预埋件	10mm										
			预埋螺栓	5mm										
			预埋管	5mm										
	(9)	预留洞中心线位置		15mm										

专业承包施工单位检查评定结果	专业工长(施工员)(签名)		施工班组长(签名)	
	主控项目全部符合要求,一般项目满足规范要求,本检验批符合要求。			
	项目专业质量检查员(签名):			年 月 日
监理(建设)单位验收结论	主控项目全部合格,一般项目满足规范要求,本检验批合格。			
	专业监理工程师(签名):			
	(建设单位项目专业技术负责人签名):			年 月 日

附表 7　预应力筋制作与安装工程检验批质量验收记录表

GD 24020110 [0] [1]

单位(子单位)工程名称	游泳场工程 1 幢(自编 B－10)、食堂工程 1 幢(自编 B－1)B－1			
分项工程名称	预应力制作与安装(Ⅲ)			
验收部位	1－5×A－H 轴二层梁板			
总承包施工单位	×××		项目负责人	×××
专业承包施工单位	—		项目负责人	—
施工执行的技术标准名称及编号	《混凝土结构工程施工质量验收规范》(GB 50204—2002)			

		施工质量验收规范的规定		施工单位检查评定记录	监理(建设)单位验收记录
主控项目	(1)	预应力筋品种、级别、规格和数量	第6.3.1条	符合设计及规范要求	符合要求
	(2)	避免弄脏隔离剂	第6.3.2条	—	
	(3)	避免电火花损伤	第6.3.3条	—	
一般项目	(1)	预应力筋切断方法和钢丝下料长度	第6.3.4条	符合设计及规范要求	符合要求
	(2)	锚具制作质量	第6.3.5条	符合设计及规范要求	
	(3)	预留孔道质量	第6.3.6条	符合设计及规范要求	
	(4)	预应力筋束形控制	第6.3.7条	符合设计及规范要求	
	(5)	无粘结预应力筋铺设	第6.3.8条	符合设计及规范要求	
	(6)	预应力筋防锈	第6.3.9条	符合设计及规范要求	

专业承包施工单位检查评定结果	专业工长(施工员)(签名)		施工班组长(签名)	
	主控项目全部符合要求,一般项目满足规范要求,本检验批符合要求。			
	项目专业质量检查员(签名)：			年　月　日
监理(建设)单位验收结论	主控项目全部合格,一般项目满足规范要求,本检验批合格。			
	专业监理工程师(签名)：			
	(建设单位项目专业技术负责人签名)：			年　月　日

附表8 砖砌体工程检验批质量验收记录表

GD 24010701 ⎯0⎯ ⎯1⎯

单位(子单位)工程名称	游泳场工程1幢(自编B-10)、食堂工程1幢(自编B-1)B-1											
分项工程名称	砖砌体(砌体基础)											
验收部位	1-5×A-H轴二层											
总承包施工单位	×××						项目负责人	×××				
专业承包施工单位	—						项目负责人	—				
施工执行的技术标准名称及编号	《砌体工程施工质量验收规范》(GB 50203—2002)											

施工质量验收规范的规定			施工单位检查评定记录									监理(建设)单位验收记录
主控项目	(1) 砖强度等级	设计要求:MU	符合要求									符合要求
	(2) 砂浆强度等级	设计要求:M	符合要求									
	(3) 水平灰缝灰浆饱满度	≥80%	0.9	0.8	0.9	1	0.9	0.9	1	0.8	0.8	0.9	
	(4) 斜槎留置	第5.2.3条	—									
	(5) 直槎拉结钢筋及接槎处理	第5.2.4条	—									
	(6) 轴线位置偏移	≤10mm	1	9	0	8	8	8	2	4	6	6	
	(7) 垂直度 每层	≤5mm	3	0	6	0	1	3	3	5	2	4	
	全高 ≤10m	≤10mm	3	8	6	4	2	5	3	5	3	4	
	全高 >10m	≤20mm											
一般项目	(1) 组砌方法	第5.3.1条	符合要求									符合要求
	(2) 灰缝质量及水平灰缝厚度	8~12mm	11	8	6	3	6	9	9	8	6	5	
	(3) 基础顶面、楼面标高	±15mm	14	-7	7	-18	-15	-10	5	6	8	7	
	(4) 表面平整度	清水:5mm											
		混水:8mm	1	2	4	4	0	7	5	6	8	8	
	(5) 门窗洞口高度、宽度(后塞口)	±5mm											
	(6) 外墙上下窗口偏移	20mm											
	(7) 水平灰缝平直度	清水:7mm											
		混水:10mm	3	5	1	8	4	8	6	8	5	6	
	(8) 清水墙游丁走缝	20mm											

专业承包施工单位检查评定结果	专业工长(施工员)(签名)			施工班组长(签名)	
	主控项目全部符合要求,一般项目满足规范要求,本检验批符合要求。				
	项目专业质量检查员(签名):				年 月 日
监理(建设)单位验收结论	主控项目全部合格,一般项目满足规范要求,本检验批合格。				
	专业监理工程师(签名):				
	(建设单位项目专业技术负责人签名):				年 月 日

附表9 单层钢结构安装工程检验批质量验收记录表

GD 24020307 ⓪ ①

单位(子单位)工程名称	游泳场工程1幢(自编B-10)、食堂工程1幢(自编B-1)B-10		
分项工程名称	单层钢结构安装		
验收部位	1-7×A-K轴屋面		
总承包施工单位	×××	项目负责人	×××
专业承包施工单位	—	项目负责人	—
施工执行的技术标准名称及编号	《钢结构工程施工质量验收规范》(GB 50205—2001)		

		施工质量验收规范的规定		施工单位检查评定记录	监理(建设)单位验收记录
主控项目	(1)	基础验收	第10.2.1条 第10.2.2条 第10.2.3条 第10.2.4条	符合设计及规范要求	符合要求
	(2)	构件验收	第10.3.1条	符合设计及规范要求	
	(3)	顶紧接触面	第10.3.2条	符合设计及规范要求	
	(4)	垂直度和侧向弯曲矢高	第10.3.3条	符合设计及规范要求	
	(5)	主体结构尺寸	第10.3.4条	符合设计及规范要求	
一般项目	(1)	地脚螺栓精度	第10.2.5条	符合设计及规范要求	符合要求
	(2)	标记	第10.3.5条	符合设计及规范要求	
	(3)	桁架、梁安装精度	第10.3.6条	符合设计及规范要求	
	(4)	钢柱安装精度	第10.3.7条	符合设计及规范要求	
	(5)	吊车梁安装精度	第10.3.8条	符合设计及规范要求	
	(6)	檩条等安装精度	第10.3.9条	符合设计及规范要求	
	(7)	平台等安装精度	第10.3.10条	符合设计及规范要求	
	(8)	现场组对精度	第10.3.11条	符合设计及规范要求	
	(9)	结构表面	第10.3.12条	符合设计及规范要求	

专业承包施工单位检查评定结果	专业工长(施工员)(签名) 　　　　　　施工班组长(签名)
	主控项目全部符合要求,一般项目满足规范要求,本检验批符合要求。 项目专业质量检查员(签名):　　　　　　　　　　　年　月　日
监理(建设)单位验收结论	主控项目全部合格,一般项目满足规范要求,本检验批合格。 专业监理工程师(签名): (建设单位项目专业技术负责人签名): 　　　　　　　　　　　　　　　　　　　　　年　月　日

附表10　多层及高层钢结构安装工程检验批质量验收记录表

GD 24020308 ⓪ ①

单位(子单位)工程名称	游泳场工程1幢(自编B-10)、食堂工程1幢(自编B-1)B-10			
分项工程名称	多层及高层钢结构安装			
验收部位	1-7×A-K轴屋面			
总承包施工单位	×××		项目负责人	×××
专业承包施工单位	—		项目负责人	—
施工执行的技术标准名称及编号	《钢结构工程施工质量验收规范》(GB 50205—2001)			

施工质量验收规范的规定			施工单位检查评定记录	监理(建设)单位验收记录
主控项目	(1) 基础验收	第11.2.1条、第11.2.2条、第11.2.3条、第11.2.4条	符合设计及规范要求	符合要求
	(2) 构件验收	第11.3.1条	符合设计及规范要求	
	(3) 钢柱安装精度	第11.3.2条	符合设计及规范要求	
	(4) 顶紧接触面	第11.3.3条	符合设计及规范要求	
	(5) 垂直度和侧向弯曲矢高	第11.3.4条	符合设计及规范要求	
	(6) 主体结构尺寸	第11.3.5条	符合设计及规范要求	
一般项目	(1) 地脚螺栓精度	第11.2.5条	符合设计及规范要求	符合要求
	(2) 标记	第11.3.7条	符合设计及规范要求	
	(3) 构件安装精度	第11.3.8条、第11.3.10条	符合设计及规范要求	
	(4) 主体结构总高度	第11.3.9条	符合设计及规范要求	
	(5) 吊车梁安装精度	第11.3.11条	符合设计及规范要求	
	(6) 檩条安装精度	第11.3.12条	符合设计及规范要求	
	(7) 平台等安装精度	第11.3.13条	符合设计及规范要求	
	(8) 现场组对精度	第11.3.14条	符合设计及规范要求	
	(9) 结构表面	第11.3.6条	符合设计及规范要求	
专业承包施工单位检查评定结果	专业工长(施工员)(签名)　　　　施工班组长(签名)			
	主控项目全部符合要求,一般项目满足规范要求,本检验批符合要求。项目专业质量检查员(签名):　　　　　　　　　　年　月　日			
监理(建设)单位验收结论	主控项目全部合格,一般项目满足规范要求,本检验批合格。专业监理工程师(签名): (建设单位项目专业技术负责人签名):　　　　　　　　　　年　月　日			

附表 11 钢结构制作（安装）焊接工程检验批质量验收记录表

GD 24020301 0 1

单位（子单位）工程名称		游泳场工程 1 幢（自编 B－10）、食堂工程 1 幢（自编 B－1）B－10			
分项工程名称		钢结构制作（安装）焊接（Ⅰ）（钢结构工程）			
验收部位		1－7×A－K 轴屋面			
总承包施工单位		×××		项目负责人	×××
专业承包施工单位		－		项目负责人	－
施工执行的技术标准名称及编号		《钢结构工程施工质量验收规范》（GB 50205—2001）			
施工质量验收规范的规定				施工单位检查评定记录	监理（建设）单位验收记录
主控项目	（1）焊接材料品种、规格	第 4.3.1 条		符合设计及规范要求	符合要求
	（2）焊接材料复验	第 4.3.2 条		符合设计及规范要求	
	（3）材料匹配	第 5.2.1 条		符合设计及规范要求	
	（4）焊工证书	第 5.2.2 条		符合设计及规范要求	
	（5）焊接工艺评定	第 5.2.3 条		符合设计及规范要求	
	（6）焊缝内部缺陷	第 5.2.4 条		符合设计及规范要求	
	（7）组合焊缝尺寸	第 5.2.5 条		符合设计及规范要求	
	（8）焊缝表面缺陷	第 5.2.6 条		符合设计及规范要求	
一般项目	（1）焊接材料外观质量	第 4.3.4 条		符合设计及规范要求	符合要求
	（2）预热和后热处理	第 5.2.7 条		符合设计及规范要求	
	（3）焊缝外观质量	第 5.2.8 条		符合设计及规范要求	
	（4）焊缝尺寸偏差	第 5.2.9 条		符合设计及规范要求	
	（5）凹形角焊缝	第 5.2.10 条		符合设计及规范要求	
	（6）焊缝感观	第 5.2.11 条		符合设计及规范要求	
专业承包施工单位检查评定结果	专业工长（施工员）（签名）			施工班组长（签名）	
	主控项目全部符合要求，一般项目满足规范要求，本检验批符合要求。项目专业质量检查员（签名）：　　　　　　　　　　　年 月 日				
监理（建设）单位验收结论	主控项目全部合格，一般项目满足规范要求，本检验批合格。专业监理工程师（签名）：（建设单位项目专业技术负责人签名）：　　　　　　　　　　　　　　　　　年 月 日				

参考文献

［1］宁仁岐．建筑施工技术［M］．北京：高等教育出版社，2002．

［2］周晓龙．建筑施工技术实训［M］．北京：北京大学出版社，2009．

［3］石元印，肖维品．建筑施工技术［M］．重庆：重庆大学出版社，1999．

［4］张忠，曾繁锋．主体结构工程施工［M］．北京：中国地质大学出版社，2005．

［5］魏瞿霖，王成松．建筑施工技术［M］．北京：清华大学出版社，2006．

［6］张长友，白锋．建筑施工技术［M］．北京：中国电力出版社，2004．

［7］包永刚，钱武鑫．建筑施工技术［M］．北京：中国水利电力出版社，2007．

［8］李珠，苏有文．土木工程施工［M］．武汉：武汉理工大学出版社，2009．

［9］中国建筑科学研究院．GB 50204—2002 钢筋混凝土结构施工质量验收规范［S］．北京：中国建筑工业出版社，2002．

［10］陕西省建筑科学研究院．GB 50203—2002 砌体工程施工质量验收规范［S］．北京：中国建筑工业出版社，2002．

［11］冶金工业部建设研究总院．GB 50205—2001 钢结构工程施工质量验收规范［S］．北京：中国建筑工业出版社，2002．

［12］北京钢铁研究总院．GB 50017—2003 钢结构设计规范［S］．北京：中国建筑工业出版社，2003．

［13］杜荣军．建筑施工脚手架实用手册［M］．北京：建筑工业出版社，1997．

［14］建筑施工手册编写组．建筑施工手册［M］．北京：建筑工业出版社，1997．

［15］刘宗仁．建筑施工技术［M］．北京：北京科技出版社，1993．

［16］刘宗仁．土木工程施工［M］．北京：高等教育出版社，2003．

［17］祖青山．建筑施工技术［M］．北京：中国环境出版社，1994．

［18］童华伟．土木工程施工［M］．北京：科学出版社，2006．

［19］中国建筑科学研究院．GB 50010—2002 混凝土结构设计规范［S］．北京：中国建筑工业出版社，2002．

［20］中国建筑标准设计研究所．GJBT—611 混凝土结构施工图平面整体表示方法制图规则和构造详图［S］．北京：中国建筑工业出版社，2002．

［21］哈尔滨工业大学．GB 50206—2002 木结构工程施工质量验收规范［S］．北京：中国建筑工业出版社，2002．

［22］中国建筑科学研究院．GB 50300—2001 建筑工程施工质量验收统一标准［S］．北京：中国建筑工业出版社，2001．